职业院校机电类"十三五"
微课版创新教材

机械制造基础

第3版 | 附微课视频

谭雪松 周克媛 / 主编
陈静 沈良青 吕青青 / 副主编

U0353636

人民邮电出版社
北 京

图书在版编目（CIP）数据

机械制造基础：附微课视频 / 谭雪松，周克媛主编
. -- 3版. -- 北京 ：人民邮电出版社，2017.8
职业院校机电类"十三五"微课版创新教材
ISBN 978-7-115-44813-2

Ⅰ. ①机… Ⅱ. ①谭… ②周… Ⅲ. ①机械制造—高
等职业教育—教材 Ⅳ. ①TH16

中国版本图书馆CIP数据核字(2017)第038337号

内 容 提 要

本书根据高等职业教育的培养目标和教学特点，结合当前高职高专教学和教材改革的精神精心编写而成。全书共 10 章，全面介绍了从零件材料的选用到最终制成产品全过程的基础知识，主要内容包括工程材料，各种毛坯成形的生产工艺知识，金属切削基础知识，外圆面、孔、平面、螺纹、圆柱齿轮等各种典型成形表面的加工工艺，机械制造工艺与装配，数控加工技术以及现代制造的新工艺和新技术等。

本书既可作为高等职业技术院校和高级技工学校机械制造、机电一体化、数控、模具及汽车等专业的教材，也可作为工程技术人员的参考用书。

◆ 主　编　谭雪松　周克媛
　　副主编　陈　静　沈良青　吕青青
　　责任编辑　刘盛平
　　责任印制　焦志炜

◆ 人民邮电出版社出版发行　　北京市丰台区成寿寺路 11 号
　　邮编　100164　电子邮件　315@ptpress.com.cn
　　网址　http://www.ptpress.com.cn
　　北京中新伟业印刷有限公司印刷

◆ 开本：787×1092　1/16
　　印张：20.5　　　　　　2017 年 8 月第 3 版
　　字数：527 千字　　　2017 年 8 月北京第 1 次印刷

定价：52.00 元

读者服务热线：(010)81055256　印装质量热线：(010)81055316
反盗版热线：(010)81055315
广告经营许可证：京东工商广登字 20170147 号

前　言

高等职业教育的目标是培养具备工程实践能力的一线工程技术人员。目前，高等职业院校正在从教学方法上进行深入的改革，相应的教材等也需要进行适应性改革，以更实用的教学内容和更好的教学材料，提高学生的学习兴趣。据此，本书作者在广泛调研论证的基础上，经过与多所高职院校教师的深入讨论，对本课程原有内容进行了有机整合，降低理论难度，丰富实践内容，以实用、够用为目的，最终编写成本书。

本书针对高职高专学生的学习特点，在内容的选择方面，以当前高等职业院校学生就业技能实际需求以及学生对相关知识点的实际接受能力为依据，努力体现针对性和实用性，以适应当前职业教育发展的需要。与目前市场上的其他同类教材相比，本书具有以下特点。

（1）定位准确，重点突出，条理清晰。本书注重培养学生在实际生产中的应用能力，结合现代制造技术发展的趋势，先从选材讲到毛坯制造，然后重点介绍各种典型成形表面的加工工艺和装备，再对零件的装配工艺进行讲解，最后介绍现代制造的新工艺、新技术。各部分条理分明，主线突出。

（2）内容适度，淡化理论，强化应用。在内容安排上，本书重点介绍学生必须掌握的应用技术，理论知识以"够用"为基本原则，降低了专业重心，拓宽了学科基础；在编写上，本书尽量辅之以内容丰富的案例以引导学生学习和理解重要知识点。

（3）素材丰富。本书针对主要的知识点和较难理解的内容，开发了丰富多彩的动画和视频资源，并以二维码的形式将其嵌入到书中相应位置。读者可通过手机等移动终端扫描书中的二维码观看学习。另外，为方便教师教学，本书还提供了相应的PPT课件，教师可登录人邮教育社区（http://www.ryjiaoyu.com）注册账号免费下载。

本书的参考学时是 72 学时（见下表），教师在讲授时可根据本校具体的教学计划和教学条件等实际情况，对书中内容有针对性地进行选择，对相应的学时进行适当增减。

学时分配建议表

内　容	学时数	内　容	学时数
第 1 章　工程材料	6	第 6 章　平面加工工艺与装备	6
第 2 章　毛坯生产	10	第 7 章　螺纹和齿轮加工工艺与装备	8
第 3 章　金属切削基础知识	6	第 8 章　机械制造工艺	8
第 4 章　外圆面加工工艺与装备	6	第 9 章　数控加工技术	8
第 5 章　孔加工工艺与装备	6	第 10 章　现代制造新工艺	8
总学时		72	

本书由四川农业大学谭雪松、北京工业职业技术学院周克嫒任主编，安徽工业职业技术学院陈静、马鞍山职业技术学院沈良青和郑州工商学院吕青青任副主编。参加本书编写工作的还有沈精虎、黄业清、宋一兵、冯辉、计晓明、董彩霞、滕玲和管振起。

由于编者水平有限，书中难免存在不足之处，恳请广大读者批评指正。

编　者

2017 年 3 月

目　　录

第1章

工程材料

　　生活中的各种产品都是使用不同的材料制成的，从而表现出不同的外观和使用性能。在机械制造中最重要的材料是金属材料，其种类繁多、性能各异。钢是工业生产中最常用的金属材料，其性能具有可变性。改变钢的性能主要有两条途径：一是合金化，即加入合金元素来调整钢的化学成分；二是对钢进行热处理。

※【学习目标】※

- 理解金属材料的常用机械性能指标。
- 了解常用金属材料的种类和用途。
- 熟悉材料选用的基本原则。
- 熟悉热处理的目的和意义。
- 熟悉热处理的分类和用途。
- 熟悉常用热处理方法的工艺特点。

1.1　材料的机械性能

问题思考

　　设计师在设计一个产品时，必须选择材料，选材时应该考虑哪些因素呢？你知道以下这些材料性能的含义吗？

- 物理性能：强度、导电性、导热性、密度。
- 加工性能：铸造性能、锻造性能、焊接性能、切削加工性能。
- 使用性能：可成形性、电稳定性、化学持久性。
- 机械性能：强度、硬度、塑性、韧性、弹性。

1.1.1　材料载荷的形式

零件失效都是外界损害作用超过材料抵抗能力的结果。因此，在设计产品时不仅要熟悉零件的工作条件和使用条件，还要把零件的受力状态同材料的性能结合起来。

材料在工作过程中都会受到各种不同类型力的作用，这些外力的大小、方向、分布以及持续时间不同，对材料的影响效果也不相同。

1. 拉伸

拉伸是物体最常见的一种受力形式。其特点为受力方向沿着物体轴线，且受力方向相背离。桥式起重机上的钢丝绳在吊起重物时主要承受拉伸作用，如图 1-1 所示。

2. 压缩

压缩与拉伸一样，受力方向沿着物体轴线，但是受力方向相对。大型零件的底座在工作中都要承受自身重量带来的压力。万吨水压机就是通过压力来使工件成形的，如图 1-2 所示。

图 1-1　桥式起重机　　　　　　　　图 1-2　万吨水压机

3. 弯曲

当物体受到垂直于其轴线的横向外力作用时，轴线将由直线变为曲线，这就是弯曲。起重机的起重臂、车床上加工的轴都是承受弯曲变形的实例，如图 1-3 和图 1-4 所示。

图 1-3　塔式起重机　　　　　　　　图 1-4　车削加工

4. 剪切

剪切的物体受到大小相等、方向相反、不在同一直线上并且作用距离很近的一对力的作用。剪切力将使物体沿着剪切面发生错动而导致物体破坏。例如，螺栓连接或铆钉连接的两个零件在工作时都要承受剪切力，如图 1-5 所示。

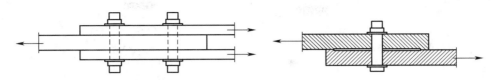

图1-5　螺栓连接

5. 扭转

扭转的物体受到一对大小相等、方向相反、作用面垂直于轴心线的外力偶的作用。转动汽车转向盘（见图1-6）、攻丝都是扭转的实例。

　要点提示

　　在实际应用中，零件的受力情况都比较复杂，通常要同时承受多种力的作用。图1-7所示的汽车传动轴，在工作时要同时承受拉伸、弯曲和扭转等作用。这就要求该轴具有良好的结构设计、较高的强度。

图1-6　转向盘

图1-7　汽车传动轴

1.1.2　材料的常用机械性能

材料的机械性能是指其在外力（载荷）作用时表现出来的性能。描述机械性能的指标很多，有些指标还相互矛盾。在使用过程中，通常要根据工件的受力特点来选择材料。

1. 材料的强度

（1）强度的概念。强度是指金属材料在外力作用下抵抗塑性变形（不可恢复变形）和断裂的能力。

　要点提示

　　抵抗塑性变形和断裂的能力越大，强度就越高。根据受力状况的不同，强度可分为抗拉、抗压、抗弯、抗扭及抗剪强度等。

（2）强度的测定。一般以抗拉强度作为最基本的强度指标。低碳钢材料的强度大小通过拉伸试验来测定。试验时，按国家标准规定，将试样两端夹在试验机的两个夹头上，随着负荷P的缓慢增加，试样逐步变形并伸长，直至被拉断为止，如图1-8所示。

（3）应力的概念。在载荷P作用下，试样内部产生的大小与外力相等的抵抗力称为内力。单位横截面积上的内力称为应力，用σ表示，单位为Pa，即

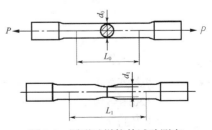

图1-8　圆形试样拉伸试验测定

$$\sigma = \frac{P}{A_0}$$

式中：P——载荷大小，N；

A_0——试样原横截面积，m^2。

（4）抗拉强度。钢材拉伸到一定程度后，由于内部晶粒重新排列，抵抗变形能力重新提高，直至应力达最大值。此后，钢材抵抗变形的能力明显降低，并在最薄弱处发生较大的塑性变形，此处试件截面迅速缩小，出现颈缩现象，直至断裂破坏。钢材受拉断裂前的最大应力值称为强度极限或抗拉强度，用σ_b表示。

（5）屈服强度。材料拉伸时，当应力超过弹性极限后，变形增加较快，此时除了产生弹性变形外，还产生部分塑性变形。当应力达到某一数值后，塑性应变急剧增加，这种现象称为屈服。这一阶段的最大、最小应力分别称为上屈服点和下屈服点。由于下屈服点的数值较为稳定，因此它被作为材料抗力的指标，称为屈服点或屈服强度，用σ_s表示。

 有的金属材料的屈服点极不明显，测量困难，因此为了衡量材料的屈服特性，人为规定产生永久残余塑性变形等于一定值（一般为原长度的 0.2%）时的应力，称为条件屈服强度或简称屈服强度，用$\sigma_{0.2}$表示。

2. 材料的硬度

 机械制造中所用的量具、刃具和模具等是否都应该具备足够的硬度？没有足够硬度的零件能保证其使用性能和使用寿命吗？

（1）硬度的概念。硬度是指金属材料抵抗硬物体压入的能力，或者说金属表面对局部塑性变形的抵抗能力。

 硬度是衡量材料软硬程度的指标。硬度越高，材料的耐磨性越好。

（2）布氏硬度（HB）。将一定直径的淬火钢球以规定的载荷P压入被测材料表面，保持一定时间后，卸除载荷，测出压痕直径d，求出压痕面积S，计算出平均应力值，以此作为布氏硬度值的计量指标（布氏硬度试验原理如图1-9所示），并用符号 HB 表示，单位为 N/mm^2，即

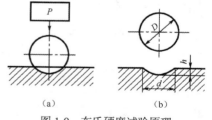

（a）　　　　（b）

图1-9　布氏硬度试验原理

$$HB = P/S$$

式中：P——所加压力，N；

S——压痕表面积，mm^2，可通过钢球直径和压痕直径计算。

例如，120HBS10/1000/30 表示用直径 10mm 的钢球在 1 000kgf（9.807kN）的试验力作用下保持 30s，测得的布氏硬度值为 120N/mm^2（MPa）。

（3）洛氏硬度（HR）。测量洛氏硬度时，将压头（金刚石圆锥体或钢球）压入试样表面，经规定时间后，卸除主试验力，由测量的原残余压痕深度增量来计算硬度值，以符号 HR 表示。

洛氏硬度的优点是操作简便，压痕小，可用于成品和薄形件；缺点是测量数值分散，不如布氏硬度测量准确。

洛氏硬度试验采用 3 种试验力和 3 种压头，共有 9 种组合，对应于洛氏硬度的 9 个标尺。其中最常用的是 HRC、HRB 和 HRF。

HRC 用于测试淬火钢、回火钢、调质钢和部分不锈钢，这是金属加工行业中应用最多的硬度试验方法。HRB 用于测试各种退火钢、正火钢、软钢、部分不锈钢及较硬的铜合金。HRF 用于测试纯铜、较软的铜合金和硬铝合金。

3. 材料的冲击韧性

问题思考

① 20 世纪 50 年代美国北极星式导弹固体燃料发动机壳体采用了屈服强度为 1 400MPa 的高强度钢，并且经过一系列强度检验，但却在点火时发生断裂。你估计是什么原因？

② 把一块石头放在一块玻璃上，玻璃受到的压力很小，不会被压碎。如果石头从高处落到玻璃上，玻璃会被击碎，想想这是为什么？

（1）认识冲击载荷。金属材料的强度、硬度、塑性都是在静载荷情况下测定金属材料承受变形和破坏的能力。静载荷是指被测金属所受的载荷从零逐渐增加到最大值。

实际上，不少零件如火车挂钩（见图 1-10）、锻锤头（见图 1-11）、冲床连杆及曲轴等在工作时都要承受冲击载荷，而冲击载荷所引起的变形和应力比静载荷时大得多。

要点提示

承受冲击载荷的零件除要求高的强度和一定的硬度外，还必须具有足够的韧性。

（2）冲击韧性的概念。冲击韧性是指金属材料在冲击载荷作用下抵抗破坏的能力，其值以冲击韧度 α_k 表示。α_k 越大，材料的韧性越好，在受到冲击时越不易断裂。

对于重要零件，要求

$$\alpha_k > 50J/cm^2$$

冲击试验是将被测的金属材料制成一定形状和尺寸的试样，将冲击试样安放在图 1-12 所示的冲击试验机上，把重量为 G 的摆锤提到高度 h_1 后，使摆锤自由下落，冲断试样后，摆至高度 h_2，其位能的变化值即为摆锤对试样所做的冲击功。

图 1-10　运行中的火车

图 1-11　工作中的空气锤

图 1-12　冲击试验

对于脆性断裂为主要破坏形式的零件，只能凭经验提出对冲击功的要求，若过分追求高的冲击强度，则会造成零件笨重和材料浪费。尤其对于中低强度材料制造的大型零件和高强度材料制造的焊接构件，由于存在冶金缺陷和焊接裂纹，不能以冲击功评定零件脆断倾向大小。

4. 材料的疲劳强度

取一根细铁丝，对其反复弯折，思考以下问题。

① 弯折多次以后，弯折处温度是否会升高？

② 增加弯折次数，最后铁丝是否会断裂？

③ 这种方式让铁丝断裂与将其拉断有什么不同？

（1）认识交变载荷。有许多机械零件（如轴、齿轮、连杆及弹簧等）在工作过程中受到大小、方向随时间呈周期性变化的载荷作用，这种载荷称为交变载荷。

在交变载荷长期作用下的零件，发生断裂时的应力远低于该材料的强度极限，甚至低于其屈服极限，这种现象称为金属的疲劳。实践表明，在损坏的机械零件中，80%的断裂是由金属疲劳造成的。

（2）认识疲劳强度。疲劳强度是指金属材料在无数次重复交变载荷作用下，能承受不被破坏的最大应力。

各种金属材料不可能进行无穷次重复试验，因此通常给出一定的应力循环基数。对钢铁来说，如果应力循环次数 N 达到 10^7 次，零件仍不断裂，就可认为能经受无限次应力循环而不再断裂，所以钢材以 10^7 为基数。有色金属和某些超高强度钢则取 10^8 为基数。

（3）疲劳破坏的原因。疲劳断裂一般认为是由于材料表面与内部的缺陷（夹杂、划痕、尖角等）造成局部应力集中，形成微裂纹。这种微裂纹随应力循环次数的增加而逐渐扩展，使零件的有效承载面积逐渐减小，以至于最后承受不起所加载荷而突然断裂。

为了提高零件的疲劳强度，除了改善其结构形状，避免应力集中外，还可以通过提高零件表面加工光洁度和采用表面强化的方法来达到，如对零件表面进行喷丸处理、表面淬火等。

5. 材料的塑性

塑性是指金属材料受力后发生变形而不被破坏的能力。塑性好的材料就像一团橡皮泥，在受力后可以自由变形，但是整体不会破坏分离。

（1）塑性的表示。材料的塑性优劣通常用伸长率 δ 来表示，即

$$\delta = \frac{l_1 - l_0}{l_0} \times 100\%$$

式中：l_0 ——试样的原始长度，mm；

l_1 ——试样拉断后的长度，mm。

材料的塑性还可以用断面收缩率 ψ 来表示，即

$$\psi = \frac{A_0 - A_1}{A_0} \times 100\%$$

式中： A_0——试样的原始截面积，mm^2；

A_1——试样拉断后的断口截面积，mm^2。

（2）塑性的应用。材料的 δ 和 ψ 值越大，其塑性越好。具有良好塑性的金属材料在加工时受到的抗力小，变形充分，这种材料适合进行轧制、锻造、冲压及焊接等操作，可以获得优良的加工性能。

同时，塑性好的材料在超负荷工作时，可以产生塑性变形，避免突然断裂破坏。

6. 材料的刚度

刚度是指受外力作用的材料、构件或结构抵抗变形的能力。

（1）刚度的影响因素。材料的刚度由使其产生单位变形所需的外力值来量度。

结构的刚度除取决于组成材料的刚度外，还同其几何形状、边界条件以及外力的作用形式等因素有关，图 1-13 所示起重机采用的杆件连接形式可以获得很好的刚度。

（2）刚度的应用。分析材料和结构的刚度是工程设计中的一项重要工作。对于一些必须严格限制变形的结构（如机翼、高精度的装配件等）应通过刚度分析来控制变形。许多结构（如建筑物、机械等）也要通过控制刚度以防止振动、颤振或失稳现象。

刚度对于某些弹性变形量超过一定数值后会影响机器工作质量的零件尤为重要，如机床的主轴、导轨、丝杠等，如图 1-14 所示。

图 1-13 起重机的桁架结构

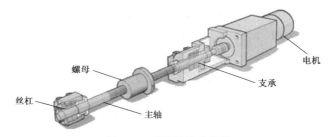

图 1-14 机床的传动机构

问题思考

　　每一个应用科学家或设计工程师都必不可少地要用到材料，不论产品是桥梁、计算机、宇宙飞船、心脏起搏器、核反应堆还是汽车的排气装置，他们都必须完全了解制造这些产品所用材料的性能和特征。

　　（1）以汽车为例，它在制造中要使用各种各样的材料，如钢铁、玻璃、工程塑料、橡胶及皮革等。目前可供使用的钢铁材料就有 2 000 多种，面对如此之多的材料，要制造一个特定的零件，应根据什么原则来选择呢？

　　（2）生产变速齿轮用的钢要易于切削，但又要有足够的韧性以承受猛烈的冲击。生产车身连接件的金属必须是易成形的，但又要有抗冲击变形的能力。请思考怎么评判一种材料的综合性能。

　　（3）材料的性能总是一成不变的吗？为什么橡胶长时间暴露在阳光和空气中后会逐渐硬化？为什么金属在周期性载荷的作用下会产生疲劳？

　　（4）材料的强度、塑性和硬度之间有什么关系？

1.2 工程材料及其应用

（1）生活中我们广泛使用各种钢铁制品和铝制品，想一想为什么铁制品的强度和硬度比铝制品高，而导电性和导热性却不如铝制品？是什么导致两者在性能上的差异？

（2）为什么含碳量为 0.3% 的铁碳合金具有良好的塑性，可以通过锻造或轧制来制成不同形状的零件；而含碳量为 3% 的铁碳合金的塑性很差，不能通过加工来改变形状，而只能采用铸造的方法浇注成零件？

工程材料涉及面很广，按属性可分为金属材料和非金属材料两大类。

金属材料包括黑色金属和有色金属。有色金属用量占金属材料的 5%，因其具有良好的导热性、导电性以及优异的化学稳定性和高的比强度等，在机械工程中占有重要的地位。

非金属材料又可分为无机非金属材料和有机高分子材料。前者除传统的陶瓷、玻璃、水泥和耐火材料外，还包括氮化硅、碳化硅等新型材料以及碳素材料等；后者除了天然有机材料（如木材、橡胶等）外，较重要的还有合成树脂。

1.2.1 金属材料的分类

现代机械加工中所用的金属材料主要以合金为主，合金材料具有比纯金属更好的物理和化学性能、优良的力学性能和工艺性能，并且价格低廉。最常用的合金是以铁为基础的铁碳合金，俗称钢铁。除此之外，还有以铜或铝等为基础的有色合金。

金属材料的具体分类如表 1-1 所示。

表 1-1　　　　　　　　　　　　　金属材料的分类

分 类 方 法	分 类 名 称	说　　明
按组成成分分	纯金属（简单金属）	它指仅由一种金属元素组成的物质。目前已知的纯金属有 80 多种，但是在工业上采用的较少
	合金（复杂金属）	它指由一种主要金属元素与另外一种（或几种）金属元素（或非金属元素）组成的物质。其种类甚多，使用性能好，在工业生产中应用广泛，例如，钢是铁碳合金，黄铜是铜锌合金，青铜是铜锡合金
按化学组成分	黑色金属	它指铁和铁的合金，如生铁、铁合金、铸铁和钢等
	有色金属	它是除黑色金属外的金属和合金，如铜、锡、铅、锌、铝以及黄铜、青铜、铝合金和轴承合金等。另外，工业上还采用镍、锰、钼、钨、钛作合金附加物，以改善金属的性能，用于制造某些有特殊性能要求的零件
所有上述金属称为工业用金属，以区别于贵重金属（铂、金、银）与稀有金属（包括放射性铀等）		

1. 铸铁

铸铁是含碳大于 2.11% 的铁碳合金。它是将铸造生铁（部分炼钢生铁）在炉中重新熔化，并加入铁合金和废钢等调整成分得到的。铸铁大都需要通过二次加工制成各种铸铁件。

铸铁具有优良的铸造性能，可制成复杂零件，一般有良好的切削加工性。另外，铸铁件还具有耐磨性和消振性良好、价格低等特点。

（1）铸铁的种类。铸铁的具体分类如表 1-2 所示。

表 1-2　　　　　　　　　　　　　铸铁的分类

分类方法	分类名称	说　明
按断口颜色分	灰口铸铁	① 这种铸铁中的碳大部分或全部以石墨形式存在，断口呈暗灰色 ② 它有一定的机械性能和良好的切削加工性，是工业上应用最普遍的一种铸铁
	白口铸铁	① 白口铸铁是组织中完全没有或几乎完全没有石墨的一种铁碳合金，其中的碳全部以渗碳体形式存在，断口呈白亮色 ② 它硬而且脆，不能进行切削加工，工业上很少直接用它来制造机械零件。在机械制造中，有时仅利用它来制造需要承受冲击载荷的机件
	麻口铸铁	这是介于白口铸铁和灰铸铁之间的一种铸铁，断口呈灰白相间的麻点状，故称麻口铸铁，这种铸铁性能不好，极少应用
按生产方法和组织性能分	普通灰铸铁	普通灰铸铁具有一定的强度、硬度，良好的减震性和耐磨性，具有高的导热性，好的抗热疲劳能力，同时还具有良好的铸造工艺性能以及切削加工性能，生产简便，成本低，在工业和民用生活中得到了广泛的应用
	可锻铸铁	① 它由一定成分的白口铸铁经石墨化退火后而成，其中的碳大部或全部呈团絮状石墨的形式存在，比灰铸铁具有较高的韧性，故又称韧性铸铁 ② 可锻铸铁实际并不可以锻造，只不过具有一定的塑性而已，通常多用来制造承受冲击载荷的铸件
	球墨铸铁	① 球墨铸铁简称球铁，是通过在浇铸前往铁水中加入一定量的球化剂（如纯镁或其合金）和墨化剂（硅铁或硅钙合金），以促进碳呈球状石墨结晶而获得的 ② 由于石墨呈球形，故其应力大为减轻，因而这种铸铁的机械性能比普通灰铸铁高得多，也比可锻铸铁好 ③ 它具有比灰铸铁好的焊接性和承受热处理的性能 ④ 它和钢相比，除塑性、韧性稍低外，其他性能均接近，是一种同时兼有钢和铸铁优点的优良材料，因此在机械工程上获得了广泛的应用
	特殊性能铸铁	这是一种具有某些特性的铸铁，根据用途的不同，它可分为耐磨铸铁、耐热铸铁、耐蚀铸铁等。这类铸铁大部分都属于合金铸铁，在机械制造上应用也较为广泛

（2）铸铁的牌号。牌号就是表示材料种类的代号，不同牌号的铸铁，其性能不同，用途不同。表 1-3 所示为不同种类的铸铁的牌号表示方法及其示例。

表 1-3　　　　　　　　　　　　铸铁的牌号表示方法

铸铁名称	代号	牌号表示方法	铸铁名称	代号	牌号表示方法
灰铸铁	HT	HT100	黑心可锻铸铁	KTH	KTH300-06
球墨铸铁	QT	QT400-18	白心可锻铸铁	KTB	KTB350-04
耐磨铸铁	MT	MTCu1PTi-150	耐热铸铁	RT	RTCr2

HT 100
├─ 抗拉强度（MPa）
└─ 灰铸铁代号

QT 400－18
├─ 伸长率（%）
├─ 抗拉强度（MPa）
└─ 球墨铸铁代号

KTH 300－06
├─ 伸长率（%）
├─ 抗拉强度（MPa）
└─ 黑心可锻铸铁代号

KTB 350－04
├─ 伸长率（%）
├─ 抗拉强度（MPa）
└─ 白心可锻铸铁代号

要点提示　牌号中代号后面的一组数字，表示抗拉强度值；有两组数字时，第1组表示抗拉强度值，第2组表示伸长率。

2. 钢

钢材在经济建设的各个领域中都是非常重要的金属材料，它种类丰富，应用范围广，是工业建设必不可少的物质资源。

（1）钢的种类。钢材的种类很多，其详细分类如表1-4所示。

表1-4　　　　　　　　　　　　　　　　钢的分类

分类方法	分类名称	说　明
按化学成分分类	碳素钢	碳素钢是指钢中除铁、碳外，还含有少量锰、硅、硫、磷等元素的铁碳合金，按其含碳量的不同，可分为 ① 低碳钢——$\omega(C) \leqslant 0.25\%$ ② 中碳钢——$\omega(C) > 0.25\% \sim 0.60\%$ ③ 高碳钢——$\omega(C) > 0.60\%$
	合金钢	为了改善钢的性能，在冶炼碳素钢的基础上，加入一些合金元素而炼成的钢，如铬钢、锰钢、铬锰钢等。按其合金元素的总含量，可分为 ① 低合金钢——合金元素的总含量$\leqslant 5\%$ ② 中合金钢——合金元素的总含量为$5\% \sim 10\%$ ③ 高合金钢——合金元素的总含量$> 10\%$
按浇注前脱氧程度分类	沸腾钢	它属脱氧不完全钢，浇注时在钢锭模里产生沸腾现象。其优点是冶炼损耗少、成本低、表面质量及深冲性能好；缺点是成分和质量不均匀、抗腐蚀性和力学强度较差。它一般用于轧制结构钢的型钢和钢板
	镇静钢	它属脱氧完全钢，浇注时在钢锭模里钢液镇静，没有沸腾现象。其优点是成分和质量均匀；缺点是金属的成本较高。一般合金钢和优质碳素结构钢都为镇静钢
	半镇静钢	它是脱氧程度介于镇静钢和沸腾钢之间的钢，因生产较难控制，目前产量较少
按钢的品质分类	普通钢	钢中含杂质元素较多，一般 $\omega(S) \leqslant 0.05\%$，$\omega(P) \leqslant 0.045\%$，如碳素结构钢、低合金结构钢等
	优质钢	钢中含杂质元素较少，硫、磷的含量一般均$\leqslant 0.04\%$，如优质碳素结构钢、合金结构钢、碳素工具钢和合金工具钢、弹簧钢、轴承钢等
	高级优质钢	钢中含杂质元素极少，一般 $\omega(S) \leqslant 0.03\%$，$\omega(P) \leqslant 0.035\%$，如合金结构钢和工具钢等。高级优质钢在钢号后面，通常加符号"A"或汉字"高"，以便识别
按钢的用途分类	结构钢	建筑及工程用结构钢简称建造用钢，它是指用于建筑、桥梁、船舶、锅炉或其他工程上制作金属结构件的钢，如碳素结构钢、低合金钢、钢筋钢等 机械制造用结构钢是指用于制造机械设备上结构零件的钢。这类钢基本上都是优质钢或高级优质钢，主要有优质碳素结构钢、合金结构钢、易切结构钢、弹簧钢、滚动轴承钢等
	工具钢	它一般用于制造各种工具，如碳素工具钢、合金工具钢、高速工具钢等；若按用途不同，它又可分为刃具钢、模具钢、量具钢
	特殊钢	它是具有特殊性能的钢，如不锈耐酸钢、耐热不起皮钢、高电阻合金钢、耐磨钢及磁钢等
	专业用钢	它是指各个工业部门专业用途的钢，如汽车用钢、农机用钢、航空用钢、化工机械用钢、锅炉用钢、电工用钢及焊条用钢等

续表

分 类 方 法	分 类 名 称	说　明
按制造加工形式分类	铸钢	铸钢是指采用铸造方法生产出来的一种钢铸件。铸钢主要用于制造一些形状复杂、难于进行锻造或切削加工成形而又要求具有较高的强度和塑性的零件
	锻钢	锻钢是指采用锻造方法生产出来的各种锻材和锻件。锻钢件的质量比铸钢件高，能承受大的冲击力作用，塑性、韧性和其他方面的力学性能也都比铸钢件高，所以凡是一些重要的机器零件都应当采用锻钢件
	热轧钢	热轧钢是指用热轧方法生产出来的各种热轧钢材。大部分钢材都是采用热轧轧成的，热轧常用来生产型钢、钢管、钢板等大型钢材，也用于轧制线材

（2）钢的牌号。常用钢材的牌号及其表示方法如表 1-5 所示。

表 1-5　　　　　　　　　　　　钢牌号表示方法的举例

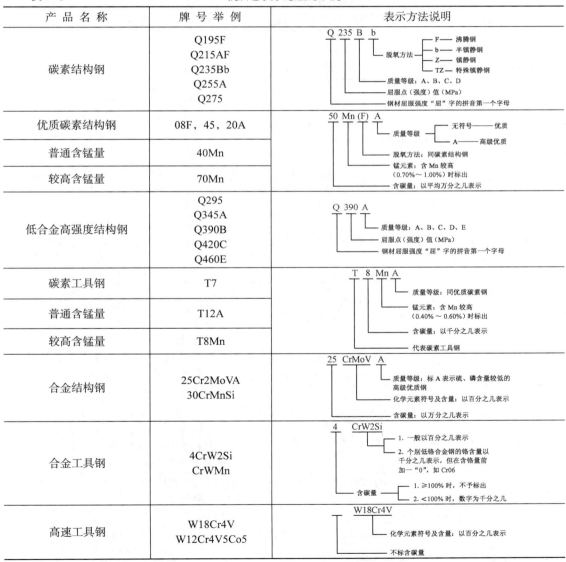

产 品 名 称	牌 号 举 例	表示方法说明
碳素结构钢	Q195F Q215AF Q235Bb Q255A Q275	
优质碳素结构钢	08F，45，20A	
普通含锰量	40Mn	
较高含锰量	70Mn	
低合金高强度结构钢	Q295 Q345A Q390B Q420C Q460E	
碳素工具钢	T7	
普通含锰量	T12A	
较高含锰量	T8Mn	
合金结构钢	25Cr2MoVA 30CrMnSi	
合金工具钢	4CrW2Si CrWMn	
高速工具钢	W18Cr4V W12Cr4V5Co5	

（3）钢的应用。表 1-6 所示为部分碳素结构钢的特性和应用，表 1-7 所示为部分碳素工具钢的特性和应用。

表 1-6　　　　　　　　　　　　　　部分碳素结构钢的特性和应用

牌　号	主　要　特　性	应　用　举　例
Q215	它具有高的塑性、韧性和焊接性能，良好的压力加工性能，但强度低	它用于制造地脚螺栓、犁铧、烟筒、屋面板、铆钉、低碳钢丝、薄板、焊管、拉杆、吊钩、支架及焊接结构等
Q235	它具有良好的塑性、韧性、焊接性能和冷冲压性能以及一定的强度、好的冷弯性能	它广泛用于一般要求不高的零件和焊接结构，如受力不大的拉杆、连杆、销、轴、螺钉、螺母、套圈、支架、机座、建筑结构及桥梁等
Q255	它具有较高的强度，较好的塑性、韧性、焊接性能和冷、热压力加工性能	它用于制造要求强度不太高的零件，如螺栓、键、摇杆、轴、拉杆和钢结构用各种型钢、钢板等
Q275	它具有较高的强度，较好的塑性和切削加工性能，一定的焊接性能。小型零件可以淬火强化	它用于制造要求较高的零件，如齿轮、轴、链轮、键、螺栓、螺母、农机用型钢、输送链和链节等

表 1-7　　　　　　　　　　　　　　部分碳素工具钢的特性和应用

牌　号	主　要　特　性	应　用　举　例
T7 T7A	其强度随含碳量的增加而增加，有较好的强度和塑性配合，但切削能力较差	它用于制造要求有较大塑性和一定硬度但切削能力要求不太高的工具，如凿子、冲子、小尺寸风动工具、木工用的锯、凿、大锤、车床顶尖、铁皮剪及钻头等
T8 T8A	它淬火易过热，变形也大，强度塑性较低，不宜做受大冲击的工具。但其经热处理后有较高的硬度及耐磨性	它用于制造工作时不易变热的工具，如加工木材用的铣刀、埋头钻、斧、凿、简单的模子冲头及手用锯、圆片锯、滚子、压缩空气工具等
T10 T10A	其淬火后钢中有未溶的过剩碳化物，可增加钢的耐磨性。	它用于制造手工锯、机用细木锯、麻花钻、拉丝细膜、小型冲模、丝锥、车刨刀、扩孔刀具、螺纹板牙、铣刀、钻紧密岩石用的刀具、刻锉刀用的凿子等
20Mn2	其低温冲击韧度、焊接性能较 20Cr 好，冷变形时塑性高，切削性能良好，淬透性比相应的碳钢要高	它用于制造截面尺寸直径小于 50mm 的渗碳零件，如渗碳的小齿轮、小轴、力学性能要求不高的十字头销、气门顶杆、变速齿轮操纵杆、钢套、螺钉、螺母及铆焊件等
20MnTiB	它有良好的力学性能和工艺性能，正火后切削加工性良好，热处理后的疲劳强度较高	它较多地用于制造汽车、拖拉机中尺寸较小、中等载荷的各种齿轮及渗碳零件
30Cr	其退火或高温回火后的切削加工性良好，焊接性中等，一般在调质后使用，也可在正火后使用	它用于制造耐磨或受冲击的各种零件，如齿轮、滚子、轴、杠杆、摇杆、连杆、螺栓及螺母等
50CrV	其具有良好的综合力学性能和工艺性，淬透性较好，回火稳定性良好，疲劳强度高	它用于制造工作温度低于 210℃的各种弹簧以及其他机械零件，如内燃机气门弹簧、喷油嘴弹簧、锅炉安全阀弹簧及轿车缓冲弹簧
25CrMnSi	其韧性较差，经热处理后，强度、塑性、韧性都较好	它用于制造拉杆、重要的焊接和冲压零件、高强度的焊接构件
40CrMnMo	其调质处理后具有良好的综合力学性能，淬透性较好，回火稳定性较高，大多在调质状态下使用	它用于制造重载、截面较大的齿轮轴、齿轮、大卡车的后桥半轴、轴、偏心轴、连杆、汽轮机的类似零件，还可代替 40CrNiMo 使用

1.2.2 有色合金

有色合金是以一种有色金属为基体加入一种或几种其他元素而构成的合金，其强度和硬度一般比纯金属高，电阻比纯金属大、电阻温度系数小，具有良好的综合机械性能。工业上最常用的有色合金材料主要有铝合金、铜合金、钛合金等。

1. 铝合金

铝合金密度低，但强度较高，接近或超过优质钢；塑性好，可加工成各种型材，且具有优良的导电性、导热性和抗蚀性，工业上的使用量仅次于钢。

铝合金分为两大类：铸造铝合金，在铸态下使用；变形铝合金，能承受压力加工，力学性能高于铸态，可加工成各种形态、规格的铝合金材。铝合金主要用于制造航空器材、日常生活用品、建筑用门窗等。

2. 铜合金

常用的铜合金分为黄铜、白铜和青铜 3 大类。

黄铜是以锌作主要添加元素的铜合金。生产中常添加如铝、镍、锰、锡、硅及铅等元素来改善普通黄铜的性能。黄铜铸件常用来制作阀门和管道配件等。

白铜是以镍为主要添加元素的铜合金。结构白铜的机械性能和耐蚀性好，色泽美观，广泛用于制造精密机械、化工机械和船舶构件。电工白铜一般有良好的热电性能，用于制造精密电工仪器、变阻器以及热电偶等。

青铜是铜和锡、铅的合金，具有熔点低、硬度大、可塑性强、耐磨、耐腐蚀、色泽光亮等特点，适用于铸造各种器具、机械零件、轴承和齿轮等。

1.2.3 工程塑料

工程塑料一般指能承受一定的外力作用，并有良好的机械性能和尺寸稳定性，在高、低温下仍能保持其优良性能，可以作为工程结构件的塑料。

常用通用工程塑料的特点及用途如表 1-8 所示。

表 1-8　　　　　　　　　　　常用通用工程塑料的特点及用途

名　称	特　点	优、缺点	用　途
PS	它是透明的仿玻璃状材料，刚硬而脆，无毒，无味，流动性好，分解温度高，是注塑机测定塑化效率的指标性参数	优点：其电绝缘性优良，有较高的表面光泽，能自由着色，无味无毒，不致菌类生长　缺点：其机械性能差，质硬而脆，易开裂；表面硬度低，易刮伤；耐热性差	它用于生产透明镜片、注塑灯罩等低档日用品及玩具外壳　它用于挤出吹塑容器、中空制品
ABS	它具有良好的耐化学腐蚀性和表面硬度、耐冲击性、良好的刚性和流动性	优点：它具有良好的光泽，且质硬、坚韧，是良好的壳体材料。它易于印刷以及电镀等表面处理　缺点：ABS 耐气候性差，易受阳光的作用，变色，变脆	它具有良好的综合机械性能，特别适用于作家用电器外壳及各种制品的外壳，还可做一些非承重载荷结构件

续表

名　称	特　点	优、缺点	用　途
AAS	它是不透明的微黄色颗粒，略重于水，具有坚韧、硬质和刚性的特征	优点：AAS 主要是为了解决 ABS 的不耐气候性而研究的。其耐气候性比 ABS 高 10 倍以上，同时，加工性能也好于 ABS 缺点：它耐气候性差，易受阳光的作用而变色、变脆	由于其具有良好的耐气候和耐老化性能，故可以代替 ABS 用于生产在室外和光照的场合下使用的外壳和结构件
ACS	它是不透明的微黄色颗粒，具有坚韧、硬质和刚性的特征	优点：ACS 的机械性能略高于 ABS，其耐室外环境、耐气候性高于 ABS 10 倍，也优于 AAS。ACS 的热稳定性优于 ABS，加工不易变色 缺点：不耐有机溶剂	它也常用于代替 ABS 生产在室外和光照的场合使用的外壳和结构件
AS	它是一种透明的颗粒，略重于水。其表面有较高的光泽，制品有坚韧、硬质和刚性的特征	优点：AS 具有较高的透明性和良好的机械性能，耐化学腐蚀，耐油脂，印刷性能良好，是优秀的透明制品的原料 缺点：它对缺口非常敏感，有缺口就会有裂纹，不耐疲劳，不耐冲击	它适合于生产镜片、家用电器、餐具、日用品、仪表表盘及透明盖等

1.2.4　材料的选用

（1）有的机械工程师把选材看成一项简单的任务，一般主要参考相同零件或类似零件的选材方案并按照传统选用材料；当无先例可循，同时对材料的性能又无特殊要求时，往往根据简单的计算和手册提供的数据，信手选定一种较万能的材料，如 45 钢。想想这种选材方法有什么问题？

（2）如果你准备开发一个产品，在选取制作该产品的材料时，应该根据什么原则来选取？

1. 选材的原则

机械零件的选材是一项十分重要的工作。选材是否恰当，特别是一台机器中关键零件的选材是否恰当，直接影响到产品的机械性能、使用寿命及制造成本。选材不当，严重的可能导致零件的完全失效。

根据生产经验，判断零件选材是否合理的基本标志有以下 3 点。

（1）能否满足必需的机械性能。材料的机械性能是选材时考虑的最主要依据。不同零件所要求的机械性能是不一样的，有的零件主要要求高强度，有的则要求高的耐磨性。零件的工作条件往往比较复杂，需要从受力状态、载荷性质、工作温度及环境介质等几个方面全面分析。

① 受力状态有拉、压、弯和扭等。

② 载荷性质有静载、冲击载荷、交变载荷等。

③ 工作温度可分为低温、室温、高温和交变温度。

④ 环境介质为与零件接触的介质，如润滑剂、海水、酸、碱及盐等。

为了更准确地了解零件的机械性能，还必须分析零件的失效方式，从而找出对零件失效起主要作用的性能指标。

（2）能否具有良好的工艺性能。在满足了必要的机械性能后，接下来选定的材料要具有良好的工艺性能，即容易加工出需要的形状，而且质量优良。

（3）低成本。除此之外，还要考虑使用该材料制作的产品具有较低的成本。

2．选材的一般步骤

根据生产经验，机械零件选材的一般步骤如图1-15所示。

总结零件选材的基本原则如下。

（1）对零件的工作特性和使用条件进行周密的分析，找出主要的失效方式，从而恰当地提出主要性能指标。

（2）根据工作条件的特点，对该零件的设计制造提出必要的技术条件。

（3）根据所提出的技术条件要求和对工艺性、经济性方面的考虑，对材料进行预选择。预选择通常凭经验，与类似的机器零件的比较和已有实践经验的判断，还可以借助各种材料手册来选择。

（4）对预选方案材料进行计算，以确定是否能满足上述工作条件要求。

（5）通过试验手段最终确定合理的选材方案。

（6）在中、小型生产的基础上，接受生产考验，以检验选材方案的合理性。

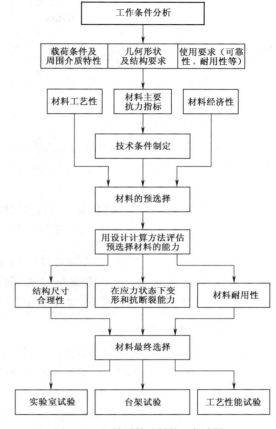

图1-15　机械零件选材的一般步骤

1.3　钢的热处理

问题思考

（1）把一块铁加热到高温状态，然后放入水中，其机械性能会有什么变化？对玻璃或者橡胶实施同样的操作，是否会得到同样的结果？

（2）把一块铁加热到高温状态，然后缓慢冷却，其机械性能又有什么变化？

1.3.1　热处理概述

据初步统计，在机床制造中，60%～70%的零件要经过热处理；在汽车、拖拉机制造中，需要热处理的零件多达70%～80%；而工具、模具及滚动轴承，则要100%进行热处理。总之，凡是重要的零件都必须进行适当的热处理才能使用。

1．热处理的概念

热处理就是把固态金属加热到一定温度，并在这个温度保持一定时间（保温），然后以一定的冷却速度、方式冷却下来，从而改变金属的内部组织，以获得预期性能的工艺过程。

> 热处理均在固态下进行，它只改变工件的组织，不改变形状和尺寸。

机床、汽车、摩托车、火车、矿山、石油、化工、航空及航天等用的大量零部件都需要通过热处理工艺改善其性能。

2．热处理的目的

热处理不仅可以改善钢的加工工艺性能，更重要的是可以改善其使用性能，特别显著地提高钢的机械性能，并延长其使用寿命，达到充分发挥材料潜力，提高产品质量，延长使用寿命的目的。

不同化学成分的材料可以具有不同的机械性能，而同一化学成分的材料，由于有不同的内部组织，也可以具有不同的性能。通过不同的热处理方法可以改变材料的内部组织。

> 我们把 45 钢加热到 840℃，保温一段时间后，有些在水中冷却，有些在空气中冷却，有些随炉冷却，这样得到的硬度就不同，水冷的硬度最高，空气其次，缓冷的硬度最低。这是由于不同的冷却方式所得到的内部组织不一样的缘故。

3．热处理的基本原理

钢在固态范围内，随着加热温度和冷却速度的变化，其内部组织结构将发生相应的变化，利用不同的加热速度、加热温度、保温时间和冷却方式，可以控制或改变钢的组织结构，以便得到不同性能的材料。

因此，各种热处理工艺都要经过加热、保温和冷却 3 个阶段，如图 1-16 所示。

（1）加热。加热是热处理的第一道工序。不同的材料，其加热工艺和加热温度都不同。加热温度较低时，材料不发生组织变化；加热温度较高时，材料将发生组织转变。

（2）保温。保温的目的是要保证工件烧透，防止脱碳、氧化等。保温时间和介质的选择与工件的尺寸和材质有直接的关系。一般来说工件越大，其导热性越差，保温时间就越长。

（3）冷却。冷却是热处理的最终工序，也是最重要的工序。钢在不同冷却速度下可以转变为不同的组织，从而确保材料获得不同的机械性能。

钢在热处理时，在加热、保温和冷却 3 个阶段中，其内部组织的转变情况不同，最后获得的热处理效果也不相同。

4．热处理的分类和应用

根据加热、冷却方式的不同及组织、性能变化特点的不同，热处理可以按照图 1-17 所示分类。

热处理工艺的种类及应用

按照热处理在零件生产过程中的作用不同，热处理工艺还可分为预备热处理和最终热处理。预备热处理是零件加工过程中的一道中间工序（也称为中间热处理），其目的是改善锻、铸毛坯件组织，消除应力，为后续的机加工或进一步的热处理做准备。

最终热处理是零件加工的最终工序，其目的是使经过成形工艺达到要求的形状和尺寸后的零件的性能达到所需的使用性能。

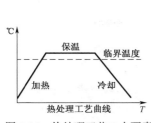

图 1-16　热处理工艺 3 大要素

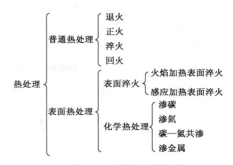

图 1-17　热处理的分类

5．热处理安全操作规程

热处理过程中，既有高温加热，又要涉及各种冷却介质，同时还要严格控制加热时间和冷却速度等参数。操作时，应注意以下事项。

（1）操作之前，必须穿好工作服，做好防护措施。

（2）操作者应熟悉各类仪器设备的结构和特点，严格按操作规程进行操作。未得到指导人员许可，操作者不得擅自开关电源和使用各类仪器设备。

（3）使用电炉前，必须仔细检查电源开关、插座及导线，保证绝缘良好，以防发生漏电、触电事故。

（4）必须在断电状态下往炉内装、取工件，并注意轻拿轻放，工件或工具不得接触或碰撞电热元件，更不允许将工件随意扔入炉内。

（5）严禁直接用手抓拿热处理工件，应按规定使用专用工具或夹具，并戴好防护手套，以防烫伤。

（6）操作结束后，应关掉总电源，并按规定做好整理工作和场所的清洁卫生工作。

提高训练

　　取两小块 T8 钢，放入箱式电炉内加热到 800℃，经过一定时间的保温后，取出一块放在水中冷却，另一块随炉冷却至室温。测量它们的硬度，前者的硬度为 HRC65，后者的硬度为 HRC15。用前者制成的刀具可以切削后者。

　　上述实验表明：同一成分的碳钢采用不同的热处理工艺，可以得到明显不同的机械性能。

　　在金相显微镜下观察材料的内部组织，发现水冷的一块组织是马氏体（钢材中的一种组织形式之一，硬度较高），而炉冷的一块组织是珠光体（钢材中的一种组织形式之一，有良好的塑性和韧性）。

　　本实验表明：钢的成分一定时，其性能决定于组织。

1.3.2　钢的普通热处理

钢的普通热处理包括退火、正火、淬火和回火 4 种基本工艺。

1．退火

退火是将钢加热到适当温度，保持一定时间，然后缓慢冷却（一般随炉冷却）的一种热处理工艺。

（1）退火的用途。通过退火处理可以达到以下目的。

- 降低钢的硬度，提高塑性，以利于切削加工及冷变形加工。
- 消除工件中的残余应力，防止变形和开裂。
- 消除缺陷，改善组织，细化晶粒，提高钢的机械性能。
- 消除冷作硬化，提高塑性，以利于继续冷加工。
- 改善或消除毛坯在铸、锻、焊时所造成的成分或组织不均匀，以提高其工艺性能和使用性能。
- 消除前一道工序（铸造、锻造、冷加工等）所产生的内应力，为下道工序的最终热处理（淬火回火）做好组织准备。

（2）常用退火方法。生产中常用的退火方法主要有完全退火、扩散退火、去应力退火以及再结晶退火等，其工艺、目的和应用对比如表1-9所示。

表1-9　　　　　　　　　　　　　　常用的退火方法

名　称	工　艺	目　的	应　用
完全退火	将钢加热至900℃～1 000℃，保温一定时间，炉冷至室温，或炉冷至600℃以下，出炉空冷	细化晶粒，消除过热组织，降低硬度，改善切削加工性能	它主要用于低碳钢铸、锻件，有时也用于焊接结构
扩散退火	将钢加热到1 050℃～1 200℃，长时间保温（10～15h），随炉冷却	使钢的化学成分和组织均匀化	它主要用于质量要求高的合金铸锭、铸件或锻胚
去应力退火	将钢加热500℃～600℃，保温一段时间，然后随炉冷至室温	为了消除残余应力	它主要用于消除铸、锻、焊接件、冷冲压件以及机加工件中的残余应力
再结晶退火	将钢加热至再结晶温度以上100℃～200℃，保温一定时间，然后随炉冷却	为了消除冷变形强化，改善塑性	它主要用于经冷变形的钢

2. 正火

正火是将钢加热到适当温度后，再保温适当时间，待内部组织均匀后，在空气中冷却的热处理工艺。

 要点提示　　正火既可作为预备热处理工艺，为后续热处理工艺提供适宜的组织状态，也可作为最终热处理工艺，提供合适的机械性能。

- 对力学性能要求不高的结构、零件可用正火作为最终热处理，以提高其强度、硬度和韧性。
- 对低、中碳素钢，可用正火作为预备热处理，以调整其硬度，改善其切削加工性能。

正火与退火的主要区别在于冷却速度不同，正火冷却速度较快，得到的组织细小，因而强度和硬度也较高。在生产中是使用正火还是退火工艺，主要从下面两方面来考虑。

- 从使用性能方面考虑。一些受力不大的工件，力学性能要求不高，可用正火作为最后热处理；对于某些大型或形状复杂的零件，当淬火有开裂的危险时，可用正火代替淬火、回火处理。
- 从经济性方面考虑。由于正火比退火生产周期短，操作简便，工艺成本低，因此，在满足钢的使用性能和工艺性能的前提下，应尽可能用正火代替退火。

3. 淬火

钢的淬火就是将钢加热到适当温度后，保温一定时间使其组织均匀，然后以较快的速度冷却，从而获得强度和硬度都较高的组织的一种热处理工艺过程。

（1）淬火的目的。淬火是使钢材强化和获得某些特殊使用性能的主要方法，其主要目的如下。

- 提高钢的硬度及耐磨性。例如，量具、模具、刀具等零件，通过淬火可以大幅提高其硬度及耐磨性。这类零件淬火后一般要配合低温回火。
- 提高钢的强韧性，即提高钢的硬度、强度的同时获得较高的塑韧性，如机器中的大部分承载零件（变速箱花键轴、机床主轴、齿轮等）。这类零件淬火后一般要配合高温回火。
- 提高硬磁性，如用高碳钢和磁钢制的永久磁铁。
- 提高零件的弹性，如各种弹簧。这类零件淬火后一般要配合中温回火。
- 提高钢的耐蚀性和耐热性，如不锈钢和耐热钢。

（2）淬火冷却介质。工件进行淬火冷却所用的介质称为冷却介质。为保证工件淬火后得到马氏体，又要减小变形和防止开裂，必须正确选用冷却介质。

常用冷却介质的使用特点如表 1-10 所示。

表 1-10　　　　　　　　　　　　　　常用的冷却介质的使用对比

名　　称	水	油	食盐水溶液	碱水溶液
优点	其价廉易得，且具有较强的冷却能力；使用安全，无燃烧、腐蚀等危险	在 300℃～200℃温度范围内，冷却速度远小于水，这对减少淬火工件的变形与开裂是很有利的	冷却能力提高到约为水的 10 倍，而且最大冷却速度所在温度正好处于 650℃～400℃温度范围内	在 650℃～400℃温度范围内冷却速度比食盐水溶液还大，而在 300℃～200℃温度范围内，冷却速度比食盐水溶液稍低
缺点	在 650℃～400℃范围内需要快冷时，水的冷却速度相对比较小　　300℃～200℃范围内需要慢冷时，其冷却速度又相对较大	在 650℃～400℃温度范围内，冷却速度比水小得多	在 300℃～200℃温度范围内的冷却速度过大，使淬火工件中的相变应力增大，而且食盐水溶液对工件有一定的锈蚀作用，淬火后工件必须清洗干净	腐蚀性大
应用	它主要用于碳素钢	它主要用于合金钢	它主要用于形状简单而尺寸较大的低、中碳素钢零件	它主要用于易产生淬火裂纹的零件

4. 回火

回火一般是紧接淬火以后的热处理工艺。淬火后再将工件加热到适当温度，保温后再冷却到室温的热处理工艺称为回火。

（1）回火的目的。淬火后的钢铁工件处于高内应力状态，不能直接使用，必须及时回火，否则会有工件断裂的危险。回火的目的如下。

- 减小和消除淬火时产生的应力与脆性，防止和减小工件变形与开裂。
- 获得稳定组织，保证工件在使用中的形状和尺寸不发生改变。
- 调整工件的内部组织和性能，获得工件所要求的使用性能。

（2）回火温度种类。工件回火后的硬度主要取决于回火温度，而回火温度的选择和确定主要取决于工件的使用性能、技术要求、钢种及淬火状态。

① 低温回火（回火温度低于 250℃）。一般工具、量具要求硬度高、耐磨，并具备足够的强度和韧性。又如滚动轴承，除了上述要求外，还要求有高的接触疲劳强度，从而有高的使用寿命。

工具、量具和机器零件一般均用碳素工具钢或低合金工具钢制造，淬火后具有较高的强度和硬度，并伴有较大的淬火内应力和较多的微裂纹，故应及时回火，通常采用180℃～200℃的温度回火。

 要点提示

　　对于精密量具和高精度配合的结构零件，在淬火后进行 120℃～150℃（12h，甚至几十小时）回火，目的是稳定组织及最大限度地减少内应力，从而使尺寸稳定。为了消除加工应力，多次研磨，还要多次回火，这种低温回火常被称作时效处理。

　　② 中温回火（回火温度为350℃～500℃）。中温回火主要用于处理弹簧钢。回火后，应力基本消失，工件既有较高的弹性极限，又有较高的塑性和韧性。回火时，根据所采用的钢种选择回火温度以获得最高弹性极限，例如，65碳钢，在380℃回火，可得最高弹性极限。

　　③ 高温回火（回火温度高于 500℃）。淬火加高温回火通常称为调质处理，主要用于中碳碳素结构钢或低合金结构钢，以获得良好的综合机械性能。一般调质处理的回火温度选择 600℃以上。与正火处理相比，钢经调质处理后，在硬度相同的条件下，钢的屈服强度、韧性和塑性有明显提高。

　　调质处理一般用于发动机曲轴、连杆、连杆螺栓、汽车拖拉机半轴、机床主轴及齿轮等要求具有综合机械性能的零件。

　　（3）回火后的冷却。回火后工件一般在空气中冷却。对于一些工模具，回火后不允许水冷，以防止开裂。对于性能要求较高的工件，在防止开裂的条件下，可进行油冷或水冷，然后进行一次低温补充回火，以消除快冷产生的内应力。

　　在实际生产中，热处理总是穿插在金属切削加工的各个阶段中，如图1-18所示。其中预备热处理以退火和正火为主，用于改变材料的切削性能，最终热处理以淬火和回火为主，主要用于提高产品的机械性能。

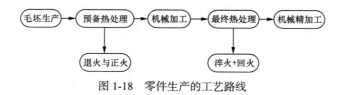

图1-18　零件生产的工艺路线

1.3.3　钢的表面热处理

对于齿轮、传动轴等重要零件，通过表面热处理可以提高零件的表面性能，使其具有高硬度、高耐磨性和高的疲劳强度。同时，又可以使零件心部具有足够高的塑性和韧性，防止脆性断裂，从而使整个零件"表硬心韧"。

　　1. 表面淬火

表面淬火是将工件表面快速加热到较高温度，在热量尚未达到心部时立即迅速冷却，使表面得到一定深度的淬硬层，而心部仍保持原始组织的一种局部淬火方法。

　　（1）工艺特点。表面淬火的工艺特点如下。

● 不改变工件表面的化学成分，只改变表面组织和性能。

- 表面与心部的成分一致，组织不同。

（2）适用材料。表面淬火一般多适用于中碳钢、中碳合金钢，也少量用于工具钢、球墨铸铁等。例如，用 40、45 钢制作的机床齿轮齿面的强化、主轴轴颈处的硬化等。

（3）感应加热表面淬火。给感应线圈通一定频率的交变电流，产生的交变磁场在工件内产生一定频率的感应电流，利用工件的电阻将工件加热；当工件表层被快速加热到适当温度后，立即快速冷却，在工件表面获得一定深度的淬硬层。其原理如图 1-19 所示。

感应加热表面淬火质量好，表层组织细密、硬度高、脆性小、疲劳强度高，生产频率高、便于自动化，但设备较贵，不适于单件和小批量生产。感应加热表面淬火主要适用的零件类型如下。

- 齿轮零件：如机床和精密机械上的中、小模数传动齿轮，蒸汽机车、内燃机车、冶金、矿山机械等上的大模数齿轮。
- 轴类零件：如花键轴、汽车半轴和机床主轴轴颈、凸轮轴、镗杆、钻杆以及轧辊等。
- 工模具：如滚丝模、游标卡尺量爪面、剪刀刃、锉刀等。

（4）火焰加热表面淬火。火焰加热表面淬火是利用气体燃烧的火焰加热工件表面（乙炔—氧、煤气—氧、天然气），使工件表层快速加热至奥氏体化，然后立即喷水冷却，使工件表面淬硬的一种淬火工艺。其原理如图 1-20 所示。

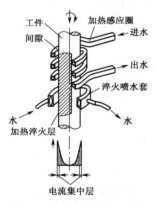

图 1-19　感应加热表面淬火

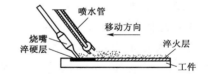

图 1-20　火焰加热表面淬火

使用这种方法获得的淬硬层深度可达 2～8mm，并且操作简便，设备简单，成本低，但质量不稳定，仅适于单件、小批量生产。

火焰加热表面淬火适用的典型零件有轧钢机齿轮、轧辊，矿山机械齿轮、轴，普通机床导轨和齿轮等。

（5）激光加热表面淬火。激光是一种具有高亮度、方向性和单色性强、能量密度高的强光源。激光加热表面淬火是利用激光对工件表面的照射和扫描，依靠工件的自激冷却而淬火。

使用这种方法获得的淬硬层深度为 1～2mm，并且加热和冷却极快，淬火后组织细小、硬度高、淬硬层薄、工件变形小、不需回火，生产效率高，属绿色制造，已成功应用于汽车和拖拉机的气缸与缸套、活塞环、凸轮轴、机床导轨等零件的表面处理，前景广阔。但这种方法需要的设备昂贵，故大规模应用受到限制。

2. 表面淬火零件工艺路线

零件表面淬火时的工艺路线如下。

下料→锻造→退火或正火→机加工→调质处理→表面淬火→低温回火→精磨

要点提示　　　　表面淬火前，先对零件进行正火或调质等预处理，目的是细化和均匀组织，使工件心部具有良好的强韧性。表面淬火后，再进行200℃左右的低温回火，以消除淬火应力，使工件表面保持高的硬度和耐磨性。

1.3.4　钢的化学热处理

化学热处理是将工件置于某种化学介质中，通过加热、保温和冷却，使介质中的某些元素渗入工件表层，以改变工件表层的化学成分和组织，从而使其具有"表硬心韧"的性能特点。

（1）化学热处理的工艺特点。化学热处理的工艺特点如下。

● 既改变工件表面的化学成分，又改变表面的组织和性能。

● 表面与心部的成分不同、组织不同。

与表面热处理的不同之处是，化学热处理改变了工件表层的化学成分。

（2）化学热处理的目的。化学热处理可提高工件表面的硬度、耐磨性、耐磨蚀性、耐热性、抗氧化性和疲劳强度等性能，而使心部仍保持一定的强度和良好的塑性、韧性。

（3）化学热处理的分类。根据渗入元素的不同来分，化学热处理主要有渗碳、渗氮、多元渗、渗铝及渗铬等渗非金属和渗金属两大类。

● 渗碳、渗氮、碳氮共渗可提高零件的硬度、耐磨性和疲劳强度。

● 渗硼、渗铬可提高零件的耐磨性和耐腐蚀性。

● 渗铝、渗硅可提高零件的耐热性和抗氧化性。

● 渗硫是为了零件的减摩，减小零件的摩擦系数。

其中，渗碳是工业中最常用的，是齿轮、活塞销类零件加工中的一道重要工序。

① 渗碳。渗碳是将工件放入渗碳介质中加热、保温，使活性碳原子渗入，以提高工件表层碳含量的热处理工艺。通过提高工件表层的含碳量，可提高工件的表面硬度和耐磨性，同时使心部保持一定的强度和良好的塑韧性。

要点提示　　　　低碳钢和低碳合金钢都适合于渗碳处理，如 20Cr、20CrMnTi、20CrMnMo、18Cr2Ni4W 等。

根据渗碳剂的状态不同，渗碳方法可以分为气体渗碳、固体渗碳和液体渗碳 3 种，常用的是气体渗碳法和固体渗碳法。

（a）气体渗碳法。用煤油、苯、甲醇、丙酮、醋酸乙酯、天然气及煤气等作为渗碳剂，在高温裂解后产生活性碳原子，被工件表面吸收、扩散，在工件内得到一定深度的渗碳层的方法称为气体渗碳法。

气体渗碳的优点是生产率高，易控制，渗碳质量好。

（b）固体渗碳法。固体渗碳剂通常是一定粒度的木炭与 15%～20%的碳酸盐（$BaCO_3$ 或 Na_2CO_3）的混合物。木炭提供渗碳所需要的活性炭原子，碳酸盐起催化作用。

将工件和固体渗碳剂装入渗碳箱中，用盖子和耐火泥封好，然后放在炉中加热至 900℃～950℃，保温足够长时间，得到一定厚度的渗碳层。

要点提示　　钢件渗碳后缓慢冷却得到的组织接近平衡态，必须经过"淬火+低温回火"处理，才能达到性能要求。

② 渗氮。渗氮工艺又叫氮化，是将工件放入含氮活性气氛中，使工件表层渗入氮元素，形成含氮的硬化层的热处理工艺。渗氮可以提高工件表层的含氮量，以提高工件表面的硬度、耐磨性、疲劳强度和抗腐蚀性。

含有铬、钼、钨、钒及铝等元素的中碳合金钢和工模具钢都适合于渗氮处理，这些元素可与氮形成氮化物，起到强化作用，如 38CrMoAlA、38CrWVA、25CrNi3MoAl 等。

渗氮件的表面硬度比渗碳件的还高，耐磨性好；同时渗层处于压应力，疲劳强度极大提高；具有一定的抗蚀性，但脆性较大；渗氮件变形很小，通常无需再加工。

渗氮操作适合于要求精度高、冲击载荷小、表面耐磨性好的零件，如一些精密机床的主轴和丝杠、精密齿轮、精密模具等都可用氮化工艺处理。

钢件在渗氮前，一般需经调质处理，以得到均匀的回火索氏体组织，保证渗氮后的组织均匀。渗氮件的应力变形都很小，渗氮后不再进行热处理。

 要点提示　　齿轮的表面处理既可以采用感应加热表面淬火，也可以采用化学热处理，如渗碳、渗氮等。经化学热处理的齿轮具有较高的整体强度和一定的韧性，齿面具有良好的耐磨性和接触疲劳强度，因此对于汽车、拖拉机、飞机及其他动力机械的高负荷、高速度的重载齿轮，常采用渗碳或碳氮共渗处理。

小结

从材料学的角度看，材料的性能取决于其内部结构，而材料的内部结构又取决于成分和加工工艺。所以，正确地选择材料，确定合理的加工工艺，以得到理想的组织，获得优良的使用性能，是决定机械制造中产品性能的重要环节。

金属材料是目前用量最大、使用最广的材料，它具有许多优良的使用性能（如机械性能、物理性能、化学性能等）和加工工艺性能（如铸造性能、锻造性能、焊接性能、热处理性能及机械加工性能等）。

常用的金属材料有铸铁、钢及有色合金 3 大类。这些材料不但相互之间在性能上具有较大差异，而且同一种材料又细分为不同的类型，分别使用不同的牌号表示，为用户选材提供方便。

为使金属工件具有所需要的力学性能、物理性能和化学性能，除合理选用材料和各种成形工艺外，热处理工艺往往必不可少。钢铁是机械工业中应用最广的材料，其显微组织复杂，是热处理的首选材料。另外，铝、铜、镁、钛等及其合金也都可以通过热处理改变其力学、物理和化学性能，以获得不同的使用性能。

热处理是将材料放在一定的介质内加热、保温、冷却，通过改变材料表面或内部的组织结构，来控制其性能的一种综合工艺过程，是机械制造中的重要工艺之一。与其他加工工艺相比，热处理一般不改变工件的形状和整体的化学成分，而是通过改变工件内部的显微组织，或改变工件表面的化学成分，赋予或改善工件的使用性能。其特点是改善工件的内在质量，而这一般不是肉眼所能看到的。

习题

（1）什么是金属的机械性能？金属有哪些基本的机械性能？

（2）金属的强度和塑性有什么关系？

（3）硬度较高的材料有什么突出的使用性能，硬度是怎样表示的？

（4）铸铁材料有何用途，主要有哪些类型？

（5）钢有何用途，主要有哪些类型？

（6）有色金属材料有何用途，主要有哪些类型？

（7）在选择材料时，应注重哪些基本原则？

（8）简要说明热处理的概念和目的。

（9）热处理都有哪些类型，各有何用途？

（10）退火和正火有何区别？

（11）淬火有何用途，影响淬火结果的因素有哪些？

（12）回火有哪些类型，各有何用途？

（13）是不是所有材料都可以进行热处理？

（14）在金属加工中，应该怎么安排热处理在加工中的位置？

第2章
毛坯生产

在机械制造中，通常先将原材料按照一定的成形方法转变为与零件的形状和尺寸相近的毛坯，然后对毛坯进行切削加工获得零件。毛坯的成形方法很多，例如，以铸造为代表的液态成形、以锻压为代表的固态成形以及以焊接为代表的连接成形等。毛坯质量和所用成形方法的经济性，直接影响到产品质量和经济效益。

※【学习目标】※

- 掌握铸造的成形工艺过程及其应用。
- 掌握锻造的各种成形方法及其应用。
- 掌握各种焊接工艺及其应用。
- 掌握毛坯选材的一般原则。

2.1 液态成形——铸造

铸造是一种传统的毛坯生产方式，其生产过程复杂，废品率较高。但是铸造作为一种重要的毛坯制作方法，在机械制造中具有重要的意义。铸造为模型锻造提供了理论基础，随着现代材料技术的发展，铸造理论也为新兴的模具设计技术提供了理论支持。

2.1.1 认识铸造生产

图 2-1～图 2-4 所示的零件都是使用铁、铜、铝等金属材料铸造而成的，它们具有以下特点。

- 形状和结构复杂。
- 表面形状不规则，具有复杂的曲面结构。
- 重要加工面的数量较少。
- 非承受重载的零件。

图 2-1　大型曲轴

图 2-2　农机机身

图 2-3　精密铸钢零件

图 2-4　金属铸件

图 2-5 和图 2-6 所示的零件是使用塑料材料通过注塑、挤塑等方法制成的，塑性材料的产品性能优异，生产成本低，生产效率高，在现代制造业中应用广泛。

图 2-5　家电塑料外壳

图 2-6　手机配件

以上两种产品的结构虽然不相同，但是制作工艺却极其相似，都是液态成形的典型代表。其中，铸造是最常用的一种液态成形方法，图 2-7 所示为铸造生产的一般过程，其工艺流程如图 2-8 所示。

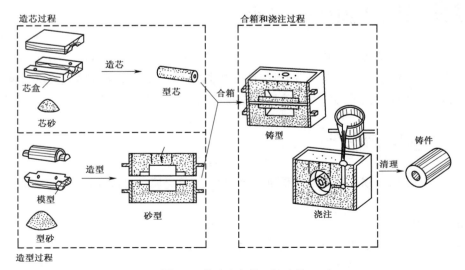

图 2-7　铸造生产的一般过程

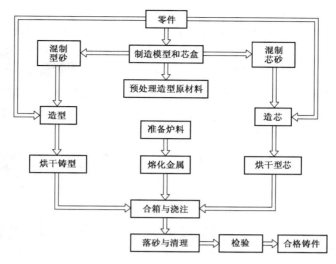

图 2-8　铸造的工艺流程

2.1.2　合金的铸造性能

合金的铸造性能是指合金在铸造过程中获得外形准确、内部结构健全的铸件的能力，主要包括合金的流动性、收缩性以及吸气性等重要指标，是铸造生产时选择合金材料、确定铸造方案以及进行铸件结构设计的依据。

1. 铸造生产的特点

铸造过程实际上是一个典型的"固态—液态—固态"的转换过程。固态的铸造材料熔解后转变为液态，将其浇注到与模型形状一致的铸型中，冷却凝固后获得固态的产品。

（1）液态成形。液态成形是指材料在液体状态下形成具有确定形状的零件，是铸造的典型特点之一。液态成形的优缺点如表 2-1 所示。

合金的浇注过程

表 2-1　　　　　　　　　　　　　　　　　　液态成形的特点

液态成形的优点	液态成形的缺点
① 它适合于制造具有复杂外形，特别是具有复杂内腔的零件 ② 铸件的形状和尺寸与零件接近，节省了金属材料和加工工时 ③ 大多数金属均适合于铸造，并且适用于各种生产类型 ④ 原材料来源广泛，价格低廉，可以回收使用废旧金属和废机件 ⑤ 它是塑性较差材料（如铸铁等）的唯一成形方法	① 其工艺过程复杂，产品质量难以精确控制 ② 零件内部组织的均匀性和致密性差，产品气密性不好 ③ 容易出现缩孔、缩松、气孔、砂眼、夹渣以及裂纹等缺陷，产品质量不稳定 ④ 铸件内部晶粒粗大，组织不均，产品的机械性能差，不能用于制造强度要求高的零件

（2）固态凝固。铸件在液态下充满型腔，获得产品，但是随着产品温度逐渐降至室温，液态的产品最终将凝固为固态。

要点
提示

材料由固态熔化为液态后，其体积将增加；反之，由液态凝固为固态后，其体积将减少。这是材料的固有物理属性，不能使用任何措施来加以消除。

2. 合金的流动性

流动性反映了液态合金填满铸型的能力。液态合金充满铸型型腔，并获得形状完整、轮廓清晰、尺寸准确的铸件的能力，称为合金的充型能力。合金的流动性好，充型能力强。

（1）影响流动性的因素。合金材料熔化后是一种黏稠的液态，其黏度与材料被加热的温度有关，温度越高，黏度越低。液态合金的黏度越低，其流动能力越强，可以在较短时间内充满型腔。

浇注温度越高，合金的黏度下降，合金在铸型中保持流动状态的时间越长，因此充型能力越强，反之，充型能力越差。影响充型能力的因素如图2-9所示。

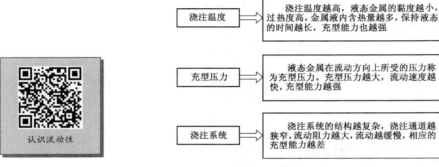

图2-9　影响充型能力的因素

 要点提示　　对于流动性不好的材料，首先必须合理设计铸件的型腔，避免浇注通道过于狭窄，同时还要辅之以必要的工艺措施，其中加压浇注是一种重要措施。在所有材料中，灰口铸铁的流动性最好，可以用于成形复杂的零件，工艺过程简单；而铸钢的流动性最差，只能成形简单的零件。

 问题思考　　对于同一铸件的铸型，将其由砂型改为金属型，其余条件均保持不变，这时会发现使用金属型生产出来的铸件质量明显下降。

- 金属型生产的铸件质量下降，主要体现在哪一方面？
- 通过所学的知识，分析铸件质量下降的原因。
- 如果将车间里的砂型改为金属型，你有什么简单可行的方法确保铸件的质量？

（2）流动性不足而造成的产品缺陷。材料的流动性若不好，最后获得的产品会产生浇不足和冷隔缺陷。浇不足是指液体没有填满型腔的所有角落，如图2-10所示；冷隔是指因浇注时冷却过快，液体在未充满型腔前就凝固而停止流动，如图2-11所示。若液态合金中溶入了大量气体，流动不好则会在铸件中产生气孔，流动性不好的材料在浇注后还容易产生夹渣缺陷。

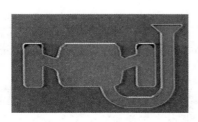

图2-10　浇不足

图2-11　冷隔

3. 合金的收缩

收缩是指合金液体在液态充型后，随着温度的下降，产品逐渐凝固的过程中发生的体积缩小的现象。收缩是铸件的固有物理属性，对铸件的质量影响极大，其后果不仅使零件体积变小，而且是各种铸造缺陷产生的直接原因。

（1）缩孔的形成。缩孔形成的一般过程如图 2-12 所示。

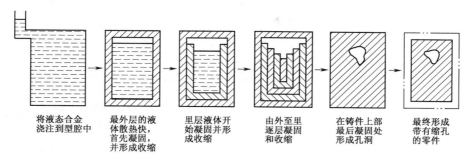

| 将液态合金浇注到型腔中 | 最外层的液体散热快，首先凝固，并形成收缩 | 里层液体开始凝固并形成收缩 | 由外至里逐层凝固和收缩 | 在铸件上部最后凝固处形成孔洞 | 最终形成带有缩孔的零件 |

图 2-12　缩孔的形成过程

液态合金浇注后，其表层散热面积大，因此温度下降快，冷却速度快；越靠近里层，温度下降越慢，冷却速度越慢。随着时间的推移，整个零件形成一个逐层冷却的过程，在凝固过程中，由于体积收缩导致里层液面下降。零件完全冷却后，在最后凝固的厚大截面处将形成一个倒三角形状的孔洞，这就是缩孔。

缩孔的形成过程

缩孔的典型特点是隐藏在零件内部，成为材料的强度陷阱，如图 2-13 所示。

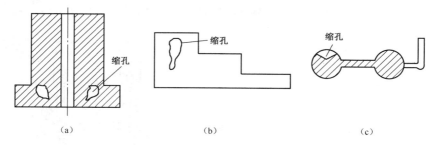

图 2-13　零件中的缩孔

（2）缩松。缩孔分为集中缩孔和分散缩孔两类。通常所说的缩孔，主要是指集中缩孔，分散缩孔一般称为缩松，如图 2-14 所示。

缩松是分散的细小的缩孔，分布面积比缩孔大，主要影响铸件的气密性。提高液态合金的浇注压力可以将缩松转化为缩孔。

要点提示　　　对于一定体积的合金液体来说，缩松体积和缩孔体积可以相互转化，但是其总量保持一个恒定值。

（3）顺序凝固原则。缩孔是铸件中的潜在隐患，为了保证产品的质量，应该设法消除其不利影响。由于铸件收缩是其物理属性，不能彻底消除。消除缩孔对铸件影响的基本原则是将其转移到铸件的外部，保证在铸件内部形成致密的结构。其基本思想是采用顺序凝固原则，如图 2-15 所示。

顺序凝固原则

采用顺序凝固原则来生产铸件时，在铸件上将产生一个温度梯度，壁厚较小的部分先凝固，其体积收缩可以由壁厚较大的部分来补充。主要设计要点如下。

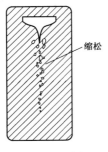

图 2-14　缩松

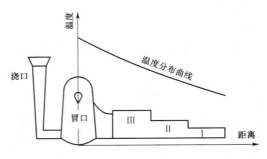

图 2-15　顺序凝固原则

① 零件尺寸从一端到另一端单向减小。

② 浇口安放在厚壁处。

③ 在零件厚壁处安放冒口。

④ 工件的凝固顺序：远离冒口的薄壁部位先凝固，然后是壁厚稍大的部位凝固，最后是冒口部位凝固。

⑤ 先凝固的部分，即使发生体积收缩，也会因为其左侧的部分仍处于液态，所以有充分的液体来补缩。最后凝固的冒口部位没有液体补缩，因此产生缩孔。

⑥ 冒口并不是工件的组成部分，其目的是转移缩孔的位置。

⑦ 冷铁的使用。零件中具有局部大尺寸时，可以在这些部位增设冷铁，以加快该处结构的冷却速度，如图 2-16 所示。还可以在局部厚壁处增加暗冒口，如图 2-17 所示。

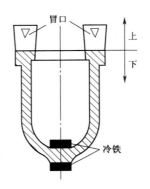

图 2-16　冷铁的使用

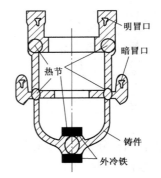

图 2-17　暗冒口的使用

（4）收缩的处理原则。在铸造过程中，处理收缩的一般原则如下。

① 提高浇注压力将缩松转化为缩孔。

② 使用顺序凝固法将缩孔转移到工件外（冒口中），最终获得没有缩孔（松）的铸件。

　要点提示　　采用顺序凝固原则来生产铸件时，在铸件上将产生一个温度梯度，壁厚较小的部分先凝固，其体积收缩可以由壁厚较大的部分来补充，最后冷却的部分是冒口，其中将产生缩孔。

2.1.3　铸造热应力、变形与裂纹

铸件在凝固和冷却的过程中，由于其壁厚不均匀及其各个位置散热条件不同，导致不同部位不均衡的收缩而引起的应力，称为热应力。

　（1）一个壁厚不均的铸件，厚壁部位和薄壁部位的冷却速度是否一致？哪个部位先冷却到室温？

（2）图 2-18 所示的平板铸件是心部先冷却还是四周先冷却？紧贴地面的下部先冷却还是上部先冷却？

1.　热应力的概念

铸件在凝固和冷却的过程中，由于其壁厚不均匀以及各个位置散热条件不同，导致不同部位不均衡的收缩而引起的应力，称为热应力。

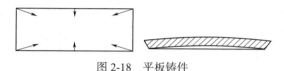

图 2-18　平板铸件

2.　金属材料的塑性状态和弹性状态

固态金属材料在再结晶温度以上（钢材为 620℃～650℃）时，处于塑性状态。此时，材料塑性好，在较小的应力下即可发生塑性变形，而且变形后应力自动消除，不会残留在工件内部。

　固态金属材料在再结晶温度以下时，金属处于弹性状态。此时，在应力作用下的材料发生弹性变形，变形后应力不会自动消除，将残留在工件内部。

3.　热应力的形成过程

框形铸件如图 2-19 所示，左右两侧的杆件 II 直径较小，冷却速度较快，中部的杆件 I 直径较大，冷却速度较慢。3 个杆件通过上下两个横杆联结为一个整体。

最后画出杆件 I 和杆件 II 的冷却曲线如图 2-20 所示。曲线上 4 个重要时间点 t_0、t_1、t_2 和 t_3 将冷却过程划分为 3 个阶段。

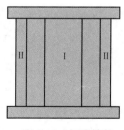

图 2-19　框形铸件

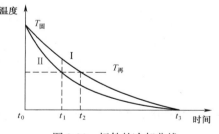

图 2-20　杆件的冷却曲线

内应力的形成过程

（1）t_0～t_1 阶段的冷却分析：此时铸件处于高温阶段，两杆均处于塑性状态，尽管两杆冷却速度不同，收缩量不一致，但是瞬时的应力可以通过塑性变形自动消失。冷却过程如图 2-21 所示。

（2）t_1～t_2 阶段的冷却分析：这一阶段，冷却速度较快的杆 II 进入弹性状态，杆 I 仍处于塑性状态，杆 II 冷却速度快，收缩大于杆 I，所以杆 I 受压缩，杆 II 受拉伸，形成暂时应力，这个应力随后因为杆 I 的微量压缩而消失。冷却过程如图 2-22 所示。

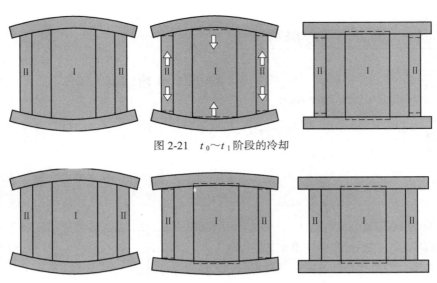

图 2-21　$t_0 \sim t_1$ 阶段的冷却

图 2-22　$t_1 \sim t_2$ 阶段的冷却

（3）$t_2 \sim t_3$ 阶段的冷却分析：这一阶段，两杆均处于弹性状态，尽管此时两者长度相同，但是杆 I 温度较高，还将进行较大的收缩，杆 II 温度较低，收缩量很小。此时杆 I 的收缩要受到杆 II 的强烈阻碍，最后杆 I 受拉伸，杆 II 受压缩，直至冷却到室温，最后在工件内部形成残余应力。冷却过程如图 2-23 所示。

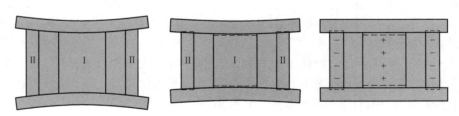

图 2-23　$t_2 \sim t_3$ 阶段的冷却

 要点提示　　　铸件各个部分冷却速度不均是热应力形成的根本原因，这也是铸件不可克服的缺陷。热应力使铸件的厚壁和心部受拉，出现内凹变形；薄壁和表层受压，出现外凸变形。铸件的壁厚差别越大，热应力越大。

4．铸件的变形

具有残余应力的铸件是不稳定的，将自发通过变形来减缓和释放内应力，以便趋于稳定状态。最后，铸件内部原来受拉的部分产生压缩变形，受压的部分产生拉伸变形，最终减小或消除残余应力。图 2-24 所示的机床床身，它在铸造后都要产生图示的变形。

为了防止铸件变形或减少变形量，可以采取以下措施。

（1）结构方面：设计时应该尽量使铸件的壁厚均匀，形状对称，确保铸件各个部分能够自由收缩。

（2）工艺方面：采用同时凝固原则。

（3）时效处理：包括人工时效和自然时效。

5. 同时凝固原则

对于壁厚单向递增的工件，将浇口设置在薄壁处，并在厚壁处安放冷铁，如图 2-25 所示。这样薄壁部位维持高温时间延长，厚壁部位冷却速度加快，减小了它们之间的温度梯度，从而减小内应力。

同时凝固原则

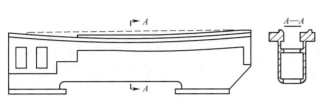

图 2-24　机床床身的变形

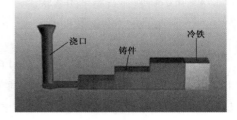

图 2-25　同时凝固原则

同时凝固时，铸件心部容易出现缩孔，因此这种方法主要适用于收缩较小的材料，如灰铸铁和锡青铜等，这些材料的缩孔倾向小。

问题思考

（1）对比顺序凝固原则和同时凝固原则在工艺与用途上的差别。
（2）为什么采用同时凝固时，铸件心部容易出现缩孔？

6. 铸件的时效处理

在大型机械厂中常常会看到大量铸件被放在室外露天场地中，任其日晒雨淋，这就是对铸件的自然时效处理。通过时效处理可以缓慢消除或减少铸件内部的残余应力，稳定组织和尺寸，让铸件充分变形后再进行切削加工，这样可以防止零件切削加工后再发生变形而不能达到要求的形状精度。

要点提示

对于一些小型铸件，可以通过振动方式释放内应力，也可以将其加热到550℃～650℃进行去应力退火，这种时效方式叫人工时效。由于零件在粗加工时也会产生应力，因此时效处理宜安排在粗加工之后进行，以便将零件上所有应力一并消除。

2.1.4　常用合金铸件的生产

生产中常用的铸造材料主要有各类铸铁和铸钢，如图 2-26～图 2-28 所示。此外，铜合金和铝合金等有色合金也是良好的铸造材料。

图 2-26　灰口铸铁件

图 2-27　球墨铸铁件

图 2-28　铸钢件

1. 铸铁及其分类

铸铁材料的含碳量为 2.5%～4.0%，具有优良的铸造性能，且资源丰富、冶炼方便、价格低廉。碳在铸铁中主要以渗碳体和石墨形式存在，铸铁根据碳的存在形式不同分为以下 3 种类型。

（1）白口铸铁。碳主要以渗碳体形式存在，脆性大，耐磨性好，可用于制作农机用具等产品。

（2）灰口铸铁。碳主要以石墨和渗碳体形式存在，灰口铸铁种类丰富，综合性能好，是目前最主要的铸造材料。灰口铸铁可以看成是在钢的基体上分布着不同形态的石墨，根据石墨形状不同又可分为以下 4 种类型。

- 普通灰口铸铁：石墨呈片状。
- 可锻铸铁：石墨呈团絮状。
- 球墨铸铁：石墨呈球状。
- 蠕墨铸铁：石墨呈蠕虫状。

4 种灰口铸铁的显微组织如图 2-29 所示，石墨形状差异较大，图中从左至右依次是普通灰口铸铁、可锻铸铁、球墨铸铁和蠕墨铸铁。

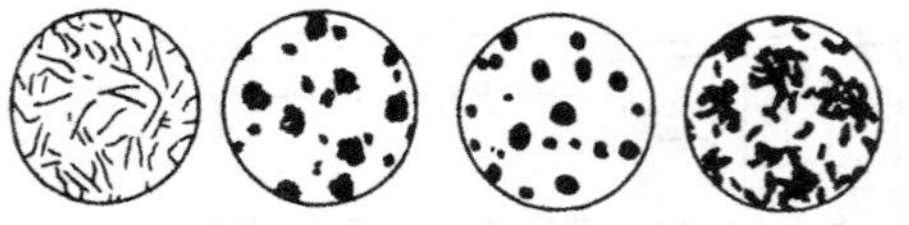

图 2-29　4 种灰口铸铁的显微组织

要点提示　　灰口铸铁是生产中应用最广泛的铸铁材料，其中的碳主要以片状石墨形式存在，由于石墨的强度、硬度和塑性极低，所以可以将灰口铸铁视为布满细小裂纹的纯铁或钢。

（3）麻口铸铁。一种白口铸铁和灰口铸铁之间的过渡材料，应用较少。

2. 灰口铸铁的特性和应用

灰口铸铁由于其铸造性能良好、流动性好、收缩小，因此在生产中应用广泛。

（1）灰口铸铁的性能。由于石墨的强度、硬度和塑性极低，所以可以将灰口铸铁视为布满细小裂纹的纯铁或钢，因此灰口铸铁具有以下特性。

① 抗拉强度、塑性和韧性均较差。

② 抗压强度较好，与钢相近。

③ 具有减震性。石墨能缓冲震动，因此灰口铸铁是制造机床床身和机器底座的好材料。

④ 耐磨性好。石墨具有润滑作用，因此灰口铸铁适合于制造导轨、衬套和活塞环等零件。

⑤ 缺口敏感性小。灰口铸铁对缺口不敏感，不会形成应力集中，增加了零件的可靠性。

（2）灰口铸铁的种类。灰口铸铁中的碳以渗碳体（Fe_3C）和石墨形式存在。根据两者比例的不同，可将灰口铸铁分为以下 3 种类型。

① 珠光体灰口铸铁：其 Fe_3C 含量为 0.8%，强度、硬度较高，用于制造机床床身和机件等重要零件。

② 珠光体—铁素体灰口铸铁：其 Fe_3C 含量小于 0.8%，强度、硬度比珠光体灰口铸铁略低，但是铸造性能和减震性良好，便于熔炼，应用最广泛。

③ 铁素体灰口铸铁：其碳全部为石墨，强度和硬度差，应用较少。

（3）灰口铸铁的牌号。灰口铸铁的牌号由 HT 加上 3 位数字组成，如 HT200、HT250 等。HT表示灰口铸铁中文拼音的代号，3 位数字表示最抵抗拉强度（MPa）。

（4）灰口铸铁的应用。常用灰口铸铁的特性及其用途如表 2-2 所示。

问题思考　　（1）灰口铸铁牌号为什么不用含碳量的多少表示，而用力学性能表示？
（2）有一铸件当其强度不够时，可否通过增大截面来解决？

3. 球墨铸铁件的特性和应用

球墨铸铁是 20 世纪 40 年代发展起来的一种铸铁材料，由于其石墨呈球状，对金属基体的割裂作用进一步减轻，其强度和韧性显著提高，远远高于灰口铸铁，并可以与钢媲美。

表 2-2　　　　　　　　　　　　　　常用灰口铸铁的特性和用途

牌　　号	壁厚/mm	抗拉强度/MPa	硬度 HBS	特　　点	应 用 举 例
HT100	2.5～10	≥130	110～167	铸造性能好，工艺简单，应力小，有一定的强度和良好的减震性	对强度要求不高的零件，如手轮、支架和底板等
	10～20	≥100	93～140		
HT150	2.5～10	≥175	136～205		底座、床身、压力不大的管件
	10～20	≥145	119～179		
HT200	2.5～10	≥220	157～236	铸造性能好，强度、耐热性、耐磨性和减震性均较好	强度较高并耐蚀的泵壳、油缸、齿轮、泵体和阀门等
	10～20	≥195	148～222		
HT250	4～10	≥270	174～262		
	10～20	≥240	164～247		
HT300	10～20	≥290	182～272	强度高，耐磨性好，但是铸造性能较差	受力较大的床身、导轨、凸轮、发动机曲轴等
	20～30	≥250	168～251		
HT350	10～20	≥340	199～298		
	20～30	≥290	182～272		

 要点提示　　　　球墨铸铁的性能可以与钢媲美，球墨铸铁的出现使得生产中"以铁代钢"和"以铸代锻"成为可能。

（1）球墨铸铁的生产方法。向高温铁水中加入一定量的球化剂（金属镁或稀土镁）和孕育剂（含 Si 量为 75%～95%的硅铁），最后得到球状石墨的铸造合金。多数球墨铸铁件铸后要进行热处理，以保证应有的力学性能。

（2）球墨铸铁件的主要特点。

① 石墨成球状，对基体的割裂作用已降到最低，力学性能比灰铸铁有显著提高。

② 可通过热处理改善金属基体，进一步提高性能，这一点与灰铸铁不同。

③ 球墨铸铁较灰铸铁易产生缩孔、缩松、气孔以及夹渣等缺陷。

④ 石墨析出时，会产生体积膨胀，因此应适当提高铸型刚度。

（3）球墨铸铁的牌号、性能及用途。球墨铸铁在一些场合下可以取代铸钢件，也能代替一些负荷较重但是冲击并不大的锻钢件使用，常用球墨铸铁的特性及其用途如表 2-3 所示。

表 2-3　　　　　　　　　　　　　　常用球墨铸铁的特性和用途

牌　　号	抗拉强度/MPa	断后伸长率/%	硬度 HBS	应 用 举 例
QT400-18	>400	18	130～180	汽车和拖拉机轮毂、离合器壳体、差速器壳体、拨叉、阀体和管道等
QT400-10	>450	10	160～210	
QT500-7	>500	7	170～230	齿轮、水轮机阀体、机车轴瓦等
QT600-3	>600	3	190～270	大型内燃机曲轴、农机齿轮、机床主轴、矿车车轮以及缸体等
QT800-2	>800	2	245～335	
HT900-2	>900	2	280～360	

问题思考　　阅读表2-3，说明球墨铸铁牌号中数字的含义。

4. 可锻铸铁件的特性和应用

将白口铸铁件经长时间的高温石墨化退火，使白口铸铁中的渗碳体分解，获得在铁素体或珠光体的基体上分布着团絮状石墨的铸铁，即得到可锻铸铁。

（1）可锻铸铁的特点。可锻铸铁强度高，抗拉强度 σ_b 为 300～400MPa，塑性（$\delta \leqslant 12\%$）和韧性（$\alpha_k \leqslant 30J/cm^2$）均较好。可锻铸铁石墨化退火周期长，因此铸件成本高。

（2）可锻铸铁的应用。可锻铸铁主要用于制造承受震动和冲击、形状复杂的薄壁小件。这些零件如果用一般铸钢铸造难度较大，若用球墨铸铁，质量上难以保证。

常用可锻铸铁的特性及其用途如表2-4所示。

表2-4　　　　　　　　　　　常用可锻铸铁的特性及其用途

牌　　号	抗拉强度/MPa	断后伸长率/%	硬度 HBS	应 用 举 例
KTH300-6	>300	6	不大于 150	弯头、三通、管件、中等压力阀门
KTH330-8	>330	8		农机具
KTH350-10	>350	10		汽车差速器壳体、农机具
KTH370-12	>370	12		
KTZ450-06	>450	6	150～200	曲轴、连杆、棘轮、扳手、链条
KTZ700-02	>700	2	240～290	

要点提示　　牌号中 KTH 代表黑心可锻铸铁，其应用广泛，塑性韧性好，耐蚀性高；KTZ 代表珠光体可锻铸铁，其强度和硬度比黑心可锻铸铁更高。

问题思考　　想一想，可锻铸铁可锻吗？

5. 蠕墨铸铁的特性和应用

蠕墨铸铁是近年来发展起来的一种新型铸铁材料，铸铁中的石墨介于片状和球状之间，因而其力学性能也介于灰口铸铁和球墨铸铁之间。

（1）蠕墨铸铁的特性。蠕墨铸铁的突出优点是导热性优于球墨铸铁，而抗生长和抗氧化性又优于其他铸铁。同时，其断面敏感性小于灰口铸铁，因此厚大截面上的性能较为均匀。此外，蠕墨铸铁的耐磨性也较好。

（2）蠕墨铸铁的应用。蠕墨铸铁的力学性能较高，导热性和耐热性良好，适合于制造工作温度较高或具有较高温度梯度的零件，如柴油机气缸盖、制动盘、钢锭模、金属型等，还可以用于制造形状复杂的大型铸件，如重型机床床身等。

6. 铸钢及其应用

铸钢也是一种重要的铸造合金，其产量仅次于灰口铸铁件。

（1）铸钢的分类。按化学成分的不同，铸钢主要分为以下两种类型。

① 铸造碳钢：铸造碳钢以铸造中碳钢应用最广泛，而铸造低碳钢和铸造高碳钢使用较少。

② 铸造合金钢：在碳钢的基础上加入少量的合金元素，如锰、铬、钼、钒等而形成铸造合金钢。例如，ZGMn13 为铸造耐磨钢，ZG1Cr18Ni9 为铸造不锈钢。

（2）铸造碳钢的牌号。铸造碳钢的牌号由 ZG（"铸钢"的汉语拼音）的缩写加上两组数字组成，前一组代表屈服强度值，后一组代表抗拉强度值，如 ZG200-400、ZG340-640 等。

（3）铸钢的机械性能。铸钢不仅强度高，而且具有良好的塑性和韧性，适合于制造形状复杂、强度和韧性要求都较高的零件。

要点提示

铸钢的焊接性能好，便于采用铸—焊联合结构制造大型铸件。因此，铸钢在重型机械的制造中应用广泛。

（4）铸钢件的铸造工艺。铸钢的熔点高，钢液易氧化和吸气，流动性差，收缩大。因此，铸钢件铸造困难，易产生浇不足、气孔、缩松、缩孔、夹渣和粘砂等缺陷。在生产铸钢件时，应注意以下几点。

① 要求型砂的耐火度高，有良好的透气性和退让性。

② 应严格控制浇注温度，防止过高或过低。

③ 铸钢件必须热处理。

2.1.5　合金的铸造工艺

为了获得符合质量要求的合金铸件，降低铸件成本及废品率，铸造合金铸件时必须合理地制订零件的铸造工艺方案。

1. 造型方法的选择

根据铸型材料的不同，造型方法主要有砂型铸造和特种铸造两种形式。

（1）砂型铸造。砂型铸造是最传统的造型方法，适合于各种形状、大小和批量的合金零件生产。根据造型时自动化程度的不同又可分为以下两种。

① 手工造型：它主要包括整模造型、分模造型、三箱造型和活块造型等方法，操作灵活，适应性广，但是生产效率低，主要用于单件和小批量生产。

砂型铸造
整模造型的一般过程
分模造型的一般过程

② 机器造型：它使用机器来造型、造芯，并与机械化的型砂处理、浇注以及清理组成生产流水线。机器造型生产率高，但是不适合制造形状复杂的型腔。

（2）特种铸造。特种铸造采用与砂型铸造有着显著区别的铸造方法。常见的特种铸造方法有以下几种类型。

① 金属型铸造：将液态合金浇入金属铸型，以获得铸件的一种铸造方法。

② 压力铸造：简称压铸，是在高压（压力为 5～150MPa）下将液态或半液态合金快速地压入金属铸型内，并在压力下凝固，以获得铸件的方法。

③ 熔模铸造：用易熔材料制成模样，然后在模样上涂挂耐火材料，经硬化之后，再将模样熔化以排出型外，从而获得无分型面的铸型。

④ 低压铸造：介于重力铸造（如砂型铸造、金属型铸造）和压力铸造之间的一种铸造方法，使液态合金在压力下自下而上地充填型腔，并在压力下结晶形成铸件的工艺过程。

⑤ 离心铸造：将液态合金浇入高速旋转（转速为 250～1 500r/min）的铸型，使金属液在离心力作用下充填铸型并结晶。

⑥ 陶瓷铸造：以陶瓷作为铸型材料的一种铸造方法。

2. 铸造工艺图

铸造工艺图是在零件图上使用各种工艺符号及参数表示出铸造方案的图形。其中包括的内容有浇注位置、分型面、型芯数量、形状和尺寸、加工余量、收缩率、浇注系统、起模斜度和铸造圆角等。

（1）铸造工艺图的构成。图 2-30（a）所示为衬套零件图，在绘制其铸造工艺图时，需要简化图上的结构。首先要考虑这个零件有几种可能的分型方案，然后对其进行分析比较。最后完成的铸造工艺图如图 2-30（b）所示，最后获得的铸件图如图 2-30（c）所示。

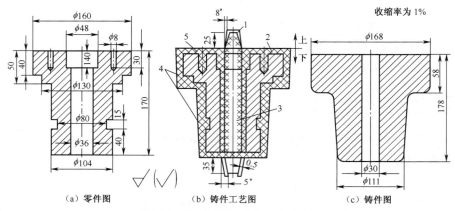

（a）零件图　　　（b）铸件工艺图　　　（c）铸件图

图 2-30　绘制衬套零件的铸造工艺图

1—型芯头；2—分型面；3—型芯；4—起模斜度；5—加工余量

（2）浇注位置的选择。浇注位置是铸件在型腔中的相对位置，例如，铸件上一些特定表面是水平放置还是竖直放置。图 2-31 所示为铸件的两种不同的浇注位置。

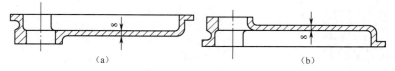

（a）　　　　　　　　　　　　　（b）

图 2-31　不同的浇注位置示意图

在选择浇注位置时，主要考虑最后成形铸件的质量要符合使用要求。在设计时，应该遵循以下原则。

① 铸件上的重要加工面和大平面应该朝下。图 2-32 所示的机床床身，其导轨面是关键表面，应将其朝下浇注。

 要点提示　铸件上表面容易产生砂眼、气孔等缺陷，组织也不如下表面致密。如果这些表面无法朝下，则可以尽力使其位于侧面。

② 为了防止铸件薄壁部位产生浇不足缺陷，应将面积较大的薄壁部位置于铸型下部或使其竖直或倾斜放置。图 2-33 所示为油盘铸件的正确浇注位置。

③ 对于容易产生缩孔的铸件，应将铸件上较厚的部位置于上部或侧面，以便在厚壁处安放冒口。图 2-34 所示为筒形铸件的正确浇注位置。

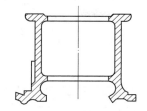

图 2-32 机床床身的浇注位置

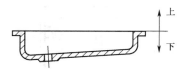

图 2-33 油盘铸件的正确浇注位置

 如果该零件的浇注位置旋转 90° 放置，如图 2-35 所示，试分析最后获得的铸件与按照图 2-34 所示设置浇注位置获得铸件的差异。

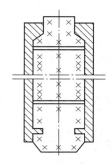

图 2-34 筒形铸件的正确浇注位置 1

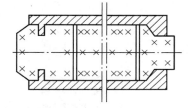

图 2-35 筒形铸件的正确浇注位置 2

（3）分型面的选择。分型面是指铸型中相互结合的表面。分型面选择不当，不仅会影响铸件质量，还会增加产品生产时的难度。因此设计分型面时，在保证铸件质量的前提下，应该尽量简化工艺。

分型面的选择原则

① 应尽量使分型面是一个平直的面。图 2-36 所示为起重机臂零件，图 2-36（a）所示的分型面为平面，造型方便；而图 2-36（b）所示的分型面为曲面，必须用挖砂造型，造型过程很复杂。

② 应使铸件的全部或者大部分位于同一砂箱。图 2-37 所示为堵头零件，按照图 2-37（a）所示选择分型面时，铸件的全部或者大部分位于同一砂箱，易于保证铸件的尺寸精度；而按照图 2-37（b）所示选择分型面时，容易错箱。

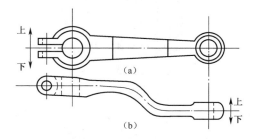

图 2-36 起重机臂零件分型面的确定

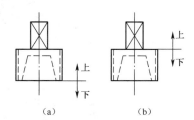

图 2-37 堵头零件分型面的确定

③ 应该尽量简化造型工艺，尽量使型芯和活块的数量减少。在图 2-38 所示的铸件中，使用环形型芯可以将三箱造型变为两箱造型。同理，图 2-39 所示的绳轮也可以通过使用环形型芯来将三箱造型转变为两箱造型。

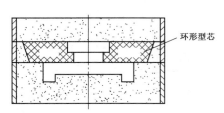

图 2-38 使用环形型芯可以将三箱造型变为两箱造型

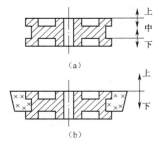

图 2-39 绳轮的造型

要点提示 砂型铸造时，若对浇注位置有要求，就要优先考虑浇注位置；若对浇注位置没有要求，就优先考虑分型面。

问题讨论 （1）对于图 2-40（a）所示的三通铸件，可以采用图 2-40（b）、图 2-40（c）和图 2-40（d）所示的 3 种浇注方案，试分析这些方案各自的特点，哪种方案更优秀？

（2）对比图 2-41 所示角架铸件的 4 种造型方案，哪一种方案更好？

（4）工艺参数的确定。在铸造工艺方案初步确定之后，还必须根据铸件的特点确定机械加工余量、起模斜度、收缩率、铸造圆角以及型芯和型芯头等工艺参数。

① 加工余量。铸件上为后续切削加工的需要而加大的尺寸称为加工余量。

要点提示 加工余量的具体数值取决于铸件的生产批量、材料类型、尺寸等因素。大量生产时，铸件精度高，加工余量较小；铸钢件表面粗糙，加工余量应该较大。

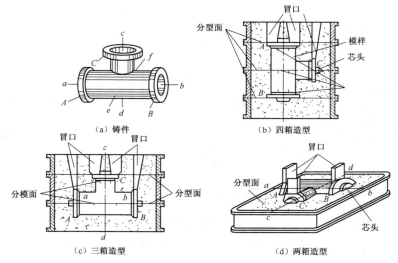

图 2-40 三通铸件的浇注方案

② 最小铸孔。一般来说，铸件上较大的孔和槽应当铸出，以减少切削加工时间，并节约材料。但是较小的孔和槽则不必铸出，通过切削加工方式获得反而更经济。

③ 铸造收缩率。铸件在凝固和冷却过程中会发生收缩而造成各部分体积和尺寸缩小。合金收缩率的大小取决于铸造合金的种类及铸件的结构、尺寸等因素。

④ 起模斜度。为了在造型和制芯时便于起模，以免损坏砂型和型芯，在模样和芯盒的起模方向留有一定的斜度，如图 2-42 所示。

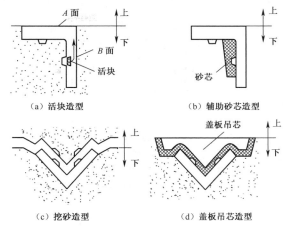

(a) 活块造型　　　　　　　(b) 辅助砂芯造型

(c) 挖砂造型　　　　　　　(d) 盖板吊芯造型

图 2-41　角架铸件的 4 种造型方案

要点提示

灰口铸铁的最小铸孔尺寸推荐如下：单件生产时为 30～50mm，成批生产时为 15～20mm，大量生产时为 12～15mm。通常灰铸铁的铸造收缩为 0.7%～1.0%，铸钢的铸造收缩率为 1.3%～2.0%，铝合金的铸造收缩率为 0.8%～1.2%，锡青铜的铸造收缩率为 1.2%～1.4%。

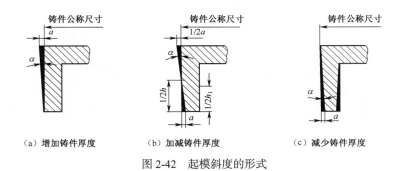

(a) 增加铸件厚度　　　(b) 加减铸件厚度　　　(c) 减少铸件厚度

图 2-42　起模斜度的形式

⑤ 铸造圆角。在铸件转角处应该设置圆角。直角过渡时，容易形成热节，最后导致缩孔的形成，如图 2-43 所示。

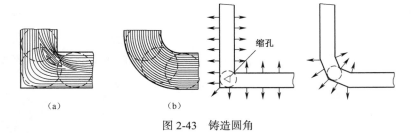

(a)　　　　　　　　　(b)

图 2-43　铸造圆角

⑥ 型芯和型芯头。型芯是铸件的一个重要的组成部分，其功用是形成铸件的内腔、孔洞和形状复杂阻碍起模部分的外形；型芯头用于安放和固定型芯。图 2-44 所示为车轮铸件的型芯设计。

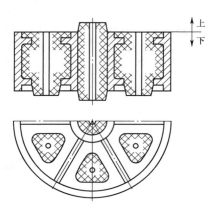

铸件结构设计案例

图 2-44　车轮铸件的型芯设计

2.1.6　铸件结构设计

设计铸件时，不仅要保证其力学性能和使用性能，还必须考虑铸造工艺和合金铸造性能对铸件结构的要求。铸件结构合理及结构工艺性良好，对其质量、生产率和成本都有较大影响。

1. 铸件外形设计

在设计铸件外形时，要遵循以下原则。

（1）避免铸件起模方向存在外部侧凹。图 2-45（a）所示的零件上下都有法兰，要使用环状型芯或三箱造型，去掉上部法兰后，简化了造型过程，如图 2-45（b）所示。

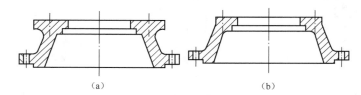

（a）　　　　　　　　　　　（b）

图 2-45　法兰的简化

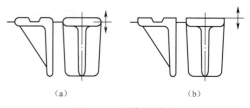

（a）　　　　　　　（b）

图 2-46　圆角的简化

（2）尽量使分型面为平面。图 2-46（a）所示的分型面需要采用挖砂造型，去掉不必要的圆角后，使造型简化，如图 2-46（b）所示。

（3）外形设计应便于起模，简化造型工艺。图 2-47（a）所示的零件在造型时必须使用型芯，简化为图 2-47（b）所示的结构时，可以自带型芯，造型简化。

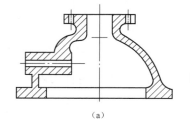

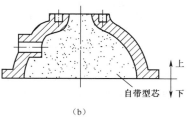

自带型芯

自带型芯的应用

（a）　　　　　　　　　　　（b）

图 2-47　自带型芯的应用

2. 铸件的内腔设计

在设计铸件内腔时，要遵循以下原则。

（1）减少型芯的数量，避免不必要的型芯。图 2-48（a）所示支架采用中空结构，需要使用悬臂型芯和型芯撑；而图 2-48（b）采用开式结构，则省去了型芯。

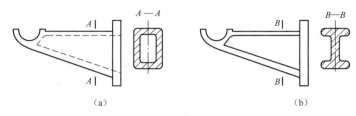

图 2-48　支架设计

　问题思考　（1）观察图 2-49 所示的支柱设计，试比较图 2-49（a）、图 2-49（b）所示的两种方案，哪个方案更合理？

（2）观察图 2-50 所示的型芯设计，试比较图 2-50（a）、图 2-50（b）所示的两种方案，哪个方案更合理？

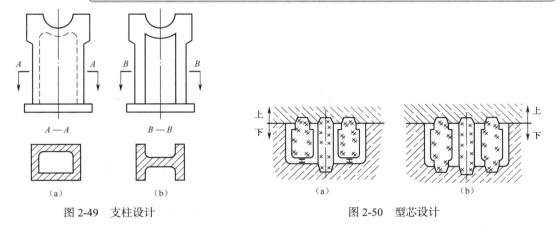

图 2-49　支柱设计　　　　　　　　　　图 2-50　型芯设计

（2）便于型芯的稳定、排气和铸件的清理。图 2-51（a）所示的铸件采用悬臂型芯，需要使用型芯撑加固，下芯、合箱和清理困难；图 2-51（b）所示铸件增加了工艺孔，既避免使用型芯撑，也使型芯定位稳固。工艺孔最后用螺钉堵住。

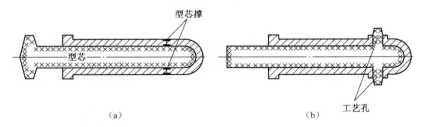

图 2-51　工艺孔的使用

3. 铸件壁厚设计

在铸件设计中，最忌讳采用实心结构，因为其不但浪费材料，而且还会产生缩孔和应力等诸多缺陷。因此，铸件通常采用中空的薄壁结构。

在设计铸件壁厚时，通常需要遵循以下原则。

（1）合理设计铸件壁厚。设计铸件壁厚时，注意以下两个壁厚参数。

① 最小壁厚。在各种工艺条件下，铸造合金能充满型腔壁的最小厚度，主要取决于合金的种类、铸件的大小及形状等因素。

② 临界壁厚。各种铸造合金都存在一个临界壁厚，在砂型铸造条件下，各种铸造合金的临界壁厚约等于其最小壁厚的 3 倍。

> 如果所设计铸件的壁厚小于允许的"最小壁厚"，铸件就易产生浇不足、冷隔等缺陷。如果所设计铸件的壁厚大于"临界壁厚"，容易产生缩孔、缩松、结晶组织粗大等缺陷，从而使铸件的力学性能下降。

在设计铸件时，为了既能够避免厚大截面，又能够保证铸件的强度和刚度，可以根据载荷的性质和大小选取合理的截面形状，如工字形、槽形和箱形结构，并在强度薄弱的部位安置加强筋，如图 2-52 所示。

（2）铸件壁厚应均匀，避免厚大截面。铸件壁厚过大的部位容易出现缩孔，如图 2-53（a）所示。图 2-53（b）和图 2-53（c）所示的设计更合理。

图 2-52 铸件的截面设计

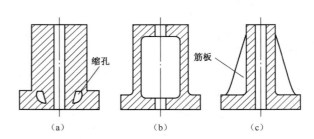

（a）　　　　　　（b）　　　　　　（c）

图 2-53 铸件壁厚应均匀

（3）避免铸件壁的锐角连接。铸件壁采用锐角连接时，容易产生缩孔和热应力并会导致应力集中，从而产生裂纹、缩孔等缺陷。当两壁间的夹角小于 90° 时，可以采用图 2-54（b）所示的连接形式。

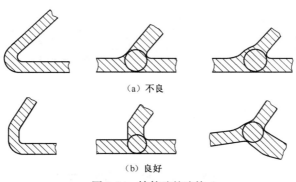

（a）不良

（b）良好

图 2-54 铸件壁的连接

（4）应减缓筋、辐收缩时的阻碍。图 2-55 所示为轮形铸件，图 2-55（a）所示轮辐为直线形、偶数，虽然制造方便，但是当设计不当时，各轮辐收缩不一致，内应力过大，容易产生裂纹；图 2-55（b）所示采用弯曲轮辐，可以借助轮辐本身的变形来减缓应力；图 2-55（c）所示轮辐数量为奇数，在内应力作用下，可以通过轮辐边缘的微量变形来减缓应力。

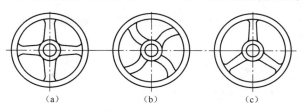

图 2-55　轮形铸件设计

（5）筋设计时应避免交叉接头。交叉接头处容易产生缩孔和应力，如图 2-56（a）所示，可以改为图 2-56（b）所示的交错接头或图 2-56（c）所示的环状接头，这样不但可以降低缩孔倾向，还可以通过微量变形来缓解内应力。

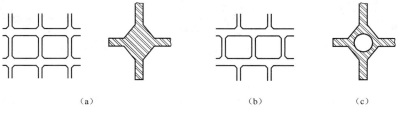

（a）　　　　　　　　　　（b）　　　　　　　　（c）

图 2-56　筋的接头设计

（6）避免出现过大的水平面。图 2-57（a）和图 2-58（a）所示为薄壁罩壳铸件，当其壳顶呈水平面时，充型压力小，易产生浇不足和冷隔缺陷，又因薄壁件金属液散热冷却快，渣、气易滞留在顶面，还会产生气孔和夹渣缺陷，故应将其改为图 2-57（b）和图 2-58（b）所示的设计方案。

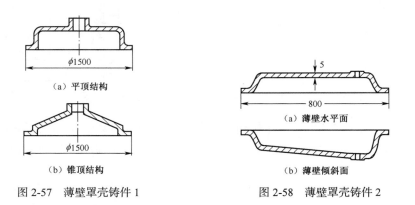

图 2-57　薄壁罩壳铸件 1　　　　　　图 2-58　薄壁罩壳铸件 2

2.2　固态成形——压力加工

使用液态成形方法制作的零件毛坯在强度方面存在严重的缺陷，不能应用于受力复杂的工作条件。金属的压力加工主要利用金属的塑性变形来成形零件，可以得到强度高的零件。压力加工可以在冷态和热态下进行，在现代生产中应用广泛。

2.2.1　压力加工概述

图 2-59 所示传动轴用于传递运动和动力，工作时要承受拉伸、弯曲和扭转等载荷。如果用铸造方法来制作该轴，其工作可靠性无法保障。图 2-60 所示为自行车轮辐上的钢丝，在工作中主要承受拉伸和压缩。钢丝虽细，但是工作过程中很少被拉断。图 2-61 所示为螺栓螺母组件，这些零件如果采用切削加工制作，生产效率低，无形中提高了产品的成本，这些螺栓通常采用锻压加工制作。

图 2-59　机器上的传动轴　　　图 2-60　自行车轮辐上的钢丝　　　图 2-61　螺栓螺母组件

1．压力加工的种类

利用金属在外力作用下所产生的塑性变形来获得具有一定形状、尺寸和机械性能的原材料、毛坯或零件的生产方法，称为压力加工。常用的生产方法有以下几种。

（1）轧制。它是利用轧辊将坯料轧成钢板、钢带等型材的方法，其原理如图 2-62 所示。

（2）挤压。它是通过挤压作用将坯料挤成规则的形状的方法，其原理如图 2-63 所示。

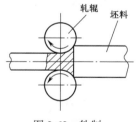
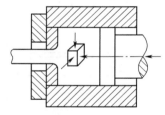

图 2-62　轧制　　　　　　　　　　　　　　　图 2-63　挤压

（3）锻压。它包括锻造和冲压。锻造包括自由锻和模锻两种形式，前者在砧座间自由成形，后者在模腔内填充成形；冲压通常用于在冷态下对薄板进行加工。锻压的原理如图 2-64 所示。

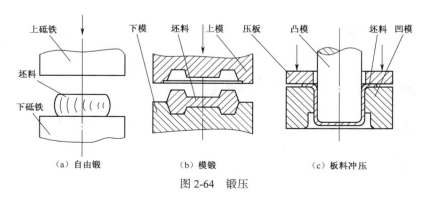

（a）自由锻　　　　　　　（b）模锻　　　　　　　（c）板料冲压

图 2-64　锻压

2. 压力加工的特点

与液态成形方法相比，压力加工具有以下特点。

（1）压力加工件性能优良。金属坯料经过压力加工后发生塑性变形，其组织和性能得到改善和提高。铸锭经锻造或轧制后结构致密、组织改善、性能提高。凡是受交变载荷、服役条件比较繁重的零件，通常使用压力加工方法制造毛坯。

（2）材料利用率高。压力加工是金属在固体状态下体积的转移过程，不像切削加工那样产生大量切屑，是一种无屑成形方法，可以获得合理的流线分布和较高的材料利用率。

（3）生产率高。模锻、轧制、拉丝以及挤压等压力加工方法都具有较高的生产率。例如，在大型锻压设备上模锻汽车用曲轴仅需数十秒；使用自动冷锻机生产螺栓和螺母，每分钟可生产数百件。

（4）固态成形。压力加工在固态下成形，相对液态成形来说更为困难，所以锻件和冲压件的形状都相对较为简单，不像铸件，具有复杂的外形、内腔和薄壁结构。

3. 锻压安全文明操作规程

锻压时，利用锻压机械的锤头、砧座、冲头或通过模具对坯料施加压力，使之产生变形，其动力源的能量充足，破坏力极强。锻工操作时，应注意以下事项。

（1）操作前要穿戴好防护用品，做好防护工作。

（2）车间所有的机械、电气设备、电源开关，未经允许，一律不能随意乱动。

（3）两人以上共在一台设备上操作时，相互之间一定要密切配合，未做好准备工作，不能启动设备。

（4）操作前要随时检查锤头、砧座及其他工具是否有裂纹或其他损坏现象。

（5）手工锻时，要检查锤头是否松动，防止锤头飞出伤人。

（6）非操作者不要站在离操作者太近的位置观看。

（7）操作时，锤柄或钳柄都不能对着腹部。

（8）不可以用手或身体的其他部位接触未冷却的金属料和锻件。

（9）料头即将切断时，打击要轻，料头飞出方向不许站人。

（10）坯料、工具、工件等应摆放整齐。操作结束后，应打扫干净现场。

对比铸造和压力加工两种典型毛坯成形方法的特点，讨论以下典型零件应该使用铸造还是压力加工来制作毛坯。

（1）机床床身　　　　（2）齿轮　　　　　　（3）机床立柱

（4）火车铁轨　　　　（5）建筑用钢筋　　　（6）汽车车门

2.2.2　塑性成形理论

塑性变形过程中遵循一定的基本规律，了解这些基本规律有助于我们更好地分析和理解塑性变形过程中材料组织和性能的转变。

1. 塑性变形规律

（1）最小阻力定律。塑性变形时，材料总是沿着阻力最小的方向移动，这就是最小阻力定律。圆形、方形、矩形截面上阻力最小的方向分别如图 2-65（a）、图 2-65（b）和图 2-65（c）所示，箭头越长，阻力越小。

根据最小阻力定律，方形截面经过有限次锻打将变为圆形截面，如图2-65（d）所示。最小阻力定律有助于我们理解模锻时材料在模膛的填充过程。

（2）变形前后体积不变假设。在塑性变形过程中，假设变形前后材料的体积不变，这样可以方便在变形前计算毛坯的体积和重量。

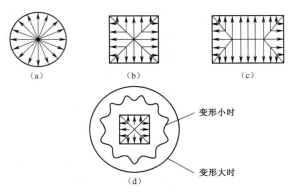

图2-65　金属的变形

2. 塑性变形及其实质

金属材料的各个原子排列成规则的晶体结构，称为晶格，它由晶粒组成，如图2-66（a）所示，将其表达为图2-66（b）所示的结构。

金属材料在外力作用下，金属原子离开原来的平衡位置，使金属产生变形。即使外力停止作用，金属的变形也不会消失，这种变形称为塑性变形。

金属塑性变形的实质是晶体内部在外力作用下产生滑移和扭转，从而破坏了原来的晶格结构，晶粒之间产生"位错"现象，如图2-67所示。位错密度越大，变形越严重。

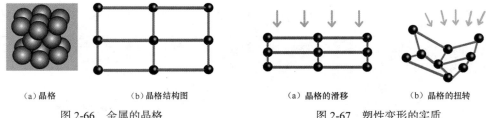

（a）晶格　　（b）晶格结构图　　　　（a）晶格的滑移　　（b）晶格的扭转

图2-66　金属的晶格　　　　　图2-67　塑性变形的实质

塑性变形是一个可逆的过程，发生滑移和扭转的晶格在获得足够的能量后又能恢复到最初的状态。

3. 塑性变形对材料组织和性能的影响

将铸锭加热后进行压力加工，由于金属经过塑性变形及再结晶过程，从而改变了粗大的铸造组织，获得细化的再结晶组织，消除了气孔和缩松等缺陷，其机械性能得到很大提高。

金属经塑性变形后，其组织和性能将发生以下变化。

（1）晶粒沿变形方向伸长，性能趋于各向异性。例如，拔长后的材料的纵向力学性能远远优于其横向力学性能，能够承受较大的拉力作用。

（2）晶粒破碎，位错密度增加，强度和硬度上升，塑性和韧性下降，这种现象称为加工硬化。

（3）在金属内部产生残余内应力。塑性变形后，将在金属内部产生残余内应力，内应力释放后将导致工件变形。

对于某些不能通过热处理来强化的金属材料，如低碳钢、纯铜以及镍铬不锈钢等，可以用冷轧、冷拔和冷挤等工艺来提高材料的强度和硬度。

4. 纤维组织及其应用

铸锭在压力加工中产生塑性变形时，基体金属中的杂质也产生变形，并沿着变形方向拉长，呈纤维形状，称为纤维组织，如图 2-68 所示。

利用铸锭制作零件时，注意以下要点。

纤维组织的形成及其对锻件生产的影响

（1）尽量使纤维分布与零件的轮廓相符合而不被切断。使用棒料直接经切削加工制造的螺钉，头部与杆部的纤维被切断，受力时产生的切应力顺着纤维方向，承载能力较弱，如图 2-69（a）所示；采用同样棒料用局部镦粗时，纤维不被切断，螺钉质量较好，如图 2-69（b）所示。

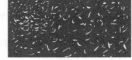  

（a）压力加工前　　　（b）压力加工后

图 2-68　纤维组织的形成

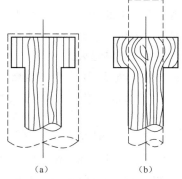

（a）　　　　（b）

图 2-69　螺钉的制作方法对比

（2）使零件所受的最大拉应力与纤维方向一致，如图 2-70（a）所示；如果最大拉应力与纤维方向垂直，材料很容易被破坏，如图 2-70（b）所示。

（3）使零件所受的最大切应力与纤维方向垂直，如图 2-71（a）所示；如果最大切应力与纤维方向一致，材料很容易被破坏，如图 2-71（b）所示。

具有纤维组织的金属，各个方向上的机械性能不相同。顺着纤维方向的机械性能比横纤维方向的好。金属的变形程度越大，纤维组织就越明显，机械性能的方向性也就越显著。

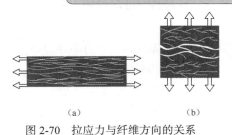 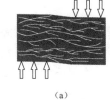 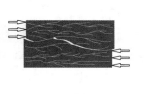

（a）　　　　　　　（b）　　　　　　　　　（a）　　　　　　　（b）

图 2-70　拉应力与纤维方向的关系　　　　图 2-71　切应力与纤维方向的关系

5. 回复和再结晶

加工硬化现象并不稳定，具有自发回复到稳定状态的倾向。对已经产生加工硬化的金属适当加

材料的回复和再结晶处理

热，不稳定的结晶构造可以逐步转变为正常的结晶组织，加工硬化随之消除。

（1）回复。回复是对金属在较低温度下加热，材料组织转变的过程。此时原子活动能力不大，故金属的晶粒大小和形状无明显变化，金属的强度、硬度和塑性等机械性能变化也不大，但是足以消除工件的内应力。

回复的温度一般为材料熔点的 0.3 倍左右。

要点
提示

在实际生产中，常常利用回复现象将变形金属加热到较低温度以消除其内应力，同时又保留其高的强度和硬度，这种处理称为消除内应力退火。例如，用冷拉钢丝卷制的弹簧，卷成之后都要进行一次 250℃～300℃ 的退火，以消除内应力，使其定型。

（2）再结晶。当变形金属加热至较高温度时，将形成一些位错密度很低的新晶粒，这些新晶粒不断生长，逐渐取代已变形的高位错密度的变形晶粒，这一过程称为再结晶。

再结晶后，金属的强度、硬度显著下降，塑性和韧性提高，内应力和加工硬化完全消失。在生产中，用于消除加工硬化的退火处理称为再结晶退火。

金属的再结晶温度大致为材料熔点的 0.4 倍左右。

图 2-72 所示为塑性变形后的金属材料在加热时组织和性能的转变过程。

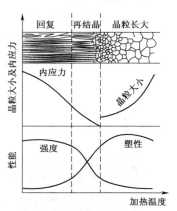

图 2-72　金属材料在加热时
组织和性能的转变

6. 冷变形和热变形

材料变形温度低于回复温度时，金属在变形过程中只有加工硬化而无回复与再结晶现象，变形后的金属具有加工硬化组织，这种变形称为冷变形。

材料变形温度在再结晶温度以上时，变形产生的加工硬化被随即发生的再结晶所抵消，变形后金属具有再结晶晶粒组织，无任何加工硬化痕迹，这种变形称为热变形。

7. 材料的可锻性

可锻性是衡量金属材料通过压力加工成形难易程度的工艺性能。它可通过材料的塑性和变形抗力两个指标来综合评述。

金属的可锻性取决于材料的性质（内因）和加工条件（外因）。

（1）化学成分对金属可锻性的影响。纯金属的可锻性比合金好。钢中合金元素含量越多，合金成分越复杂，其塑性越差，变形抗力越大，可锻性越差。从纯铁、低碳钢到高合金钢，其可锻性依次下降。

（2）变形温度对金属可锻性的影响。随着温度升高，原子动能升高，材料塑性提高，变形抗力减小，可锻性越好。

若材料加热温度过高，晶粒急剧长大，金属力学性能降低，这种现象称为"过热"。若材料加热温度更高，接近熔点，晶界氧化破坏了晶粒间的结合，使金属失去塑性，坯料报废，这一现象称为"过烧"。这两种现象在锻造时必须加以防止。

要点提示　　在锻造时，材料允许加热到的最高温度称为始锻温度。材料在锻造过程中逐渐冷却，塑性下降，抗力增加。我们把材料还能继续锻造的最低温度称为终锻温度，低于该温度则不能再锻，否则会引起加工硬化甚至开裂。

（3）应力状态对金属可锻性的影响。材料变形时，受到的压应力数量越多，则其塑性越好；受到的拉应力数量越多，则其塑性越差。图 2-73 所示的挤压加工时，工件为三向受压状态，可锻性优于图 2-74 所示的拉拔加工（为两向受压一向受拉的状态），拉拔加工又优于纯拉伸。

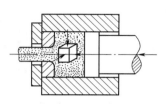　　　　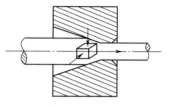　　　

图 2-73　挤压时的应力状态　　　　图 2-74　拉拔时的应力状态　　　　应力状态对金属可锻性的影响

（4）变形速度对金属可锻性的影响。变形速度对材料塑性和变形抗力两个指标的影响效果是截然相反的。随着变形速度的增大，回复和再结晶不能及时克服加工硬化现象，材料塑性下降、变形抗力增大，可锻性变差。

 要点提示　　在水压机等大型设备上加工大型锻件时，通常使用相对较低的变形速度，使之充分变形。

2.2.3　锻造

利用冲击力或压力使金属在抵铁间或模膛内变形，从而获得所需形状和尺寸的锻件的热加工工艺称为锻造。锻造具体可分为自由锻和模型锻造（简称模锻）两种类型。自由锻时，金属坯料在抵铁之间自由流动成形；模型锻造是将加热到较高温度的材料填充到模膛中，然后在压力作用下成形，图 2-75 所示为常见的模锻件。

图 2-75　模锻件

1. 自由锻的基本工序

自由锻的基本工序用于使坯料实现主要的变形要求，基本达到工件需要的形状和尺寸。根据生产目的的不同，常用的基本工序有以下几种。

（1）镦粗。镦粗是使坯料高度降低、横截面积增大的工序，如图 2-76 所示。

在生产中，镦粗的主要用途如下。

① 用于制造高度小而断面大的工件，如齿轮、圆盘、叶轮等。

② 作为冲孔前的准备工序。

③ 消除铸件的枝晶，增加锻件（如叶轮）的横向性能。

④ 增加以后拔长的锻造比。

自由锻的基本工序

图 2-77 所示为局部镦粗，用于对坯料的一端镦粗操作。

（2）拔长。拔长是减小坯料面积、增加其长度的工序，如图 2-78 所示。

在生产中，拔长的主要用途如下。

① 用于制造长而截面小的工件，如轴、拉杆、曲轴等。

② 消除铸件的枝晶，增加锻件（如叶轮）的纵向性能。保证锻件有足够的变形程度（锻造比）。

③ 制造空心零件，如套筒、圆环等。

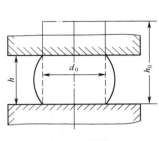

图 2-76　镦粗

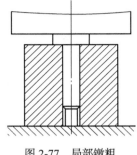

图 2-77　局部镦粗

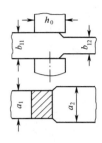

图 2-78　拔长

图 2-79 所示为带心轴拔长，在保持坯料内径不变的条件下，减小空心坯料的壁厚和外径，增加其长度。

图 2-80 所示为心轴上扩孔，用于减小空心坯料的壁厚，增加其孔径。

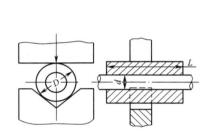

图 2-79　带心轴拔长

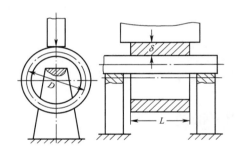

图 2-80　心轴上扩孔

要点提示

塑性变形的最后效果与材料变形程度有关。在压力加工中，常用锻造比 Y 来表示变形程度的大小。锻造比越大，材料变形越充分，性能强化作用越明显。

镦粗时的锻造比为 $Y_{镦} = H_0/H$，H_0、H 分别为变形前和变形后坯料的高度（mm）。

拔长时的锻造比为 $Y_{拔} = F_0/F$，F_0、F 分别为变形前和变形后坯料的截面积（mm²）。

（3）弯曲。弯曲是改变坯料直轴线的工序，如图 2-81 所示。注意弯曲时出现的拉缩现象，通常通过预锻出补缩金属来防止。

（4）错移。错移是使坯料上的一部分相对整体发生位置移动的工序，如图 2-82 所示。

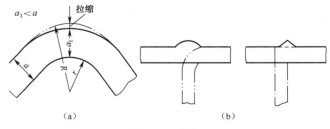

（a）　　　　　　　　　　　（b）

图 2-81　弯曲

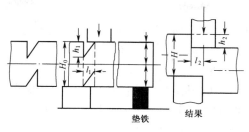

图 2-82　错移

（5）冲孔。冲孔是在坯料上加工孔的工序，如图 2-83 所示。

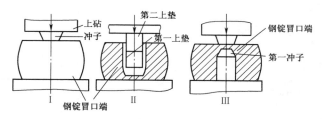

图 2-83　冲孔

 要点提示　冲孔坯料要求加热到允许的最高温度，且加热均匀，以便在冲孔时有足够的塑性变形。冲孔时一般需将坯料镦粗，以减少冲孔的深度并使端面平整。冲孔时冲头需要经常蘸水冷却，防止退火变软。

2. 锻件分类及其成形方案

生产中通常将自由锻件分为 6 种基本类型，其形状特征及主要变形工序如表 2-5 所示。

表 2-5　　　　　　　　　　　　　　　锻件分类及其成形方案

锻件类型	图　例	锻造工序
盘类锻件		镦粗（或拔长后镦粗）、冲孔
轴类锻件		拔长（或镦粗后拔长）、切肩、锻台阶
筒类锻件		镦粗（或拔长后镦粗）、冲孔、在心轴上拔长
环类锻件		镦粗（或拔长后镦粗）、冲孔、在心轴上扩孔
曲轴类锻件		拔长（或镦粗后拔长）、错移、锻台阶、扭转
弯曲类锻件		拔长、弯曲

3. 模型锻造综述

模锻在冲击力或压力的作用下，金属坯料在模膛内变形，具有高生产率、尺寸精确、加工余量小等特点，可加工比自由锻件更复杂的零件。模锻时需要使用专用模具，生产成本较高。

模锻系统由动力设备和锻模组成。常用的动力设备有空气锤、曲柄压力机、螺旋压力机以及水压机等。图 2-84 所示为生产中应用较为广泛的蒸汽—空气锤模锻设备。

（1）锻模的组成。锻模的组成如图 2-85 所示，上模 2 和下模 4 分别用楔铁 10 和楔铁 7 固定在锤头 1 和模垫 5 上，模垫用楔铁 6 固定在砧座上。9 为模膛，8 为分模面，3 为飞边槽。工作时，上模随着锤头做上下往复运动。

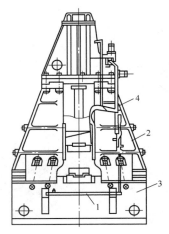

图 2-84　蒸汽—空气锤模锻设备

1—踏板；2—机架；3—砧座；4—操纵杆

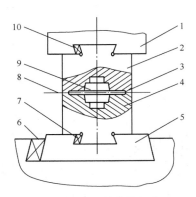

图 2-85　锻模的组成

1—锤头；2—上模；3—飞边槽；4—下模；5—模垫；

6、7、10—楔铁；8—分模面；9—模膛

要点提示

模膛中，飞边槽是一种重要结构，具有以下作用。

① 强迫充型。

② 容纳多余金属材料。

③ 减弱上下模的对冲，保护冲模。

图 2-86 所示为锻造成形后的模锻件，其上带有飞边和冲孔连皮。

（2）模锻模膛。模锻模膛根据其功用的不同可以分为预锻模膛和终锻模膛两种类型。

① 预锻模膛：预锻模膛的作用是使坯料变形到接近于锻件的形状和尺寸，终锻时，金属容易充满终锻模膛，同时减少了终锻模膛的磨损，以延长锻模的使用寿命。

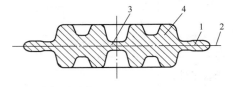

图 2-86　模锻件

1—飞边；2—分模面；3—冲孔连皮；4—锻件

② 终锻模膛：终锻模膛的作用是使坯料最后变形到锻件所要求的形状和尺寸，因此其形状应和锻件的形状相同。

要点提示

终锻模膛的尺寸应比锻件尺寸放大一个收缩量，对于钢件，收缩量大约为1.5%。预锻模膛和终锻模膛的区别是前者的圆角和斜度较大，没有飞边槽。

（3）制坯模膛。制坯模膛根据其功用的不同又分为拔长模膛、滚压模膛、弯曲模膛、切断模膛等。

① 拔长模膛：用来减小坯料某部分的横截面积，以增加该部分的长度，如图 2-87 所示。

② 滚压模膛：用来减小坯料某部分的横截面积，以增大另一部分的横截面积，主要是使金属按模锻件的形状来分布，如图 2-88 所示。

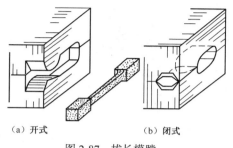

图 2-87　拔长模膛

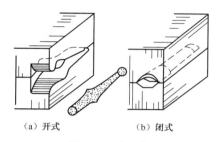

图 2-88　滚压模膛

③ 弯曲模膛：对于弯曲的杆类模锻件，需用弯曲模膛来弯曲坯料，如图 2-89（a）所示。

④ 切断模膛：上模与下模的角部组成一对刀口，用来切断金属，如图 2-89（b）所示。

连杆零件的模膛设计及锻件的生产过程如图 2-90 所示。

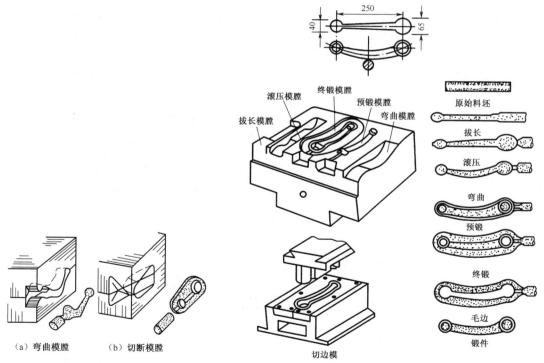

（a）弯曲模膛　　　（b）切断模膛

图 2-89　弯曲和切断模膛

图 2-90　连杆零件的模膛设计及锻件的生产过程

4．模锻工艺设计

使用模锻方法成形一个零件的主要工序：切断毛坯→加热坯料→模锻成形→切除模锻件的飞边→校正锻件→锻件热处理→表面清理→检验→成堆存放，其中模锻成形是核心工作。

模锻的具体工艺包括绘制锻件图、计算坯料尺寸、设计模锻模膛、选择模锻设备及安排修整工序等，其中最主要的是锻件图的制定和模锻模膛的确定。

（1）选择分模面。分模面是上下锻模在模锻件上的分界面，其确定原则如下。

① 确保模锻件能从模膛中顺利取出，因此分模面应选在模锻件最大截面上。图 2-91 所示分模面为 a 的模膛设计就无法顺利取出工件。

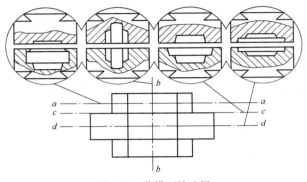

图 2-91　分模面的选择

② 尽量使上下模沿分模面的模膛轮廓一致，以便在安装锻模和生产时及时发现错模现象，并调整锻模位置。图 2-91 所示分模面为 c 的模膛设计就无法及时发现错模现象。

③ 最好把分模面选在模膛深度最浅的位置处，这样可使金属很容易充满模膛，便于取出锻件，并有利于锻模的制造。图 2-91 所示分模面为 b 的模膛设计在加工时将工件拔长，加工难度大；图 2-91 所示分模面为 d 的模膛在加工时将工件镦粗，容易成形。

④ 最好使分模面为一个平面，使上下锻模的模膛深度基本一致，差别不宜过大，以便于制造锻模。图 2-91 所示分模面为 d 的模膛设计最合理。

（2）确定模锻件的机械加工余量、公差和敷料。模锻件的机械加工余量一般为 1～4mm，锻造公差一般取为 ±（0.3～3）mm，具体数值可以查表确定。

 为了简化工件的形状和结构，而在零件上增设的余量叫作敷料。由于零件上的键槽、环形沟槽以及尺寸相差不大的台阶等结构不易锻出，通常使用敷料。

图 2-92 所示为确定了敷料、机械加工余量和公差后的锻件设计。

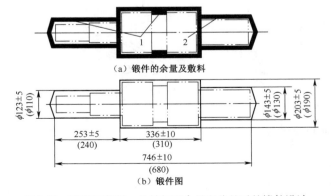

（a）锻件的余量及敷料

（b）锻件图

图 2-92　确定了敷料、机械加工余量和公差后的锻件设计

（3）确定模锻斜度。当模膛宽度 b 小而深度 h 大时，模锻斜度要取大些。内壁斜度 α_2 要略大于外壁斜度 α_1，如图 2-93 所示。

（4）确定模锻圆角半径。锻件上的所有转角处都应做成圆角。一般内圆角半径 R 应大于其外圆角半径 r，如图 2-94 所示。

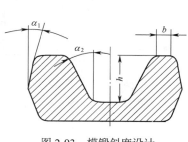

图 2-93　模锻斜度设计

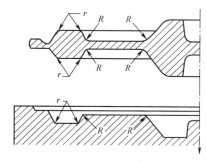

图 2-94　圆角半径设计

（5）设计冲孔连皮。锻件上直径小于 25mm 的孔，一般不锻出或只压出球形凹穴。大于 25mm 的通孔，也不能直接模锻出来，而必须在孔内保留一层连皮。

 要点提示　冲孔连皮的厚度 s 与孔径 d 有关，当 d 为 30～80mm 时，s 取 4～8mm。

图 2-95 所示为带有冲孔连皮的齿轮锻件图。

（6）确定模锻工步并选择模膛种类。对于台阶轴、曲轴、连杆和弯曲摇臂等长轴类模锻件，一般采用拔长、滚挤、预锻、弯曲、终锻成形的工艺流程，如图 2-96 所示。

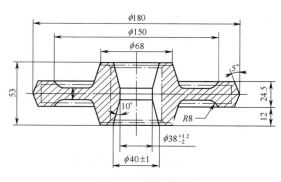

图 2-95　齿轮锻件图

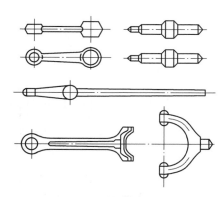

图 2-96　长轴类模锻件

对于齿轮和法兰盘等盘类模锻件，一般采用镦粗、预锻和终锻成形的工艺流程，如图 2-97 所示。

模锻工步确定以后，再根据已确定的工步选择相应的制坯模膛和模锻模膛。

5．锻件的结构工艺性

与铸件设计相似，设计锻件时，在满足使用性能的情况下，尽量简化锻造工艺，降低锻造设备的吨位，从而降低成本。

（1）模锻件的结构工艺性。在设计模锻件时，必须注意以下原则。

锻件结构设计案例

① 模锻零件必须具有一个合理的分模面,以保证模锻件易于从锻模中取出、敷料最少、锻模容易制造。

② 零件上与锤击方向平行的非加工表面,应设计出模锻斜度。非加工表面所形成的角都应按模锻圆角设计。

③ 为了使金属容易充满模膛和减少工序,零件外形应力求简单、平直和对称,尽量避免零件截面间相差过大,或具有薄壁、高筋、凸起等结构,如图 2-98 所示。

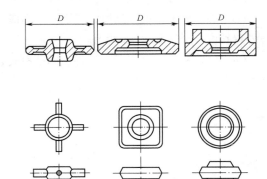

图 2-97　盘类模锻件

④ 在零件结构允许的条件下,设计时尽量避免有深孔或多孔结构,如图 2-99 所示。

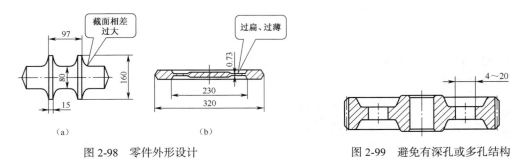

图 2-98　零件外形设计　　　　　　　　图 2-99　避免有深孔或多孔结构

（2）自由锻件的结构工艺性。在设计自由锻件时,必须注意以下原则。

① 避免在锻件上设计锥体和斜面结构,这些结构会使锻造工艺复杂,而且不易成形,如图 2-100 所示。

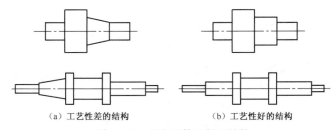

（a）工艺性差的结构　　　　　（b）工艺性好的结构

图 2-100　避免锥体和斜面结构

② 当锻件由数个简单几何体构成时,在交接处避免形成空间曲线,如图 2-101 所示。

③ 锻件的横截面若有急剧变化或者形状较复杂时,应设计为几个简单件构成的组合体。分别锻制出单个零件后,再将其焊接成形,如图 2-102 所示。

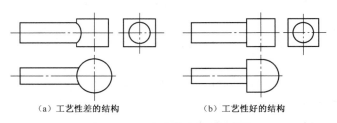

（a）工艺性差的结构　　　　　（b）工艺性好的结构

图 2-101　避免交接处的空间曲线

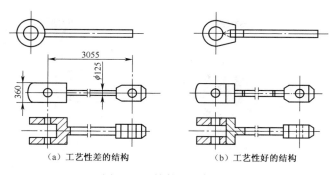

（a）工艺性差的结构　　　　　（b）工艺性好的结构

图 2-102　锻件的组合设计

2.2.4　板料冲压

板料冲压是利用冲模使板料产生分离和变形的加工方法，通常在冷态下进行，广泛应用于汽车、航空、电器及仪表等工业生产部门中。其典型零件如图 2-103 所示。

 要点提示　板料冲压所使用的原材料必须具有足够的塑性，常用的有低碳钢、铜合金、铝合金等。板料冲压常用的设备是冲床和剪床，在大批量生产中，还必须设计专用的冲模。

板料冲压具有以下特点。

（1）可以制作形状复杂的零件，且废料少。

（2）产品精度高，表面粗糙度低，强度和刚度都较好，互换性好。

（3）操作简便，工艺过程易于实现自动化。

板料冲压的基本工序包括分离工序和变形工序两大类。

（a）　　　　　　（b）

图 2-103　板料冲压零件

1．分离工序

使用分离工序可以使坯料的一部分与另一部分分离，最后得到需要的零件。常见的分离工序有落料、冲孔、修整、切断等。

（1）落料和冲孔。落料和冲孔统称为冲裁，其加工原理相同。如果被分离的部分为成品，而周边是废料，则为落料，如图 2-104 所示；如果被分离的部分为废料，而周边是成品，则为冲孔，如图 2-105 所示。

（2）修整。修整是利用修整模沿冲裁件外缘或内孔刮削一薄层金属，切掉普通冲裁时在冲裁件断面上存留的剪裂带和毛刺，从而提高冲裁件的尺寸精度，降低表面粗糙度。图 2-106 所示为修整工序简图。

（3）切断。切断是指用剪刃或冲模将板料沿非封闭轮廓进行分离的工序。

 要点提示　剪刃安装在剪床上，将尺寸较大的板料剪成一定宽度的条料。冲模安装在冲床上，可以用于制作形状简单、精度要求不高的平板件。

2．变形工序

变形工序使坯料的一部分相对另一部分产生位移而不破裂，常用的有拉深、弯曲等工序。

图 2-104　落料

图 2-105　冲孔

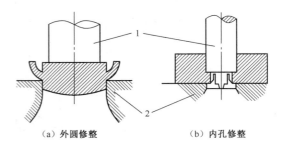

（a）外圆修整　　　　（b）内孔修整

图 2-106　修整工序简图

1—凸模；2—凹模

（1）拉深。拉深过程如图 2-107 所示，其凸模和凹模有一定的圆角，其间隙一般稍大于板料厚度。拉深件的底部一般不变形，深度基本不变，直壁厚度有所减小。

从拉深过程中可以看到，拉深件中最危险的部位是直壁与底部的过渡圆角处，当拉应力超过材料的强度极限时，此处将被"拉裂"。

（2）弯曲。弯曲是将坯料弯成一定的角度和曲率的变形工序。图 2-108 所示为与坯料纤维方向垂直的弯曲。

 要点提示　弯曲过程中，板料弯曲部分的内侧受压缩，外侧受拉伸。当外侧的拉应力超过板料的抗拉强度后，会造成板料破损。板料越厚，内侧弯曲半径越小，越容易弯裂。弯曲时应尽可能使弯曲线与坯料纤维方向垂直。

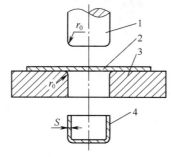

图 2-107　圆筒形零件的拉深

1—凸模；2—毛坯；3—凹模；4—工件

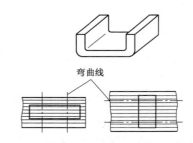

弯曲线

图 2-108　弯曲线与坯料纤维方向垂直

3. 冲压设备

常见的冲压设备包括剪床、压力机、冲模等。

（1）剪床。剪床可以实现分离工序，将板料切断，常用于下料，如图 2-109 所示。剪床的传动原理如图 2-110 所示，依靠偏心轴的转动驱动刀刃实现剪切操作。

（2）压力机。压力机是重要的压力加工设备，用于提供加工所需的动力。常用的压力机有水压机、螺旋压力机、曲柄压力机等。曲柄压力机的外形如图 2-111 所示，其传动原理如图 2-112 所示。

（3）冲模。冲模是用来成形冲压件的模具，通常由模具钢制成。常见冲模的组成如图 2-113 所示，图 2-114 所示为典型冲模的结构（拆去上模后）。

图 2-109　剪床

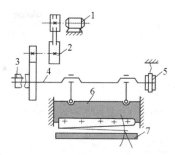

图 2-110　剪床的传动原理

1—电动机；2—传动轴；3—离合器；4—偏心轴；
5—制动器；6—滑块；7—工作台

图 2-111　曲柄压力机

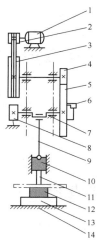

图 2-112　曲柄压力机的传动原理

1—电动机；2—小带轮；3—大带轮；4—小齿轮；
5—大齿轮；6—离合器；7—曲轴；8—制动器；9—连杆；
10—滑块；11—上模；12—下模；13—垫板；14—工作台

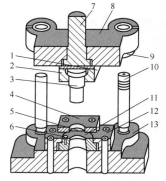

图 2-113　冲模的组成

1—模垫；2—冲头压板；3—冲头；4—卸料板；5—导板；
6—定位销；7—模柄；8—上模板；9—导套；10—导柱；
11—凹模；12—凹模压板；13—下模板

图 2-114　典型冲模的结构

2.3 连接成形——焊接

焊接是一种永久性连接金属材料的工艺方法。舰船的船体、建筑的框架、汽车车身等大型构件和复杂机器零部件都离不开焊接工艺。通过焊接方法可以将结构化大为小，化复杂为简单，然后用逐次装配的方法以小拼大，从而简化工艺过程。图2-115所示为汽车焊接生产线的生产过程。

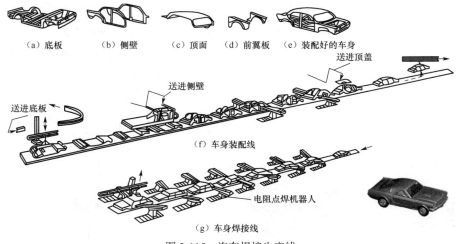

（a）底板　　（b）侧壁　　（c）顶面　（d）前翼板　（e）装配好的车身

（f）车身装配线

（g）车身焊接线

图2-115　汽车焊接生产线

2.3.1　焊接概述

焊接是利用加热或加压等手段，借助金属原子的扩散和结合作用，使分离的工件牢固地连接起来的一种热加工工艺。

1．焊接的特点

焊接在现代生产中应用广泛，其主要特点如下。

（1）可以简化复杂零件和大型零件的制造过程，实现"以小拼大"。

（2）比铆接节约材料，接头质量好，致密性好。

（3）适应性好，可实现特殊结构的生产，如实现不同材料间的连接成形。

（4）容易实现生产自动化，降低劳动强度，改善劳动条件。

（5）焊接后零件会产生大的应力或变形，焊接热影响区的存在影响零件的性能。

（6）对材料的要求严格，某些材料焊接较困难。

2．焊接的分类

根据具体工艺和原理的不同，焊接方法可分为熔焊、压力焊、钎焊及封粘三大类，详细的分类如图2-116所示。

3．焊接的应用

焊接工艺主要应用于以下领域。

（1）制造金属结构件，如建筑和桥梁等。

（2）制造机器零件和工具。

（3）修复损坏的机器及器具。

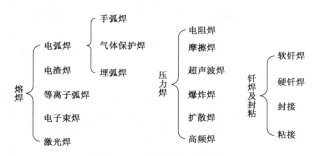

图 2-116　焊接方法的分类

4．焊工安全操作规程

在焊接过程中，为了促使原子和分子之间产生结合和扩散的方法，通常需要加热或加压，对于电弧焊还有强烈的弧光放电。操作时，必须注意以下规范。

（1）操作前必须穿好工作服、工作鞋，电焊操作时要戴好面罩、手套等防护用品。

（2）电焊前应仔细检查电焊机是否接地，导线和焊钳的绝缘是否良好。

（3）任何时候都严禁将焊钳放在焊接工作台上，以免发生短路，烧毁工具。

（4）禁止用裸眼直接观看弧光，以免伤害眼睛、灼伤皮肤。

（5）焊接进行过程中，绝对禁止调节电焊电流，以免损坏或烧毁电焊机。

（6）不准用手套代替铜丝刷清理工件。刚焊好的工件及焊条残头应当用夹钳拿取，不要直接用手取放。

（7）敲除熔渣时要注意方向，防止熔渣飞进眼睛。

（8）遇到故障或事故时，不要慌乱，要及时报告实习指导人员。

（9）操作结束后，应按规定做好整理工作和实习场所的清洁卫生工作。

（1）焊接在生产大型设备和机器设备中有何重要作用？
（2）焊接易于实现自动化的原因是什么？
（3）提高焊接接头质量和可靠性的措施有哪些？

2.3.2　熔焊

熔焊的典型特征是具有熔池。常用的熔焊方法有电弧焊、电渣焊、等离子束焊、电子束焊和激光焊，这些焊接方法使用的加热原理不同。

1．电弧焊工作原理

电弧焊是熔焊的典型代表，利用电弧产生的高温熔化金属材料（母材），和添加的金属材料一起组成焊缝，从而实现金属连接的一种工艺。

电弧是电极和工件之间在气体介质中的一种持续放电现象，其工作原理如图 2-117 所示。

电弧焊的施焊原理

（1）电弧焊中包括以下 3 个基本要素。

①　热源。能量要集中，温度要高，以保证金属快速熔化，减小热影响区。满足要求的热源有电弧、等离子弧、电渣热、电子束和激光。

②　熔池的保护。可用渣保护，气保护和渣—气联合保护，以防止氧化，并进行脱氧、脱硫和脱磷，给熔池补充合金元素。

③　填充金属。保证焊缝填满及给焊缝带入有益的合金元素，并达到力学性能和其他性能的要求，主要有焊芯和焊丝。

　　焊条中的焊芯和气体保护焊中的焊丝都是填充金属。焊接材料不同，所采用的填充金属也不一样。常用的焊条焊芯为碳素钢丝、合金钢丝以及不锈钢丝等。

（2）焊接电弧。电弧是焊条和工件之间的气体放电现象。电弧放电电压低，电流大，温度高，将电弧放电用作焊接热源，既安全，加热效率又高。电弧包括阴极区、阳极区、弧柱区等，如图 2-118 所示。

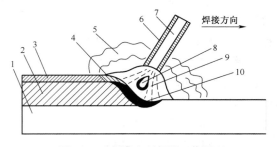

图 2-117　焊条电弧焊的工作原理

1—焊件；2—焊缝；3—渣壳；4—熔渣；5—气体；
6—药皮；7—焊芯；8—熔滴；9—电弧；10—熔池

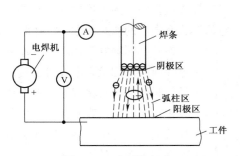

图 2-118　电弧的组成

电弧 3 个区的温度以及热量分布如表 2-6 所示。

表 2-6　　　　　　　　　　　　　　电弧的温度及热量分布

分　区	温度/℃	热量百分比
阳极区	26 00	43%
弧柱区	6 000～8 000	21%
阴极区	2 400	36%

（3）焊接设备。焊接设备主要有交流弧焊机和直流弧焊机两种类型，它实质上是一台随着输出电流增加电压发生陡降的变压器。

①　交流弧焊机：电弧不稳定，焊接质量不高，但是价格较低。

②　直流弧焊机：电弧稳定，具有正反两种接法，但是价格较高。

（4）正接法和反接法。由于电弧产生的热量在阳极和阴极上有一定的差异，在使用直流电焊机焊接时，有以下两种接线方式。

①　正接法。将焊件接焊机正极，焊条接焊机负极，这种接法称为正接法，如图 2-119（a）所示。其发热量大，主要用于焊接厚板以及使用酸性焊条进行焊接的场合。

②　反接法。将焊件接焊机负极，焊条接焊机正极，这种接法称为反接法，如图 2-119（b）所示。其发热量较小，主要用于焊接薄板、使用碱性低氢焊条焊接、对低合金钢和铝合金进行焊接的场合。

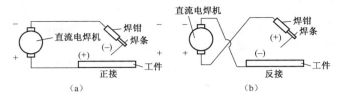

图 2-119　正接法和反接法

2.　熔焊中熔池的保护

对熔池的有效保护是确保焊接质量的关键。在熔焊中，保护熔池的方式较多，它们各有特点，这也使得熔焊具有多样性。

在熔焊中，可以使用以下 3 种保护熔池的方式。

（1）渣保护。为了使熔池与空气隔离，可在熔池上覆盖一层熔渣。一方面防止金属氧化和吸气，另一方面向熔池补充合金元素，提高焊缝性能，同时，还可以减少散热，提高生产率，防止强光辐射，如图 2-120 所示。

（2）气保护。用于保护熔池和熔滴的气体应是惰性气体，在高温下不分解，或是低氧化性的不溶于金属液体的双原子气体，如图 2-121 所示。使用氩气作为保护气体的称为氩弧焊，使用 CO_2 作为保护气体的称为 CO_2 气体保护焊。

（3）渣—气联合保护。利用渣的良好冶金反应和焊缝成形特点以及气体的优良电弧热效率和稳弧作用，可获得良好的熔池保护效果，如图 2-122 所示。

3.　焊条

焊条是焊接中的重要环节，是确保焊接质量的关键。

（1）焊条的组成。焊条由焊芯和药皮组成。

① 焊芯：用于向焊缝中填充金属。

② 药皮：其中含有造气剂、造渣剂、稳弧剂、脱氧剂、脱硫剂和去氢剂，起稳弧、造气、造渣和脱氧作用，并能向焊缝中补充必要的合金元素。

焊条的组成和应用

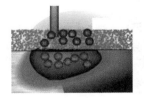

图 2-120　渣保护

图 2-121　气保护

图 2-122　渣—气联合保护

（2）焊条的种类。根据焊接材料的不同，焊条具体分为结构钢焊条、钼及铬钼耐热钢焊条、不锈钢焊条、堆焊焊条、低温钢焊条、铸铁焊条、钛及钛合金焊条、铝及铝合金焊条、铜及铜合金焊条以及特殊用途焊条等。

（3）酸性和碱性焊条。药皮熔渣中酸性氧化物（如 SiO_2、Fe_2O_3 等）含量比碱性氧化物（如 CaO、MnO 等）多的焊条为酸性焊条，反之为碱性焊条。两者的用法如下。

- 酸性焊条工艺性好，而碱性焊条工艺性差。碱性焊条中有益元素多，能使焊接接头力学性能提高。
- 碱性焊条中因不含有机物，也称低氢焊条，可以提高焊缝金属的抗裂性。

- 碱性焊条氧化性强，对锈、油、水的敏感性大，易产生飞溅和气体。
- 碱性焊条在高温下，易生成较多的有毒物质，因而应注意通风。

（4）电焊条的选用原则。在选用焊条时，注意以下原则。

① 等强度原则：低碳钢和普通低合金钢构件，要求焊缝金属与母材等强度，因此可根据钢材强度等级来选用相应的焊条。

② 同一强度等级的酸性焊条和碱性焊条的选用，应主要考虑焊接件的结构形状、钢板厚度、载荷性质和抗裂性能。

③ 低碳钢与低合金结构钢焊接，可按某一种钢接头中强度较低的钢材来选用相应的焊条。

④ 焊接不锈钢或耐热钢等有特殊性能要求的钢材，应选用相应的专用焊条。

4. 焊接接头形式的选择与设计

焊接接头的形式和应用

焊接接头形式决定焊件质量的高低，选择时应根据焊件结构形状、强度要求、工件厚度、焊后变形大小要求等因素综合决定。

焊接时，为了确保焊透，还要在焊件上磨出缺口，我们称之为坡口。生产中常用的坡口形式如图 2-123 所示。

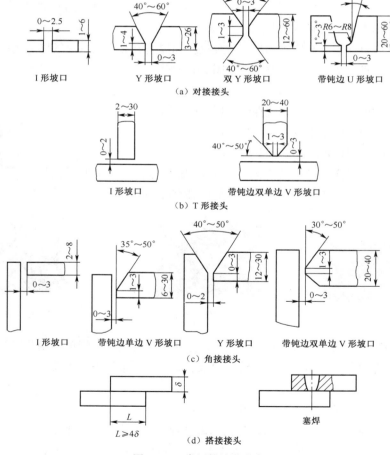

图 2-123　常用的坡口形式

焊接碳钢和低合金钢的接头形式主要有对接接头、T 形接头、角接接头和搭接接头 4 种。对接接头比较常用，其受力均匀，重要的焊件设计时，尽量选用对接接头；搭接接头不开坡口，可以节省工时；角接接头和 T 形接头受力情况较复杂，用于接头必须成直角或一定角度时。

5．焊接参数的选择

要获得高质量的焊接接头，必须合理地选择焊接工艺参数。焊接工艺参数主要包括焊条直径、焊接电流、电源种类、极性、焊接速度及焊缝长度等，具体如表 2-7 所示。

表 2-7　　　　　　　　　　　　　　　　焊接工艺参数的选择

工艺参数	特　　征	选　择　原　则
焊条直径	根据焊件厚度、焊头形式以及焊缝位置确定焊条直径	（1）焊件厚度越大，焊条直径越大 （2）在实际工作中应尽量选择直径较大的焊条 （3）对于多层焊接，第一层采用直径较小的焊条焊接
焊接电流	（1）根据焊条直径选择焊接电流 （2）电流过大，焊芯过热，药皮过早脱落，焊弧稳定性降低，易出现烧穿现象 （3）电流过小，形成焊不透和熔化不良	（1）平焊低碳钢，电流 $I=(30\sim55)\,d$（A），d 为焊条直径 （2）工件厚度为 2mm，焊条直径为 2mm，焊接电流选择 55～60A （3）工件厚度为 3mm，焊条直径为 3.2mm，焊接电流选择 100～130A （4）工件厚度为 4~5mm，焊条直径为 4mm，焊接电流选择 160～210A （5）工件厚度为 6~8mm，焊条直径为 5mm，焊接电流选择 220～280A
焊接速度	（1）焊条沿焊接方向移动的速度 （2）焊接速度直接影响焊接的生产效率和焊接质量	（1）焊接速度与焊接电流存在相互关联的作用 （2）焊接速度的选择以保证焊缝的尺寸符合设计图纸要求为准

要点提示　　施焊时，应尽可能地使用短弧焊接，弧长不超过焊条直径。电弧过长，燃烧不稳定，飞溅增加，溶深减少，易产生气孔、未焊透等缺陷。

6．焊接接头的组织与性能

熔焊热源在熔化焊缝区金属的同时向工件金属传导热量，这必然引起焊缝及附近区域金属的组织和性能发生变化。

（1）焊缝。焊接时，焊缝金属经历冶金过程，晶粒有所细化，同时，由于焊缝中渗入合金，Mn、Si 等合金元素含量比母材高，因此，焊缝金属的性能通常不低于母材金属的性能。

（2）焊接热影响区的组成。焊接热影响区是指焊缝两侧因为热作用而发生组织和性能变化的区域，由于焊缝附近各点受热情况不同，热影响区又可分为 4 个区域，如图 2-124 所示。

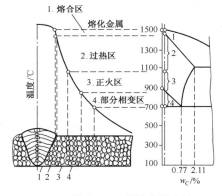

焊接接头的组织与性能

图 2-124　焊接热影响区

① 熔合区：焊缝和基体金属的交界区，其成分不均，组织为粗大的过热组织或淬硬组织，质量差。

 要点提示 在低碳钢焊接接头中，熔合区很窄，但因强度、塑性和韧性都下降，而且此处接头断面变化，引起应力集中，这在很大程度上决定焊接接头的性能。

② 过热区：该区在热作用下，晶粒长大，形成过热组织，塑性和韧性低，脆性较大。

③ 正火区：该区温度不太高，金属发生重结晶，晶粒细化，力学性能优于母材。

④ 部分相变区：加热温度没有正火区高，晶粒细化不完整，冷却后晶粒大小不均匀，力学性能不及正火区。

（3）焊接热影响区对焊接质量的影响。焊接热影响区的大小和组织性能变化的程度，取决于焊接方法、焊接参数以及接头形式等。

 要点提示 焊接热影响区在焊接接头中是不可避免的，热影响区域越大，对焊件质量的削弱作用越强，因此在焊接时应该采取工艺措施，尽量降低热影响区的宽度。

（4）改善热影响区组织和性能的方法。焊接低碳钢时，热影响区域较窄，危害较小。但是对于重要的碳钢构件、合金钢构件以及使用电渣焊焊接的构件，必须采取措施消除热影响区的不利影响，主要措施有减小焊接电流、提高焊接速度、焊后正火处理等。

7. 焊接变形和焊接应力

焊接过程是一个不平衡的热循环过程，焊缝及其邻近的金属都从室温被加热到较高温度，再冷却到室温。在这个热循环中，焊件各部分的温度不同，冷却速度不同，焊件各部分涨缩的比例不一致，不能自由涨缩，这必然会导致焊件中产生应力、变形和裂纹。

焊接变形与防止

（1）焊件变形的基本形式。焊件的主要变形形式有尺寸收缩、角变形、弯曲变形、扭曲变形、波浪变形等，如图 2-125 所示。

（2）焊接变形与应力的危害。工件焊接后产生变形和应力对结构的制造和使用会产生不利影响。

① 焊接变形后可能使焊接结构尺寸不符合要求，组装困难，间隙大小不一致等，从而影响焊件质量。

② 焊接残余应力会增加工件工作时的内应力，降低承载能力，还会引起裂纹，甚至造成脆断。

③ 残余应力是一种不稳定状态，在一定条件下会衰减而产生一定的变形，使构件尺寸不稳定，所以减少和防止焊接变形和应力是十分必要的。

（3）焊接应力的防止及消除。在生产实践中，可以采取以下措施降低焊接应力和变形产生的可能性。

① 采用合理的焊接顺序。焊接时，应使焊缝能够自由地收缩，以减少应力。如图 2-126（a）所示，先焊焊缝 1，再焊焊缝 2，则焊接应力小。如图 2-126（b）所示，因为先焊焊缝 1 导致对焊缝 2 的约束度增加，会增大残余应力。

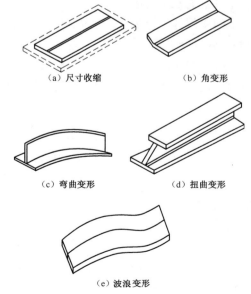

（a）尺寸收缩　　　　（b）角变形

（c）弯曲变形　　　　（d）扭曲变形

（e）波浪变形

图 2-125　焊件的主要变形形式

②　焊缝不要有密集交叉截面，长度也要尽可能小。这样可以减小焊接局部加热区域大小，从而减少焊接应力。此外采用小能量、多层焊，也可减少焊缝应力。

③　减少焊接残余应力。焊前预热可以减少工件温差，也能减少残余应力。当焊缝还处在较高温度时，锤击焊缝使金属伸长，也能减少焊接残余应力。此外，焊后进行消除应力的退火可消除残余应力。

（4）焊接变形的防止和消除。为了消除焊接变形的影响，可以采取以下措施。

①　焊缝和坡口尽量对称布置，如图 2-127 所示。

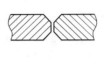

（a）焊接应力小　　（b）焊接应力大　　　　　（a）对称焊缝　　（b）对称坡口

图 2-126　采用合理的焊接顺序　　　　　图 2-127　焊缝和坡口对称布置

②　尽量采用对称焊以减小变形，如图 2-128 所示。

③　采用反变形方法可以抵消焊接变形，如图 2-129 所示。

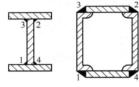

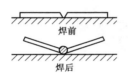
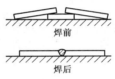

图 2-128　采用对称焊　　　　　图 2-129　采用反变形方法

④　采用多层多道焊，能减少焊接变形，如图 2-130 所示。

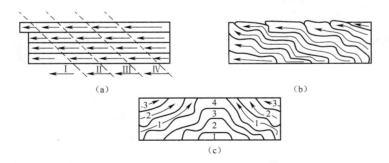

（a）　　　　　　　　　　　（b）

（c）

图 2-130　采用多层多道焊

8. 埋弧自动焊

埋弧自动焊使用焊剂进行渣保护，使用焊丝作为电极，在焊剂的掩埋下电弧稳定燃烧。埋弧自动焊的工作过程如图 2-131 所示，它具有以下特点。

（1）电弧在焊剂包围下燃烧，所以热效率高。

（2）焊丝为连续的盘状焊丝，可连续送丝，从而实现连续作业。

（3）焊接无飞溅，可实现大电流高速焊接，生产效率高。

埋弧自动焊的
施焊原理

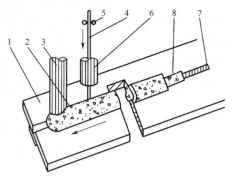

图 2-131　埋弧自动焊

1—焊件；2—焊剂；3—焊剂斗；4—焊丝；
5—送丝滚轮；6—导电嘴；7—焊缝；8—焊渣

① 不熔化极氩弧焊。以钨铈合金为阴极，利用钨合金熔点高、发射电子能力强、阴极产热少、

钨极寿命长的特点，形成不熔化极氩弧焊，如图 2-132 所示。

（4）金属利用率高，焊接质量好，劳动条件好。

埋弧焊适用于平直长焊缝和环焊缝的焊接。

埋弧焊主要用于压力容器的环缝焊和直缝焊，如锅炉冷却壁的长直焊缝焊接、船舶和潜艇壳体的焊接、起重机械（航车）和冶金机械（高炉炉身）的焊接。

9. 气体保护焊

气体保护焊采用气体作为保护介质保护熔池，根据保护气体的不同又分为氩弧焊和 CO_2 气体保护焊两种类型。

（1）氩弧焊。氩弧焊是利用氩气保护电弧热源及焊缝区进行焊接。

② 熔化极氩弧焊。熔化极氩弧焊以连续送进的焊丝作为电极，电流较大，可以焊接厚度在 25mm 以下的工件，如图 2-133 所示。

氩弧焊的电弧稳定，保护效果很好，飞溅小，焊缝致密，焊接质量优良，焊缝美观。它主要用于易氧化的有色金属和合金钢的焊接，如铝、钛、不锈钢等。

> **要点提示**　因为电极能通过的电流有限，不熔化极氩弧焊只适用于焊接厚度为 6mm 以下的工件。

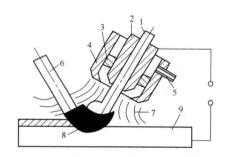

图 2-132　不熔化极氩弧焊

1—钨极；2—导电嘴；3—铜丝网；4—喷嘴；5—进气管；
6—氩气流；7—电弧；8—填充金属丝；9—工件

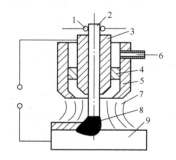

图 2-133　熔化极氩弧焊

1—送丝轮；2—焊丝；3—导电嘴；4—铜丝网；
5—喷嘴；6—进气管；7—氩气流；8—电弧；9—工件

（2）CO_2 气体保护焊。CO_2 气体保护焊以 CO_2 为保护气体，用焊丝为电极引燃电弧，实现半自动焊或自动焊，其焊接方式有以下特点。

① 成本低。因为 CO_2 的制取容易，所以 CO_2 气体保护焊的成本低。

② 生产率高。焊丝连续送进，电流密度大，因此焊接速度快。CO_2 气体保护焊后没有渣壳，节省了清理时间。

③ 操作性能好。CO_2 气体保护焊属于明弧焊，容易发现焊接中的问题并及时修正。

④ 电弧热量集中，热影响区小，变形和裂纹倾向小。

⑤ 由于 CO_2 的氧化作用，飞溅严重，焊缝不够光滑，还容易产生气孔。

CO_2 气体保护焊目前主要应用于造船、机车车辆、汽车等工业部门，主要用于焊接 30mm 以下的低碳钢和低合金钢焊件，特别适合于薄板的焊接。

2.3.3　压力焊

压力焊是指通过加热等手段使金属达到塑性状态，加压使其产生塑性变形、再结晶和扩散等作用，使两个分离表面的原子接近到晶格距离（0.3～0.5nm），形成金属键，从而获得不可拆卸接头的一类焊接方法。电阻焊、气压焊、超声波焊等都属于压力焊。下面只简单介绍电阻焊方面的知识。

压力焊的基本原理

1. 电阻焊原理

电阻焊是利用电流通过焊件及其接触处所产生的电阻热将焊件局部加热到塑性或熔化状态，然后在压力作用下实现焊接的方法。

2. 电阻焊的基本要素

电阻焊的实现需要以下两个基本要素。

（1）热源。焊接工件的电阻很小，通常使用大电流在极短时间内让工件迅速加热。工件表面越粗糙，氧化越严重，接触电阻越大，发热越大。

（2）力。焊接时，使用静压力可以调整电阻大小，改善加热，产生塑性变形或在压力下结晶。使用冲击力（锻压力）可以细化晶粒，焊合缺陷等。

3. 电阻焊过程

电阻焊包括以下 3 个基本过程。

① 预压。

② 通电加热。

③ 在压力下冷却结晶或塑性变形和再结晶。

电阻焊可以分为点焊、缝焊和对焊 3 种形式。

（1）点焊。点焊是使用圆柱电极压紧工件，通电和保压后获得焊点的电阻焊方法，其原理如图 2-134 所示。

要点提示

根据焊接时间的长短和电流大小，通常把焊接规范分为强规范和弱规范。大电流、短时间为强规范，生产效率高，焊件变形小，用于焊接导热性好的材料。小电流、长时间为弱规范，生产效率低，适合于焊接有淬硬倾向的材料以及使用小功率设备焊接厚件。

点焊通常使用搭接接头，典型形式如图 2-135 所示。

点焊主要用于汽车、飞机等薄板结构的大批量生产。

（2）缝焊。缝焊是连续的点焊过程，是用连续转动的盘状电极代替柱状电极，焊后获得相互重叠的连续焊缝，如图 2-136 所示。

缝焊通常采用强规范焊接，焊接电流比点焊大 1.5～2 倍。缝焊的焊缝密封性好，主要用于焊接较薄的薄板结构，如低压容器、油箱、管道等。

（3）对焊。对焊是利用电阻热使两个工件在整个接触面上焊接起来的一种方法，根据操作方法的不同又分为电阻对焊和闪光对焊两种，如图 2-137 所示。

① 电阻对焊：先将工件夹紧并加压，然后通电使接触面温度达到塑性温度（950℃～1 000℃），在压力下塑变和再结晶，形成固态焊接接头。电阻对焊要求对接处焊前严格清理，所焊截面积较小，一般用于钢筋的对接焊。

② 闪光对焊：工件先通电，然后轻微接触，因为工件表面不平，所以只是少量点接触，通过的电流密度高，使其瞬间熔化或汽化，在蒸汽压力和电磁力作用下，形成闪光。闪光一方面排除了氧化物和杂质，另一方面使对口处的温度迅速升高。待端面被加热到熔化状态时，施加压力使工件产生塑性变形，形成焊接接头。

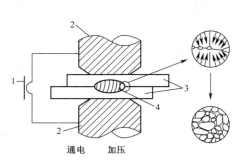

图 2-134　点焊原理

1—焊接变压器；2—电极；3—焊件；4—熔核

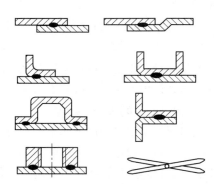

图 2-135　点焊的接头形式

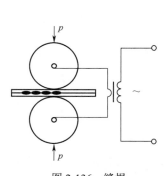

图 2-136　缝焊

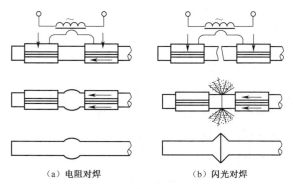

（a）电阻对焊　　　　（b）闪光对焊

图 2-137　对焊

 要点提示　　闪光对焊接头中夹渣少，过热区和铸态组织质量好、强度高，主要用于钢轨、锚链和管道等的焊接，也可用于异种金属的焊接。

2.3.4　钎焊

钎焊是利用熔点比焊件低的钎料作填充金属，适当加热后，钎料熔化而将处于固态的焊件连接起来的一种焊接方法。

 要点提示　　钎料熔化后，借助毛细管作用被吸入并填充到工件间隙，液态钎料与工件金属相互扩散溶解，冷凝后即可形成钎料接头。

1. 硬钎焊

钎料熔点在 450℃以上，接头强度较高，都在 200MPa 以上，属于这类的钎料有铜基、银基、镍基等。

硬钎焊主要用于受力较大的钢铁、钢合金构件的焊接（如自行车架等）以及各种生产工具和刀具的焊接。

2. 软钎焊

钎料熔点在 450℃以下，接头强度较低，一般不超过 70MPa，所以只用于焊接受力不大、工作温度较低的工件。常用的钎料是锡铅合金，所以通称锡焊。

软钎焊主要用于焊接受力不大，常温工作下的仪表、导电元件等。

 要点提示　　钎焊时，为消除焊件表面的氧化膜以及其他的杂质，改善液体钎料的润湿能力，保护钎料和接头不被氧化，一般使用钎剂。常用的钎剂有松香、胺和有机卤化物等。

2.3.5　碳钢的焊接

前面已经使用"铸造性能"作为评价铸造成形质量的指标，使用"可锻性"来评价锻压成形质量的指标，那么应该怎样评价焊接质量呢？

1. 金属材料的可焊性

金属材料的可焊性是指被焊金属在采用一定的焊接方法、焊接材料、工艺参数及结构形式条件下，获得优质焊接接头的难易程度，即金属材料在一定的焊接工艺条件下，表现出易焊和难焊的差别。

 要点提示　　实际焊接结构中使用的材料大部分是钢材，而影响钢材焊接性能的主要因素是化学成分，其中又以"碳"的影响最大，其他元素的影响可以折合为碳的影响。

（1）碳当量。为了估算材料的焊接性能，将材料中的 C 和各种合金元素折合为碳当量，其经验公式为：

$$\omega(CE) = \omega(C) + \frac{\omega(Mn)}{6} + \frac{\omega(Cr) + \omega(Mo) + \omega(V)}{5} + \frac{\omega(Ni) + \omega(Cu)}{15}$$

式中，$\omega(C)$、$\omega(Mn)$、$\omega(Cr)$、$\omega(Mo)$、$\omega(V)$、$\omega(Ni)$ 和 $\omega(Cu)$——钢中相应元素的质量百分数。

（2）可焊性的评价。在生产中，可以根据碳当量大小来评价材料的可焊性。

① 当 $\omega(CE) < 0.4\%$ 时。此时钢材塑性良好，淬硬倾向不明显，可焊性良好。在一般的焊接工艺条件下，焊件不会产生裂缝，但对厚大工件或低温下焊接时应考虑预热。

② 当 $0.4\% \leqslant \omega(CE) \leqslant 0.6\%$ 时。此时钢材塑性下降，淬硬倾向明显，可焊性较差。焊前工件需要适当预热，焊后应注意缓冷，要采取一定的焊接工艺措施才能防止裂缝。

③ 当 $\omega(CE) > 0.6\%$ 时。此时钢材塑性较低，淬硬倾向很强，可焊性不好。焊前工件必须预热到较高温度，焊接时要采取减少焊接应力和防止开裂的工艺措施，焊后要进行适当的热处理，才能保证焊接接头质量。

2. 低碳钢的焊接

低碳钢含碳量不大于 0.25%，塑性好，一般没有淬硬倾向，对焊接热过程不敏感，可焊性良好。焊接这类钢时，不需要采取特殊的工艺措施，除电渣焊外，通常在焊后也不需要进行热处理。

低碳钢可以使用各种方法进行焊接，其中应用最广泛的是电弧焊、埋弧焊、电渣焊、气体保护焊以及电阻焊。

焊接低碳钢时，注意以下要点。

（1）对于厚度大于 50mm 的低碳钢，应用大电流多层焊，焊后进行消除内应力退火。

（2）低温环境下焊接刚度较大的结构时，为防止应力和开裂，需要进行焊前预热。

（3）使用熔焊焊接结构钢时，应保证焊接接头和工件材料等的强度。

3. 中、高碳钢的焊接

中碳钢含碳量为 0.25%～0.6%，随含碳量的增加，淬硬倾向更明显，可焊性逐渐变差。在实际生产当中，主要是焊接各种中碳钢的铸钢件与锻件。

（1）中碳钢的焊接特点。中碳钢用于制造各类机器零件，焊缝一般有一定厚度，长度不大，其焊接特点主要有以下两点。

① 热影响区易产生淬硬组织和冷裂缝。中碳钢属于易淬火钢，热影响区被加热超过淬火温度的区段时，受工件低温部分的迅速冷却作用，将出现淬硬组织。

> **要点提示**　　焊件刚性较大或工艺不恰当时，就会在淬火区产生冷裂缝，即焊接接头焊后冷却到相变温度以下或冷却到常温后产生裂缝。

② 焊缝金属热裂缝倾向较大。焊接中碳钢时，因母材含碳量与硫、磷杂质远远高于焊条钢芯，母材熔化后进入熔池，使焊缝金属含碳量增加，塑性下降，加上硫、磷低熔点杂质的存在，焊缝及熔合区在相变前就可能因内应力而产生裂缝。

（2）高碳钢的焊接特点。高碳钢的焊接特点和中碳钢类似，由于含碳量更高，可焊性更差。

（3）中、高碳钢的焊接方法。在焊接中、高碳钢时，注意以下要点。

① 焊接中碳钢构件时，焊前必须进行预热，使焊接时工件各部分的温差减小，以减小焊接应力，同时减慢热影响区的冷却速度，避免产生淬硬组织。

② 焊接中碳钢构件时，主要采用焊条电弧焊，尽量选用抗裂能力强的低氢焊条，工艺上应遵循"细焊条、小电流、开坡口、多层焊"的原则，以防止工件材料过多地熔入焊缝，并减小热影响区的宽度。

③ 焊接高碳钢构件时，应采用更高的预热温度和更严格的工艺措施，高碳钢的焊接通常只限于焊条电弧焊和修补工作，应用较少。

4. 低合金结构钢的焊接

在生产中，只有低合金结构钢用于焊接生产，其焊接性能和中碳钢相似，焊接工艺和中碳钢也基本类似。

（1）低合金钢的焊接特点。低合金钢的焊接特点如下。

① 热影响区具有淬硬倾向。低合金钢焊接时，热影响区可能产生淬硬组织，淬硬程度与钢材的化学成分和强度级别有关。

> **要点提示**　　钢中含碳及合金元素越多，钢材强度级别越高，焊后热影响区的淬硬倾向也越大，导致材料硬度明显增加，塑性、韧性则下降。

② 焊接接头具有裂缝倾向。随着钢材强度级别的提高，裂缝倾向也增加。影响裂缝的因素主要有焊缝及热影响区的含氢量、热影响区的淬硬程度、焊接接头应力大小 3 个因素。

（2）低合金钢的焊接工艺。在焊接低合金钢时，可以采用以下工艺。

① 对于强度级别低的材料，如果焊件厚度较大，焊缝较短，则应选用大电流，减慢焊接速度，选用低氢焊条，以防止淬硬组织。

② 对于锅炉和压力容器等重要构件，当厚度较大时，焊后应进行退火处理以消除应力。

③ 对于强度高的低合金构件，焊前必须预热，焊接时应该调整焊接参数，控制热影响区的冷却速度不宜太快，焊后必须进行热处理，以消除应力。

2.3.6　焊接件结构设计

设计焊接结构时，既要了解产品的使用性能要求，如载荷大小、载荷性质以及使用环境等，又要考虑其结构工艺性，以确保最后能够生产出操作简便、质量优良、成本低廉的焊接结构。

焊件结构设计案例

1. 焊件材料的选择

在选择焊接材料时，应尽量选用可焊性好的材料，具体选择原则如下。

（1）尽量选用 ω（CE）< 0.25% 的低碳钢或 ω（CE）< 0.4% 的低合金钢，因为这两类钢淬硬倾向小，塑性高，焊接工艺简单。

（2）尽量选用镇静钢。镇静钢与沸腾钢相比，含气量低，特别是含 H_2 和 O_2 量低，可防止气孔和裂纹等缺陷。而沸腾钢含氧量高，且组织不均，异种金属焊接时焊缝应与低强度金属等强度，而工艺应按高强度金属设计。

（3）尽量采用工字钢、槽钢、角钢和钢管等型材，以简化工艺过程。

2. 焊接方法的选择

在确定焊接方法时，主要考虑以下因素。

（1）生产单件钢结构件。生产单件钢结构件时，按照以下原则选择焊接方法。

① 板厚为 3～10mm，强度较低、焊缝较短，应选用手弧焊。

② 板厚大于 10mm，焊缝为长直焊缝或环焊缝，应选用埋弧焊。

③ 板厚小于 3mm，焊缝较短，应选用 CO_2 保护焊。

（2）生产大批量钢结构件。生产大批量钢结构件时，按照以下原则选择焊接方法。

① 板厚小于 3mm，无密封要求应选用电阻点焊，有密封要求应选用缝焊。

② 板厚为 3～10mm，焊缝为长直焊缝或环焊缝，应选用 CO_2 自动焊。

③ 板厚大于 10mm，焊缝为长直焊缝或环焊缝，应选用埋弧焊或电渣焊。

（3）生产不锈钢、铝合金和铜合金结构件。生产不锈钢、铝合金和铜合金结构件时，按照以下原则选择焊接方法。

① 板厚小于 3mm，应选用脉冲钨极和钨极氩弧焊。

② 板厚为 3～10mm，焊缝为长直焊缝或环焊缝，应选用熔化极氩弧焊或等离子弧自动焊。

3. 焊缝的布置

合理的焊缝布置是焊接结构设计的关键，其工艺原则如下。

（1）焊缝应尽可能分散，以便减小焊接热影响区宽度，从而防止粗大组织的出现，如图 2-138 所示。

（2）焊缝的位置应尽可能对称分布，以抵消焊接变形，如图2-139所示。

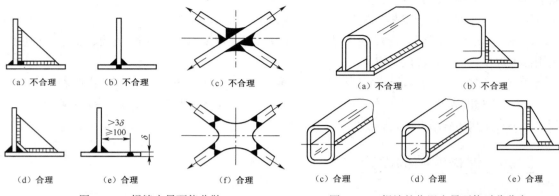

图2-138　焊缝应尽可能分散　　　　　　图2-139　焊缝的位置应尽可能对称分布

（3）焊缝应尽可能避开最大应力和应力集中的位置，以防止焊接应力与外加应力相互叠加，造成过大的应力和开裂，如图2-140所示。

（4）焊缝应尽量避开机械加工表面，以防止破坏已加工面，如图2-141所示。

（5）焊缝设计应便于焊接操作，应使焊条易到位，焊剂易保持，电极易安放，如图2-142所示。

图2-140　焊缝应尽可能避开最大应力和应力集中的位置

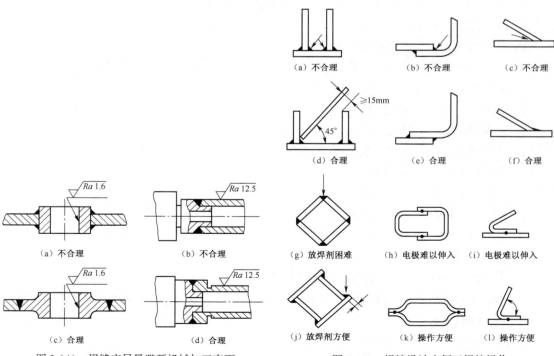

图2-141　焊缝应尽量避开机械加工表面　　　　图2-142　焊缝设计应便于焊接操作

2.4　毛坯的选材

机械零件的选材是一项十分重要的工作。选材是否恰当，特别是一台机器中关键零件的选材是否恰当，将直接关系到产品的使用性能、使用寿命及制造成本。

毛坯的选择原则

1. 材料的使用性能原则

材料的使用性能是指机械零件在正常工作条件下应具备的力学、物理、化学等性能，是保证该零件可靠工作的基础，是选材时考虑的最主要根据。

（1）分析零件工作条件，提出使用性能要求。在分析零件工作条件和失效的基础上，提出对所用材料的性能要求。

① 受力状况。它主要包括载荷的类型（如静载、动载、循环载荷或单调载荷等）、载荷的形式（如拉伸、压缩、弯曲、扭转等）、载荷的大小及分布特点（如均布载荷或集中载荷）。

② 环境状况。它主要是指温度（如低温、室温、高温、交变温度）及介质情况（如腐蚀或摩擦）。

③ 特殊功能。它主要包括导电性、磁性、热膨胀性、相对密度以及外观等情况。

一般零件的使用性能主要是指材料的力学性能，其性能参数与零件尺寸参数、形状相配合，即构成零件的承载能力。常用零件的工作条件、主要失效方式及所要求的主要力学性能如表 2-8 所示。

表 2-8　常用零件的工作条件、主要失效方式及所要求的主要力学性能

零件（工具）	工作条件			常见失效形式	要求的主要力学性能
	应力类型	载荷性质	其他		
重要螺栓	交变拉应力	静	—	过量变形、断裂	屈服强度、疲劳强度、塑性、HRC
曲轴、轴类	弯、扭应力	循环、冲击	轴颈处摩擦、震动	疲劳破坏、过量变形、轴颈磨损、咬蚀	屈服强度、疲劳强度、HRC
传动齿轮	压、弯应力	循环、冲击	强烈摩擦、冲击震动	磨损、疲劳麻点、齿折断	表面硬度及弯曲疲劳强度、接触疲劳强度、心部屈服强度、韧性
弹簧	交变拉应力	循环、冲击	震动	弹力丧失、疲劳破断	弹性极限、屈服比、疲劳强度
冷作模具	复杂应力	循环、冲击	强烈摩擦	磨损、脆断	硬度、足够的强度、韧性
滚动轴承	交变压应力、滚动摩擦	循环、冲击	强烈摩擦	疲劳断裂、磨损、麻点剥蚀	抗压强度、疲劳强度、HRC

零件实际受力条件是较复杂的，而且选材时还应考虑到短时过载、润滑不良、材料内部缺陷等影响因素，因此力学性能指标常成为材料选择的主要依据。

（2）选材注意事项。各种材料的力学性能指标数值一般可从机械设计手册中查到，但是在利用具体性能指标时，必须注意以下几个问题。

① 同种材料，若采用不同工艺，其性能指标数值不同。例如，同种材料采用锻压成形比用铸造成形强度高；使用调质处理比用正火的力学性能沿截面分布更均匀。

② 在手册上查到的性能指标是小尺寸光滑试样或标准试样，在规定载荷下测定的。

要点提示　实际使用的零件尺寸一般较大，大尺寸零件上存在缺陷的可能性增加，所以实际使用的数据不能直接采用手册上的数值，可对性能指标作适当地修改。

③ 对于在复杂条件下工作的零件，必须采用特殊实验室性能指标作选材依据，如高温强度、抗磨蚀性等。

④ 因测试条件不同，测定的性能指标数值会产生一定的变化。

2. 材料的工艺性能原则

任何材料都是由不同的工程材料通过一定的加工工艺制造出来的，因此材料的工艺性能，即加工成零件的难易程度，是选材时必须考虑的重要问题，它直接影响到零件的加工质量和费用。

（1）铸造性能。铸造性能是指材料在铸造生产工艺过程中所表现出来的性能，它包含流动性、收缩性、疏松及偏析倾向、吸气性、熔点高低等。

要点提示　常用铸造材料中，铸造铝合金、铸造铜合金的铸造性能优于铸铁和铸钢，而铸铁优于铸钢，在铸铁中以灰铸铁的铸造性能最好。

（2）压力加工性能。压力加工性能是指材料的塑性和变形抗力，包括锻造性能、冷冲压性能等。塑性好，则易成形，加工面质量优良，不易产生裂纹；变形抗力小，则变形比较容易，变形功小，金属易于充满模腔，不易产生缺陷。一般低碳钢的压力加工性能比高碳钢好，非合金钢的压力加工性能比合金钢好。

（3）焊接性能。焊接性能指材料对焊接成形的适应性，即在一定焊接工艺条件下，材料获得优质焊接接头的难易程度。它包括焊接应力、变形及晶粒粗化倾向，焊缝脆性、裂纹、气孔及其他缺陷倾向等。

要点提示　通常低碳钢和低合金钢具有良好的焊接性能，碳与合金元素含量越高，焊接性能越差。

（4）切削加工性能。切削加工性能指材料接受切削加工而成为合格工件的难易程度，通常用切削抗力大小、零件表面粗糙度、排除切削难易程度及刀具磨损量等来综合衡量其性能好坏。一般材料硬度值为 170～230HBW 时，切削加工性好。

（5）热处理工艺性能。热处理工艺性能指材料对热处理工艺的适应性能。通常用材料的热敏感性、氧化、脱碳倾向、淬透性、回火脆性、淬火变形和开裂倾向等来评定。一般碳钢的淬透性差，强度较低，加热时易过热，淬火时易变形开裂，而合金钢的淬透性优于碳钢。

（6）黏结固化性能。黏结固化性能是指高分子材料、陶瓷材料、复合材料及粉末冶金材料，大多数靠黏合剂在一定条件下将各组分黏结固化而成。因此，这些材料应注意在成形过程中，各组分之间的黏结固化倾向，才能保证顺利成形及成形质量。

3. 经济性原则

除了使用性能和工艺性能外，经济性也是选材必须考虑的重要问题。所谓的经济性是指所选用的材料加工成零件后，它的生产和使用的总成本最低，经济效益最好。选材时应注意以下几点。

（1）材料的价格。不同材料的价格差异很大（见表2-9），设计人员在对材料的市场价格有所了解的基础上，应尽可能选用价格比较低的材料。

通常，材料的直接成本为产品价格的 30%～70%，因此，能用非合金钢制造的零件就不用合金钢，能用低合金钢制造的零件就不用高合金钢，能用钢制造的零件就不用有色金属等。

表 2-9 常见金属材料的相对价格

材　料	相对价格/元	材　料	相对价格/元
碳素合金钢	1	铬不锈钢	约 6
低合金高强度结构钢	1.2～1.7	铬镍不锈钢	12～14
优质碳素结构钢	1.3～1.5	普通黄铜	9～17
易切削钢	约 1.7	锡青铜、铝青铜	15～19
合金结构钢（铬镍合金结构钢除外）	1.7～2.5	灰铸铁	约 1.4
铬镍合金结构钢（中合金钢）	约 5	球墨铸铁	约 1.8
滚动轴承钢	约 3	可锻铸铁	2～2.2
碳素工具钢	约 1.6	碳素铸钢件	2.5～3
低合金工具钢	3～6	铸造铝合金、铜合金	8～10
高速钢	10～18	铸造锡基轴承合金	约 23
硬质合金（YT 类刀片）	150～200	铸造铅基轴承合金	约 10
钛合金	约 40	镍	约 25
铝及铝合金	5～10	金	约 50 000

（2）材料的加工费用。零件的生产工艺与数量直接影响零件的加工费用，因此，应当合理地安排零件的生产工艺，尽量减少生产工序，并尽可能采用无切削加工新工艺，如精铸、模锻、冷拉毛坯等。对于单件生产，尽量不采用铸造方法。

（3）资源供应状况。随着工业的发展，资源和能源的问题日益突出，所选材料应立足于国内和资源较近的地区，并尽量减少所选材料的品种、规格，以简化采购、运输、保管及生产管理等各项工作。另外，所选材料应满足环境保护的要求，尽量减少污染。还要注意生产所用材料的能源消耗，尽量选用耗能低的材料。

小结

铸造是将液态金属浇注到铸型中，待冷却后获得铸件的一种工艺方法，常用于制造零件毛坯。收缩是铸件产生缩孔和缩松等缺陷的直接原因，必须注意采用必要的工艺措施加以防止。注意区分同时凝固原则和顺序凝固原则的工艺特点和用途。铸铁是最常用的铸造材料，其中以灰口铸铁应用最为广泛。球墨铸铁综合性能优良，在生产中可以部分取代钢，实现"以铸代锻"和"以铁代钢"。铸钢的铸造性能差，但是强度高，主要用于生产受力复杂的铸件，但是必须有严格的铸造工艺保证。

压力加工通过外力使材料发生塑性变形，从而改变材料形状并强化材料性能。只有具有一定塑性的材料才能进行压力加工。材料在加工时发生塑性变形，其晶格结构发生改变，强度和硬度提高，塑性下降，在回复温度以下变形时，将产生加工硬化。锻造分为自由锻和模锻两种类型。

自由锻通常用于单件和小批量生产，模型锻造时，材料在模膛内强迫充型，生产率高，可以成形复杂零件，板料冲压主要在冷态下进行，大部分属于冷加工。根据加工特点的不同，具体分为分离和变形两种类型的工序。

焊接是一种永久性连接材料的方法，其实质是利用热能和压力，并利用原子的扩散和结合作用实现连接过程。焊接方法的应用可以简化大型零件的制作，实现"以小拼大"，这对于降低生产成本和设备吨位具有重要意义。钢材的焊接性能与碳和合金元素的含量有关，两者的含量越高，焊接接头的质量越差，通常使用碳当量来核算材料的焊接性。低碳钢的焊接性能良好，通常不需要特别的焊接工艺就能获得优质接头，而中碳钢和低合金钢在焊接时必须焊前预热，焊接时选用合理的焊接参数，焊后热处理才能获得符合质量要求的接头，高碳钢的焊接难度更大，对工艺要求更为严格，通常应用较少。

习题

（1）评价材料铸造性能的主要指标是什么？

（2）哪种材料是"以铁代钢"的最好选择？这种材料具有哪些典型特性？

（3）机床床身、火车轮和水管弯头分别适合用哪种材料铸造？

（4）纤维组织是怎样形成的，其存在有何利弊？

（5）提高材料的塑性有哪些主要措施？

（6）为什么重要的机器零件大多通过锻造方式制造毛坯？

（7）在制作轴类零件时，为什么要先安排一道镦粗工序？

（8）简要说明电弧焊的工作原理。

（9）焊接过程中为什么会产生焊接应力和变形？怎么防止？

（10）焊条药皮有哪些主要作用？

（11）影响钢材可焊性的主要因素是什么？

（12）选择焊接材料时，应注意哪些问题？

第3章
金属切削基础知识

　　毛坯创建后，接下来需要借助各种机床设备对其进行切削加工，以获得具有特定精度和表面质量的产品。金属切削加工方法种类丰富，形式多样，各种方法之间既有区别又有联系，在切削运动、切削工具以及切削过程的物理实质等方面有着共同的现象和规律。本章将全面介绍金属切削加工的基础知识。

　　※【学习目标】※
- 掌握机床成形运动的知识。
- 熟悉切削用量的三要素及其选用原则。
- 熟悉常用车刀的结构、主要角度及其作用。
- 了解刀具对材料性能的要求和常用刀具材料。
- 了解切屑变形的基本过程。
- 了解切削力、切削热及其对加工的影响。
- 理解刀具磨损的原因及形式，掌握刀具耐用度的知识。
- 了解切削机床的类型、常用机床的运动特性和结构特点。

3.1　零件表面的成形运动

　　机械零件的各种表面都可看作是一条线（称为母线）沿着另一条线（称为导线）运动的轨迹。被加工零件都是由平面、圆柱面、圆锥面、螺旋面、渐开线表面等各种成形表面组成的，如图 3-1 所示。

　　在机床上加工工件时，一定形状的切削刃与工件被加工表面间的相对运动即可形成工件所需要的表面形状，即形成需要的发生线。形成发生线的方法可概括为以下 4 种。

典型零件表面的成形原理

　　1. 轨迹法
　　轨迹法是利用刀具做一定规律的轨迹运动，对工件进行加工的方法。切削刃与被加工表面为点接触，发生线为接触点的轨迹线。采用轨迹法形成发生线需要一个成形运动，在图 3-2（a）中，母线 A_1（直线）和导线 A_2（曲线）均由刨刀的轨迹运动形成。

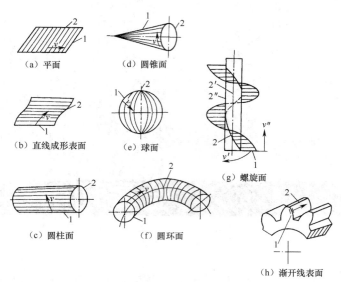

（a）平面　　（d）圆锥面

（b）直线成形表面　　（e）球面　　（g）螺旋面

（c）圆柱面　　（f）圆环面　　（h）渐开线表面

图 3-1　组成零件的不同几何表面

1—母线；2—导线

2．成形法

成形法是利用成形刀具对工件进行加工的方法。切削刃的形状和长度与需要形成的发生线（母线）完全重合。在图 3-2（b）中，曲线形母线由成形刨刀的切削刃直接形成。

3．展成法

利用工件和刀具做展成切削运动，进行加工的方法称为展成法。切削加工时，刀具切削刃与被成形表面相切，切削刃相对工件滚动，其所需形成的发生线是刀具切削刃在各瞬时位置的包络线，如图 3-2（c）和图 3-2（d）所示。用展成法形成发生线需要一个成形运动（展成运动）。

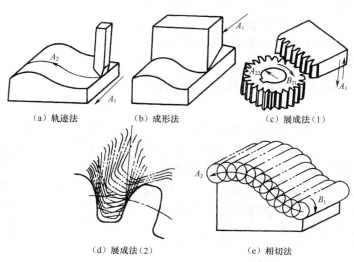

（a）轨迹法　　（b）成形法　　（c）展成法（1）

（d）展成法（2）　　（e）相切法

图 3-2　形成发生线的方法

4．相切法

相切法是利用刀具边旋转边做轨迹运动，对工件进行加工的方法。在图 3-2（e）中，切削刃为铣刀、砂轮等旋转刀具，在垂直于刀具旋转轴线的截面内，切削刃可看作是点，当切削点绕刀具轴线做旋转运动 B_1，同时刀具中心按轨迹 A_2 运动时，切削点运动轨迹切出加工表面。

 要点提示　为了用相切法得到发生线，需要两个彼此独立的成形运动，即刀具的旋转运动和刀具中心按一定规律运动。

3.2　切削运动和切削用量

切削运动即零件表面的成形运动。在切削加工过程中，针对不同的工件材料、工件结构、加工精度、刀具材料和其他技术经济指标，所需的切削运动的量值也不相同，根据加工要求选定适宜的切削运动量值，就是切削要素的选择。

3.2.1　切削运动

加工不同的零件表面，刀具与工件间有不同的切削运动，如图 3-3 所示。

切削运动包括主运动（见图 3-3 中的Ⅰ）和进给运动（见图 3-3 中的Ⅱ）两种类型。

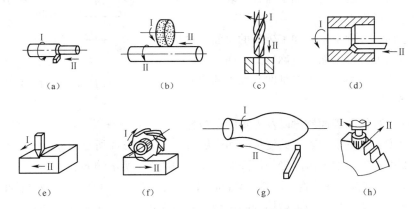

图 3-3　加工不同的零件表面时的切削运动

1．主运动

主运动使刀具和工件之间产生相对运动，促使刀具切削刃接近工件而实现切削。主运动是进行切削的最基本、最主要的运动。

2．进给运动

进给运动使刀具与工件之间产生附加的相对运动，与主运动配合，形成连续切削动作，最后获得具有所需几何特性的加工表面。

 要点提示　一般机床的主运动只有一个，特点是运动速度最高，消耗功率最大。而进给运动消耗机床功率较少，可由一个或多个运动组成。

各种常见机床的主运动和进给运动如表 3-1 所示。

表 3-1　　　　　　　　　　　　　　常见机床的主运动和进给运动

机床名称	主运动	进给运动	机床名称	主运动	进给运动
卧式车床	工件旋转运动	车刀纵向、横向、斜向直线运动	龙门刨床	工件往复移动	刨刀横向、垂直、斜向间歇移动
钻床	钻头旋转运动	钻头轴向移动	外圆磨床	砂轮高速旋转	工件转动，同时工件往复移动，砂轮横向移动
卧铣、立铣	铣刀旋转运动	工件纵向、横向移动（有时也作垂直方向移动）	内圆磨床	砂轮高速旋转	工件转动，同时工件往复移动，砂轮横向移动
牛头刨床	刨刀往复运动	工件横向间歇移动或刨刀垂直斜向间歇移动	平面磨床	砂轮高速旋转	工件往复移动，砂轮横向、垂直方向移动

3.2.2　加工表面和切削层参数

切削层是指切削过程中，由刀具切削部分所切除的工件材料层。图 3-4 所示为车削加工的切削过程原理图，图上同时标出了切削用量三要素的具体含义。

1. 切削表面

从图 3-4 所示可以看出零件上有 3 个表面。

（1）已加工表面：已经切削加工完成的表面，也是刀具副后刀面正对的零件表面。

（2）加工表面：零件上正在加工生成的表面，也是刀具主后刀面正对的零件表面，也称过渡表面。

（3）待加工表面：尚未加工但是即将加工的表面。

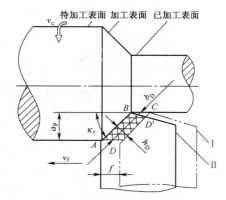

图 3-4　车削时切削层尺寸

2. 切削层参数

为了深入研究零件的表面质量以及刀具的受力分析，需要理解以下切削层参数。

（1）切削厚度：垂直于加工表面度量的切削层尺寸，如图 3-4 所示的 h_D。

（2）切削宽度：沿主切削刃度量的切削层尺寸，如图 3-4 所示的 b_D。

（3）切削面积：切削层在垂直于切削速度截面内的面积，即图 3-4 所示带有网格线的区域。

（4）残留面积：切削加工中未被切到的区域，残留面积越大，零件表面越粗糙。图 3-4 所示网格区域右上侧的三角形区域即是残留面积。

外圆车削的切削运动与加工表面如图 3-5 所示，平面刨削的切削运动与加工表面如图 3-6 所示。

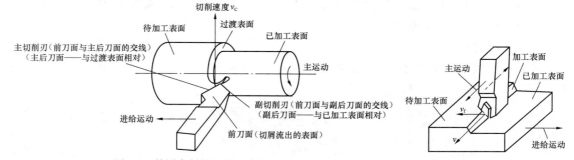

图 3-5　外圆车削的切削运动与加工表面　　　图 3-6　平面刨削的切削运动与加工表面

3.2.3　切削用量

切削用量用来衡量切削过程中切削量的大小。切削加工是一个复杂的生产系统，要正确确定切削加工参数，还应先对切削过程做全面的分析。

1. 切削用量的内容

在一般的切削加工中，切削用量包括切削速度、进给量和背吃刀量（切削深度）三要素。

（1）切削速度 v_c。切削刃上选定点相对于工件主运动的瞬时速度称为切削速度，单位为 m/s 或 m/min。

① 主运动为旋转运动（如车削）时切削速度一般为其最大的线速度，可按下式计算：

$$v_c = \pi dn/1\,000 \text{（m/s 或 m/min）}$$

式中，d——工件或刀具的直径，mm；

　　　n——工件或刀具的转速，r/s 或 r/min。

② 主运动为往复直线运动（如刨削、插削等）时常以其平均速度作为切削速度，即

$$v_c = 2Ln_r/1\,000 \text{（m/s 或 m/min）}$$

式中，L——往复行程长度，mm；

　　　n_r——主运动每秒或每分钟的往复次数，st/s 或 st/min。

（2）进给量。刀具在进给运动方向上相对工件的位移量称为进给量。

① 单齿刀具（如车刀、刨刀等）加工时，进给量常用刀具或工件每转（或每行程）时，刀具在进给运动方向上相对工件的位移量来表示，称为每转进给量或每行程进给量，以 f 表示，单位为 mm/r 或 mm/st。

② 多齿刀具（如铣刀、钻头等）加工时，进给运动的瞬时速度称进给速度，以 v_f 表示，单位为 mm/s 或 mm/min。

③ 刀具每转或每行程中每齿相对工件在进给运动方向上的位移量称每齿进给量，以 f_z 表示，单位为 mm/z。

要点提示

每齿进给量、进给量和进给速度之间有如下关系：
$$v_f = fn = f_z zn \text{（mm/s 或 mm/min）}$$
式中，n——刀具或工件转速，r/s 或 r/min；
　　　z——刀具的齿数。

（3）背吃刀量（切削深度）a_p。背吃刀量是工件已加工表面与待加工表面间的垂直距离，即通过切削刃上选定点并垂直于该点主运动方向的切削层尺寸平面中，垂直于进给运动方向上测量的切削层尺寸。背吃刀量的单位为 mm。

① 车削时，背吃刀量计算公式为

$$a_p = \frac{d_w - d_m}{2} \text{（mm）}$$

式中，d_w——工件待加工表面的直径，mm；

　　　　d_m——工件已加工表面的直径，mm。

② 钻孔时，背吃刀量计算公式为

$$a_p = d_m/2 \text{（mm）}$$

式中，d_m——工件加工后的直径，mm。

2. 切削用量对加工的影响

在生产中，忽略切削加工的实际规律盲目提高切削用量，看似能够提高生产效率，实际上却是"欲速则不达"，往往达不到加工要求。

（1）切削用量对加工质量的影响。根据生产实践的经验，切削用量对加工质量的影响包括以下几个方面。

① 切削深度和进给量增大，都会使切削力增大，工件变形增大，并可能引起震动，从而降低加工精度和增大表面粗糙度 Ra 值。

② 进给量增大还会使残留面积的高度显著增大，表面更加粗糙，如图3-7所示。

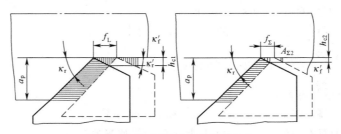

图3-7　进给量对残留面积的影响

③ 切削速度增大时，切削力减小，可减小或避免积屑瘤，有利于加工质量和表面质量的提高。

（2）切削用量对生产效率的影响。通过实验测定，当用硬质合金刀具加工中碳钢工件时，刀具寿命和切削用量三要素之间符合以下关系：

$$T = \frac{C_T}{v_c^5 f^{2.25} a_p^{0.75}}$$

式中，T——刀具寿命。

　　　　C_T——常系数。

由上式可知：在切削用量中，切削速度对刀具耐用度的影响最大，进给量的影响次之，切削深度的影响最小。当提高切削速度时，刀具寿命的降低倍数比增大同样倍数的进给量和背吃刀量时要大得多。

> 盲目提高切削速度，使刀具加速磨损，不但浪费了刀具资源，同时也增加了换刀和磨刀的次数，增加了辅助加工时间，反而降低了生产率。粗加工时，为了提高生产率，一般选取较大的切削深度和进给量，切削速度并不高；精加工时，为了提高加工质量，一般选取较小的切削深度和进给量以及较高的切削速度。

3. 切削用量的选择

综合切削用量三要素对刀具耐用度、生产率和加工质量的影响，选择切削用量的顺序为：首先选尽可能大的切削深度 a_p，其次选尽可能大的进给量 f，最后选尽可能大的切削速度 v_c。因为在切削用量三要素中，切削深度 a_p 对刀具耐用度的影响最小，而切削速度 v_c 对刀具耐用度的影响最大。

（1）切削深度的选择。切削深度尽可能大些，尽量在一次走刀中，把本工序加工应切除的加工余量切除掉。例如，在粗加工中，当加工余量过大或工艺系统刚性较差需进行二次切削时，首次取较大的切削深度。

> **要点提示**　在中等功率机床上，粗加工的背吃刀量可达 8～10mm，半精加工的背吃刀量可达 0.5～5mm，精加工的背吃刀量可达 0.1～1.5mm。

（2）进给量的选择。粗加工时，对工件的表面质量要求不太高，进给量主要受机床、刀具和工件所能承受切削力的限制。精加工时，切削深度较小，切削力不大，进给量主要受工件表面粗糙度的限制。

（3）切削速度的选择。粗加工时，由于切削力一般较大，切削速度主要受机床功率的限制。精加工时，切削力较小，切削速度主要受刀具耐用度的限制。

> **要点提示**　实际生产中，在确定切削用量时，不要盲目设定，可以查阅《切削用量手册》等相关技术文献来确定，这样才能获得最佳的加工质量和效率。

3.3　金属切削刀具

金属切削过程中，性能优良的刀具是获得良好加工质量和效率的基本保障。

（1）观察图 3-8 所示的金属切削刀具，对比它们与生活中使用的刀具有何主要区别。

（2）一把锋利的刀和一把较钝的刀在使用时，哪一个更轻快，切削能力更强？在相同的工作阻力下，哪一个更快磨损或损坏？

（3）如图 3-9 所示，金属切削刀具所加工的对象都是硬度较高的金属材料，这对刀具提出了哪些质量要求？

图 3-8　切削刀具

图 3-9　切削过程

3.3.1　刀具材料应具备的性能

刀具切削部分在强烈摩擦、高温、高压、高应力下工作，在断续加工或加工余量不均匀时，刀具还受到强烈的冲击和震动，因此刀具材料应具备以下的基本要求。

1．高硬度

要实现切削加工，刀具材料必须具有比工件材料高的硬度，高硬度是刀具材料的最基本性能，硬度的高低在一定程度上决定了刀具材料的应用范围。在金属切削加工中，刀具材料的硬度应在 HRC60 以上，工件材料的硬度越高，要求刀具材料的硬度相应越高。

要点提示 刀具硬度越高，冲击韧性越低，材料越脆。硬度和韧性是一对矛盾体，也是刀具材料所应克服的一个问题。

2. 高耐磨性

耐磨性是刀具材料抵抗摩擦和磨损的能力，它是刀具材料应具备的主要条件之一，是决定刀具耐用度的主要因素。一般来说，材料的硬度越高，耐磨性越好。

3. 足够的强度和韧性

要使刀具在切削力作用下不致产生破坏，就必须具有足够的强度，同时还要具备足够的韧性，以承受各种应力、冲击载荷和震动的作用。通常用材料的抗弯强度和冲击韧度表示刀具的强度和韧性。

4. 高的耐热性（热稳定性）

耐热性是指在高温下材料保持硬度、耐磨性、强度、抗氧化、抗黏结和抗扩散的能力。由于切削过程中一般都会产生很高的温度，故刀具材料必须具有一定的耐热性，以保证在高温下仍然具有所要求的性能，耐热性可用红硬性或高温硬度表示。

5. 良好的热物理性能和耐热冲击性能

刀具材料的导热性越好，切削时产生的热量越容易传导出去，从而降低切削部分的温度，减轻刀具的磨损，避免因热冲击产生刀具材料裂纹。

6. 良好的工艺性

为了便于制造，刀具切削部分的材料应具有良好的锻造、焊接、热处理和磨削加工等性能。

3.3.2 常用刀具材料

常用刀具材料有工具钢、高速钢、硬质合金、陶瓷和超硬刀具材料，目前用得最多的为高速钢和硬质合金。

1. 高速钢

高速钢是一种加入了较多钨、铬、钒以及钼等合金元素的高合金工具钢，具有良好的综合性能。其强度和韧性在现有刀具材料中较突出，并且制造工艺简单，容易刃磨成锋利的切削刃，在复杂刀具（如麻花钻、丝锥、齿轮刀具和成形刀具）的制造中，仍占有主要地位。

高速钢可以加工从有色金属到高温合金的各种材料。图 3-10 所示为尚未刃磨成形的条状材料，图 3-11 所示为使用高速钢制作的各种具有复杂形状的刀具。

常用刀具材料简介

图 3-10 条状材料

图 3-11 高速钢刀具

2. 硬质合金

硬质合金通常由硬度和熔点很高的金属碳化物（如 WC 或 TiC 等）微粉和黏结剂（如 Co、Ni 和 Mo 等）经高压成形，在 1 500℃的高温下烧结而成。其硬度高，耐磨性好，能耐高温，化学稳定性和热稳定性好。因此，其允许的切削速度比高速钢高 4～10 倍，刀具耐用度比高速钢高几倍到几十倍，能切削淬火钢等硬材料。但其抗弯强度低，韧性差，不耐冲击和震动，制造工艺性差，不适于制造复杂的整体刀具。

 要点提示

切削加工用硬质合金可分为 P、M、K 三类。P 类用于加工长切屑的黑色金属，主要成分为 WC+TiC+Co，代号为 YT，以蓝色标记。M 类用于加工黑色金属和有色金属，主要成分为 WC+TiC+TaC（NbC）+Co，代号为 YG，以黄色标记。K 类用于加工短切屑的黑色金属、有色金属和非金属材料，主要成分为 WC+Co，代号为 YW，以红色标记。

硬质合金主要用来制作刀具的切削部分，通常通过焊接或者连接的方式镶嵌在刀具上，担负切削加工的任务，如图 3-12 所示。

3. 其他刀具材料

近年来，随着加工材料种类的增加以及现代数控机床切削速度的提高，对切削刀具的要求也越来越高，新型刀具材料也应运而生。

图 3-12 硬质合金刀具

（1）涂层刀具。涂层刀具（见图 3-13）是在一些韧性较好的硬质合金或高速钢刀具基体上涂覆一层耐磨性高的难熔金属化合物的刀具，这就解决了刀具材料中硬度、耐磨性和强度与韧性之间的矛盾。其综合性能好，强度和韧性都较好，但是不适宜加工高温合金、钛合金及非金属材料，也不适宜粗加工有夹砂、硬皮的锻铸件。

（2）金刚石刀具。金刚石刀具（见图 3-14）分为天然金刚石刀具和人造金刚石刀具两种。天然金刚石具有自然界物质中最高的硬度和导热系数，但由于价格昂贵，加工、焊接都非常困难，应用较少。所以目前金刚石刀具主要使用人造金刚石（由金刚石微粉在高温高压下聚合而成）。

认识其他刀具

 要点提示

金刚石刀具是目前高速切削（2 500～5 000 m/min）铝合金较理想的刀具材料，但由于碳对铁的亲和作用，特别是在高温下金刚石能与铁发生化学反应，因此其不宜用于切削铁及铁合金工件。

（3）陶瓷刀具。陶瓷刀具（见图 3-15）以氧化铝为主要成分在高温下烧结而成。其比硬质合金具有更高的硬度和耐热性，耐磨性和化学稳定性好，可切削难加工的高硬度材料。但是其性脆，强度低，抗冲击韧性很差。它适合于钢、铸铁以及塑性较大的材料（如紫铜等）的半精加工和精加工，对于淬硬钢等高硬度材料加工特别有效，但是不适合具有冲击的加工场合。

（4）立方氮化硼刀具。立方氮化硼刀具（CBN，如图 3-16 所示）由单晶立方氮化硼微粉在高温高压下加入催化剂聚合而成，其硬度仅次于金刚石，耐热性优于金刚石，在 1 300℃的高温下仍能稳定地切削。因此它常用于加工高温合金、淬火钢以及冷硬铸铁材料，发展前景广阔。

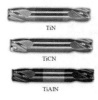
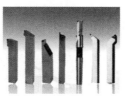

图 3-13 涂层刀具　　　图 3-14 金刚石刀具　　　图 3-15 陶瓷刀具　　图 3-16 立方氮化硼刀具

各种刀具材料的物理力学性能如表 3-2 所示。

表 3-2 各种刀具材料的物理力学性能

材 料 种 类	硬　　度	密度/ （g·cm⁻³）	抗弯强度 /GPa	冲击韧性 /（kJ·m⁻²）	热导率 /[W/（m·K）]	耐热性/℃
碳素工具钢	63～65 HRC	7.6～7.8	2.2	—	41.8	200～250
合金工具钢	63～66 HRC	7.7～7.9	2.4	—	41.8	300～400
高速钢	63～70 HRC	8.0～8.8	1.96～5.88	98～588	16.7～25.1	600～700
硬质合金	89～94 HRA	8.0～15	0.9～2.45	29～59	16.7～87.9	800～1 000
陶瓷	91～95 HRA	3.6～4.7	0.45～0.8	5～12	19.2～38.2	1 200
立方氮化硼	8 000～9 000 HV	3.44～3.49	0.45～0.8	—	19.2～38.2	1 400
金刚石	10 000 HV	3.47～3.56	0.21～0.48	—	19.2～38.2	1 200

要点提示　刀体是刀具的夹持部位，承受着弯矩和扭矩的作用，因此应具备足够的强度和刚度。通常选用普通碳钢或合金钢制作。普通刀具的刀体常用 45 钢或 40 Cr 制造。尺寸较小的刀具或切削负荷较大的刀具易选用合金工具钢或整体高速钢制作，对一些尺寸较小的精密孔加工刀具（如小直径镗、铰刀），为保证刀体有足够的刚度，宜选用整体硬质合金制作。

3.3.3　认识刀具角度

观察图 3-17～图 3-20 所示的刀具，它们的形状不同，功能也不完全一致，它们有何共同点？各自又有何特点？

图 3-17　外圆车刀　　　图 3-18　排齿铣刀　　　图 3-19　成形铣刀　　　　图 3-20　麻花钻

切削刀具虽然种类繁多，形状各异，但其切削部分的几何形状大多为楔形，都可以按照图 3-21 所示简化刀具的形状和结构。请读者通过此图领会刀具的特殊性和一般性的关系。

1. 车刀切削部分的组成

车刀是切削刀具的典型代表，其他刀具可以视为由车刀演变或组合而成，多刃刀具的每个刀齿都相当于一把车刀。车刀由刀体和刀柄两部分组成，刀体即为切削部分，如图 3-22 所示，其中包括以下各要素。

（1）前刀面：加工过程中，切屑沿其流出的刀面。

（2）主后刀面：与工件加工表面相对的刀面。

（3）副后刀面：与工件已加工表面相对的刀面。

（4）主切削刃：前刀面与主后刀面的交线，承担主要的切削工作。

（5）副切削刃：前刀面与副后刀面的交线。

（6）刀尖：主、副切削刃的交点，为了强化刀尖，一般都在刀尖处磨成折线或圆弧形过渡刃。

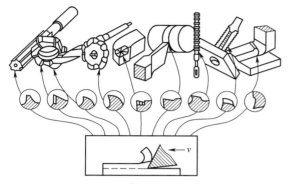

图 3-21　各种刀具切削部分的形状

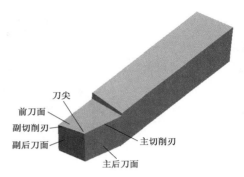

图 3-22　刀具的组成部分

 要点提示　车刀切削部分的组成可使用"三面两刃一刀尖"来概括，"三面"指"前刀面""主后刀面"和"副后刀面"，"两刃"指"主切削刃"和"副切削刃"。

其他各类刀具都可以看作是车刀的演变和组合。刨刀切削部分的形状与车刀相同，如图 3-23（a）所示；钻头可看作是两把一正一反并在一起同时镗削孔壁的车刀，因此有两个主切削刃和两个副切削刃，另外还多了一个横刃，如图 3-23（b）所示；铣刀可看作由多把车刀组合而成的复合刀具，每一个刀齿相当于一把车刀，如图 3-23（c）所示。

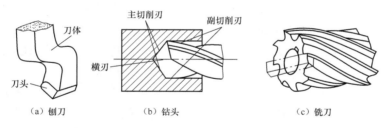

（a）刨刀　　　　（b）钻头　　　　（c）铣刀

图 3-23　刨刀、钻头、铣刀切削部分的形状

2. 定义刀具角度的辅助平面

为了正确定义各个刀具角度并描述其大小，引入以下 3 个辅助平面，如图 3-24 所示。

（1）基面：通过主切削刃上一点并与该点切削速度方向垂直的平面。

（2）切削平面：通过主切削刃上一点并与该点加工表面相切的平面，其包含切削速度。

（3）主剖面：通过主切削刃上一点并与主切削刃在基面上的投影垂直的平面。

3. 刀具角度的定义

为了描述车刀切削部分的形状，通常使用以下 6 个角度，如图 3-25 所示。

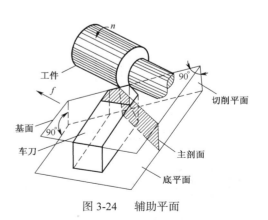

图 3-24　辅助平面

91

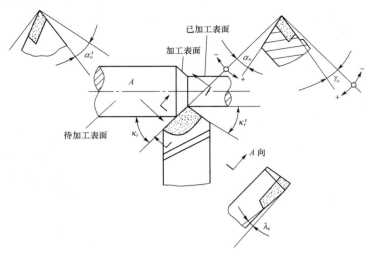

图 3-25　车刀的主要角度

（1）前角 γ_o：前面与基面之间的夹角，在正交平面内测量，有正、负和零度之分。当前面与切削平面夹角小于 90° 时，前角为正值；大于 90° 时，前角为负值，前面与基面重合时为零度前角。

（2）后角 α_o：后面与切削平面之间的夹角，在正交平面内测量。当后面与基面夹角小于 90° 时后角为正值。为减小刀具和加工表面之间的摩擦等，后角一般为正值。

（3）主偏角 κ_r：主切削刃在基面上的投影与假定进给运动方向之间的夹角，在基面内测量。主偏角 κ_r 一般为正值。

（4）副偏角 κ_r'：副切削刃在基面上的投影与假定进给运动反方向之间的夹角，在基面内测量。副偏角 κ_r' 一般也为正值。

（5）刃倾角 λ_s：主切削刃与基面之间的夹角，在切削平面内测量。当刀尖是主切削刃的最高点时，刃倾角为正值；当刀尖是主切削刃的最低点时，刃倾角为负值；当主切削刃与基面重合时，刃倾角为零度。刃倾角的正负规定如图 3-26 所示。

（6）副后角 α_o'：它是切削平面与副后刀面的夹角。

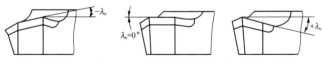

图 3-26　刃倾角的正负规定

3.3.4　刀具角度的选择

刀具是切削加工质量和效率的重要保证，合理选用刀具的种类并设计刀具角度不但可以确保加工顺利实现，还可以降低生产成本，缩短辅助加工时间。

1. 前角的选择

前角主要影响切削变形和切削力的大小、刀具耐用度和加工表面的质量。

（1）前角对加工的影响。前角的大小对表面粗糙度、排屑及断屑等也有一定影响，因此前角值不能太小，也不能太大，应有一个合理的参数值。

> 增大前角能使刀刃变得锋利，使切削更为轻快，可以减小切削变形和摩擦，从而减小切削力和切削功率，切削热也少，加工表面质量高。但增大前角会使刀刃和刀尖强度下降，刀具散热体积减小，影响刀具的耐用度。

（2）根据工件材料选择前角。加工塑性材料时，特别是硬化严重的材料（如不锈钢等），为了减小切削变形和刀具磨损，应选用较大的前角；加工脆性材料时，由于产生的切屑为崩碎切屑，切削变形小，作用力集中在切削刃附近，为保证切削刀具有足够的强度，应采用较小的前角。

工件的强度和硬度低时，由于切削力不大，为使切削刃锋利，可选用较大的甚至很大的前角。工件材料的强度高时，应选用较小的前角。

> 加工特别硬的工件材料（如淬火钢）时，应选用很小的前角，甚至选用负前角。这是因为工件的强度、硬度越高，产生的切削力越大，切削热越多，为了使切削刃具有足够的强度和散热容量，防止崩刃和迅速磨损，所以应选用较小的前角。

（3）根据刀具材料选择前角。刀具材料的抗弯强度和冲击韧性较低时应选较小的前角。通常硬质合金车刀的前角为$-5°\sim+20°$，高速钢刀具的合理前角为 $5°\sim10°$，而陶瓷刀具的前角一般为$-5°\sim-15°$。

（4）根据加工性质选择前角。粗加工时，特别是断续切削或加工有硬皮的铸、锻件时，不仅切削力大，切削热多，而且承受冲击载荷，为保证切削刃有足够的强度和散热面积，应适当减小前角。精加工时，对切削刃强度要求较低，为使切削刃锋利、减小切削变形和获得较高的表面质量，前角应取得较大一些。

> 数控机床、自动机床和自动线用刀具，为保证刀具工作的稳定性，使其不易发生崩刃和破损，一般选用较小的前角。

当工件材料和加工性质不同时，常用硬质合金车刀的合理前角如表 3-3 所示。

表 3-3　　　　　　　　　　　　硬质合金车刀合理前角的参考值

工 件 材 料	合 理 前 角		工 件 材 料	合 理 前 角	
	粗车	精车		粗车	精车
低碳钢	$20°\sim25°$	$25°\sim30°$	灰铸铁	$10°\sim15°$	$5°\sim10°$
中碳钢	$10°\sim15°$	$15°\sim20°$	铜及铜合金	$10°\sim15°$	$5°\sim10°$
合金钢	$10°\sim15°$	$15°\sim20°$	铝及铝合金	$30°\sim35°$	$35°\sim40°$
淬火钢	$-15°\sim-5°$		钛合金 $\sigma_b\leqslant1.177\,GPa$	$5°\sim10°$	
不锈钢（奥氏体）	$15°\sim20°$	$20°\sim25°$			

2．后角的选择

后角的主要功用是减小后刀面与工件的摩擦和后刀面的磨损，其大小对刀具耐用度和加工表面质量都有很大影响。

（1）后角对加工的影响。后角增大，摩擦减小，刀具磨损减少，也减小了刀具刃口的钝圆弧半径，提高了刃口锋利程度，易于切下薄切屑，从而可减小表面粗糙度，但后角过大会减小刀刃强度和散热能力。

（2）根据切削厚度选择后角。合理后角的大小主要取决于切削厚度（或进给量），切削厚度 h_D 越大，则后角应越小；反之亦然。切削厚度越小，切削层上被切削刃的钝圆半径挤压而留在已加工表面上并与主后刀面挤压摩擦的这一薄层金属，占切削厚度的比例就越大。若增大后角，就可减小刃口钝圆半径，使刃口锋利，便于切下薄切屑，可提高刀具耐用度和加工表面质量。

 要点提示　对于进给量较大的外圆车刀，后角 $\alpha_o = 6° \sim 8°$，而每齿进刀量不超过 0.01 mm 的圆盘铣刀，后角 $\alpha_o = 30°$。这是因为切削厚度较大时，切削力较大，切削温度也较高，为了保证刃口强度和改善散热条件，所以应取较小的后角。

（3）适当考虑被加工材料的力学性能。工件材料的硬度、强度较高时，为保证切削刃强度，宜选取较小的后角；工件材料的硬度较低、塑性较大以及易产生加工硬化时，主后刀面的摩擦对已加工表面质量和刀具磨损影响较大，此时应取较大的后角；加工脆性材料时，切削力集中在刀刃附近，为强化切削刃，宜选取较小的后角。

（4）考虑工艺系统的刚性。工艺系统刚性差，易产生震动，为增强刀具对震动的阻尼，应选取较小的后角。

（5）考虑加工精度。对于尺寸精度要求高的精加工刀具（如铰刀等），为减小重磨后刀具尺寸的变化，保证有较高的耐用度，后角应取得较小。车削一般钢和铸铁时，车刀后角常选用 4°～8°。

当工件材料和加工性质不同时，常用硬质合金车刀的合理后角如表 3-4 所示。

表 3-4　　　　　　　　　　　　　　硬质合金车刀合理后角的参考值

工 件 材 料	合 理 后 角	
	粗车	精车
低碳钢	8°～10°	10°～12°
中碳钢	5°～7°	6°～8°
合金钢	5°～7°	6°～8°
淬火钢	8°～10°	
不锈钢（奥氏体）	6°～8°	8°～10°
灰铸铁	4°～6°	6°～8°
铜及铜合金（脆）	4°～6°	6°～8°
铝及铝合金	8°～10°	10°～12°
钛合金 $\sigma_b \leqslant 1.177$ GPa	10°～15°	

3. 主偏角和副偏角的选择

主偏角和副偏角对刀具耐用度影响很大。

（1）减小主偏角和副偏角可使刀尖角 ε_r 增大，刀尖强度提高，散热条件改善，刀具耐用度高。减小主偏角和副偏角可降低加工表面残留面积的高度，故可减小加工表面的粗糙度。

（2）主偏角和副偏角还会影响各切削分力的大小和比例。例如，车削外圆时，增大主偏角，可使背向力 F_p 减小，进给力 F_f 增大，因而有利于减小工艺系统的弹性变形和震动。

（3）工艺系统刚性较好时，主偏角宜取较小值，如 $\kappa_r = 30° \sim 45°$，例如选用 45° 偏刀；当工艺系统刚性较差或强力切削时，一般取 $\kappa_r = 60° \sim 75°$，例如选用 75° 偏刀。车削细长轴时，

取 $\kappa_r = 90° \sim 93°$ ，以减小背向力 F_p。

（4）副偏角的大小主要根据表面粗糙度的要求选取，一般为 5°～15°，粗加工时取大值，精加工时取小值。切断刀、锯片刀为保证刀头强度，只能取很小的副偏角，一般为 1°～2°。

硬质合金车刀合理主偏角和副偏角的参考值如表 3-5 所示。

表 3-5   硬质合金车刀合理主偏角和副偏角的参考数值

加 工 情 况		参考值/（°）	
		主偏角 κ_r	副偏角 κ_r'
粗车	工艺系统刚性好	45，60，75	5～10
	工艺系统刚性差	65，75，90	10～15
	车细长轴、薄壁零件	90，93	6～10
精车	工艺系统刚性好	45	0～5
	工艺系统刚性差	60，75	0～5
	车削冷硬铸铁、淬火钢	10～30	4～10
	从工件中间切入	45～60	30～45
	切断刀、切槽刀	60～90	1～2

4．刃倾角的选择

刃倾角主要影响切屑流向和刀尖强度。

（1）刃倾角对加工的影响。刃倾角为正值时，切削开始时刀尖与工件先接触，切屑流向待加工表面，可避免缠绕和划伤已加工表面，对精加工和半精加工有利，如图 3-27（a）所示。刃倾角为负值时，切削中切屑流向已加工表面，如图 3-27（b）所示，容易缠绕和划伤已加工表面。

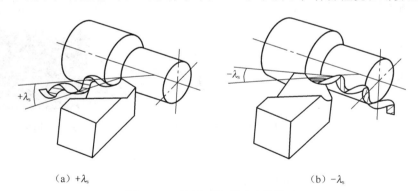

（a）$+\lambda_s$ （b）$-\lambda_s$

图 3-27   刃倾角对切削流向的影响

**要点
提示**
      负刃倾角有利于提高刀尖强度并利于刀尖散热，此时在切削运动中刀具与工件接触的瞬间，刀具切削刃中部先接触工件，刀尖后接触工件，尤其是断续切削时，切削刃承受刀具与工件接触瞬间的冲击力，可避免刀尖受冲击，起保护刀尖的作用，如图 3-28 所示。

（2）刃倾角的选用。加工一般钢料和铸铁时，无冲击的粗车取 $\lambda_s = -5° \sim 0°$，精车取 $\lambda_s = 0° \sim +5°$；有冲击负荷时，取 $\lambda_s = -15° \sim -5°$；当冲击特别大时，取 $\lambda_s = -45° \sim -30°$。切削高强度钢、冷硬钢时，为提高刀头强度，可取 $\lambda_s = -30° \sim -10°$。

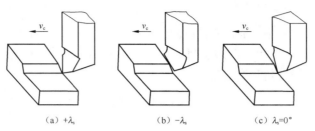

（a）+λₛ　　　　　（b）−λₛ　　　　　（c）λₛ=0°

图 3-28　负刃倾角对刀尖的保护作用

　　应当指出，刀具各角度之间是相互联系、相互影响的，孤立地选择某一角度并不能得到所希望的合理值。例如，在加工硬度比较高的工件材料时，为了增加切削刃的强度，一般取较小的后角；但在加工特别硬的材料（如淬硬钢）时，通常采用负前角，这时如适当增大后角，不仅使切削刃易于切入工件，而且还可提高刀具耐用度。

3.4　金属切削过程

　　金属切削过程是工件和刀具相互作用的过程，是刀具从工件表面切除多余金属，形成符合要求的形状、尺寸精度和表面质量的加工表面的过程。

　　（1）想一想，用刀具切削金属与用压块偏挤压工件有什么区别和联系？观察图 3-29 和图 3-30，通过两者的对比理解切削加工的特点。

　　（2）观察图 3-31 所示切削加工时切屑根部的金相照片，思考切屑是怎样形成的。

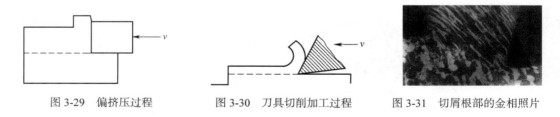

图 3-29　偏挤压过程　　　　　图 3-30　刀具切削加工过程　　　　图 3-31　切屑根部的金相照片

3.4.1　切屑的形成及切屑变形

　　金属切削过程中被刀具切除的工件上多余的金属层称为切屑。切削过程中，始终存在着刀具切削工件和工件材料抵抗切削的矛盾，从而产生一系列现象，如切削变形、切削力和切削热等。

1. 切屑类型

　　切屑是切削加工过程中的副产品，虽然没有实用价值，但是对分析加工中的问题却有着极其重要的指导意义。常见的切屑种类主要包括以下 4 种基本类型，如图 3-32 所示。

　　下面简要说明 4 种不同类型切屑的特点。

　　（1）带状切屑：其底层表面是光滑的，上表面是毛茸状的。当加工塑性材料、进给量较小、切削速度较高、刀具前角较大时，往往会得此类切屑。形成带状切屑的切削过程比较平稳，切削力波动较小，已加工表面粗糙度值较小。

（2）节状切屑：又称挤裂切屑，其外弧表面呈锯齿状，内弧表面有时有裂纹。节状切屑多在切削速度较低、进给量（切削厚度）较大、加工塑性材料时产生。

（3）粒状切屑：又称单元切屑。当切削过程中剪切面上的应力超过工件材料破裂强度时，则整个单元被切离成梯形单元，得到单元切屑。当切削塑性材料、前角较小（或为负前角）、切削速度较低、进给量较大时，易产生单元切屑。

（4）崩碎切屑：切削脆性材料时，因工件材料的塑性很小，抗拉强度也很低，切屑未经塑性变形就在拉应力作用下脆断，形成不规则的碎块状切屑，此种切屑称为崩碎切屑。工件材料越硬、越脆，进给量越大，越易产生此类切屑。

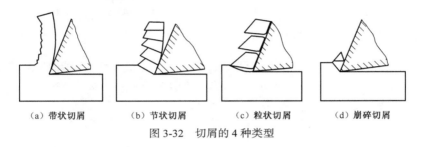

（a）带状切屑　　　　（b）节状切屑　　　　（c）粒状切屑　　　　（d）崩碎切屑

图 3-32　切屑的 4 种类型

2. 切削过程中的塑性变形

金属切削过程的塑性变形通常可以划分 3 个变形区：第一变形区（剪切滑移）、第二变形区（前刀面与切屑底层的摩擦区）、第三变形区（加工硬化）。这 3 个变形区不是独立的，而是有着紧密的内在联系和相互影响的，如图 3-33 所示。

（1）第一变形区：工件材料沿滑移面剪切变形，并伴有加工硬化现象，如图 3-33 所示的Ⅰ区。

（2）第二变形区：产生塑性变形的金属切削层材料经过第一变形区后，沿刀具前刀面流出，在靠近前刀面处形成第二变形区，如图 3-33 所示的Ⅱ区。

要点提示　　该区域内的变形特点：靠近刀具前面的切屑底层附近纤维化，导致切屑流动速度缓慢甚至滞留；切屑产生弯曲；摩擦热使刀、屑接触面附近温度升高等。

（3）第三变形区：金属切削层在已加工表面与刀具后面挤压和摩擦而产生塑性变形部分的区域，如图 3-33 所示的Ⅲ区。该区域内的变形特点：已加工表面存在加工硬化和残余应力。

3. 切屑变形

由于切削时金属的塑性变形，使切下的切屑厚度 h_{ch} 通常要大于切削层厚度 h_D，而切屑长度 l_{ch} 却小于切削长度 l_D，如图 3-34 所示。用切屑厚度与切削层厚度之比 $\dfrac{h_{ch}}{h_D}$ 或切削长度与切屑长度 $\dfrac{l_D}{l_{ch}}$ 之比来表示切屑形成时的变形程度，则有下式：

$$A_h = \frac{h_{ch}}{h_D} = \frac{l_D}{l_{ch}}$$

式中，A_h——切屑变形系数，其值越大，说明切屑的变形程度越大。

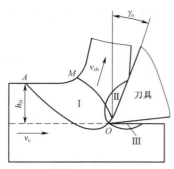

图 3-33　3 个变形区

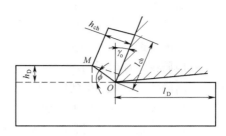

图 3-34　切屑形成示意图

切屑变形系数对切削力、切削温度以及工件的表面粗糙度都有着重要影响。在其他条件不变的情况下，切屑变形系数越大，切削力越大，切削温度越高，零件表面越粗糙。在加工过程中，可以根据具体情况采取相应措施来减小切削变形，以改善切削过程。

要点提示　　在中等速度或较低速度的切削加工中，增大前角可以降低切屑变形系数。此外，对工件进行适当的热处理，可以降低材料的塑性，这样也可以降低切屑变形系数。

4. 影响切屑变形的因素

对切屑变形有显著影响的因素有以下几个。

（1）工件材料：工件材料强度和硬度越大，变形系数越小，切屑变形越小。

（2）刀具几何参数：刀具几何参数中影响最大的是前角。刀具前角 γ_o 越大，切屑变形系数越小。

（3）切削用量。

① 提高切削速度，切削温度升高，摩擦系数减小，切屑变形系数减小。

② 增大进给量，摩擦系数减小，切屑变形系数也会越小。

③ 背吃刀量对变形系数基本无影响。

3.4.2　积屑瘤

在切削速度不高而又能形成连续性切屑的情况下，加工一般钢材或其他塑性材料时，常在前刀面切削处粘有剖面呈三角状的硬块。其硬度通常是工件材料硬度的 2～3 倍，能够代替切削刃进行切削。这部分冷焊在前刀面的金属称为积屑瘤。积屑瘤剖面的金相图片如图 3-35 所示。

积屑瘤的形成过程

1. 积屑瘤的成因

当切屑沿着刀具前刀面流出时，在一定的温度和压力作用下，与前刀面接触的切削层底层会受到较大的摩擦阻力，使得这一层金属流出的速度减慢，当摩擦力超过材料的内部结合力时，就会有一部分金属粘在切削刃附近，形成积屑瘤。

积屑瘤形成后不断长大，达到一定大小后又会破裂，因此是一个不断生长和破坏的循环过程。

2. 积屑瘤对切削过程的影响

积屑瘤对切削过程的影响主要包括以下几个方面。

（1）使刀具实际前角（γ_b）增大，减小切削变形和切削力，如图 3-36 所示。

图 3-35　积屑瘤的金相图片

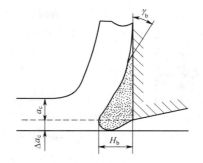

图 3-36　积屑瘤对刀具前角的影响

（2）积屑瘤不断生长和破坏，频率极高，因而可引起切削震动。

（3）积屑瘤的形状和大小不稳定，使加工表面粗糙度增大。

（4）在积屑瘤相对稳定时，可代替刀刃切削，减少刀具磨损；在不稳定的情况下，可加剧刀具磨损。

3．积屑瘤的控制

影响积屑瘤形成的主要因素有以下几个方面。

（1）工件材料的力学性能。影响积屑瘤形成的主要因素是塑性。塑性越大，越容易形成积屑瘤。例如，加工低碳钢、中碳钢、铝合金等材料时容易产生积屑瘤。要避免积屑瘤，可将工件材料进行正火或调质处理，以提高其强度和硬度，降低塑性，然后再进行加工。

（2）切削速度。对某些工件材料进行切削时，切削速度是影响积屑瘤的主要因素。

> 当切削速度很低（<5 m/mim）时，切削温度较低，切削内部结合力较大，前刀面与切屑间的摩擦小，积屑瘤不易形成；当切削速度增大（5～20 m/mim）时，切削温度升高，摩擦加大，则易形成积屑瘤。

（3）冷却润滑条件。在实际生产中，一般精车、精铣采用高速切削，而拉削、铰削和宽刀精刨时，则采用低速切削，以避免形成切屑瘤。选用适当的切削液，可有效地降低切削温度，减少摩擦，也是减少和避免切屑瘤的重要措施之一。

3.4.3　切削力和切削功率

刀具在切削工件时，必须克服材料的变形抗力，克服刀具与工件以及刀具与切屑之间的摩擦力，才能切下切屑，这些抗力就构成了实际的切削力。

1．切削力的来源

如图 3-37 所示，切削力 F 的来源包括以下两个部分。

（1）切屑形成过程中弹性变形及塑性变形产生的抗力 $F_{n\gamma}$ 和 $F_{n\alpha}$。

（2）刀具与切屑及工件表面之间的摩擦阻力 $F_{f\gamma}$ 和 $F_{f\alpha}$。

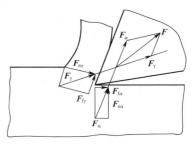

图 3-37　切削力的组成

2．切削力的分解

以外圆车削为例，总切削力 F 可以分解为以下 3 个相互垂直的分力。

（1）F_c：切削力，是总切削力在主运动方向上的分力，占总切削力的80%～90%。该力消耗的机床功率最多，是计算机床动力、主传动系统零件和刀具强度的主要依据。F_c过大，可能会损坏刀具，并且可能导致电机负载过重而"闷车"。

（2）F_p：背向力，是总切削力在垂直于工作平面方向上的分力。切削时，该力不消耗功率。由于该力通常作用在工件刚度较弱的方向上，因此容易使工件变形，甚至产生震动，影响工件的加工精度。F_p一般用于计算与加工精度有关的工件挠度和刀具、机床零件的强度等，它也是使工件在切削过程中产生震动的主要作用力。

（3）F_f：进给力，总切削力在进给运动方向上的分力，是设计和校验进给机构所必需的数据。

如图3-38所示，总切削力与3个分力的关系满足以下公式：

$$F = \sqrt{F_c^2 + F_f^2 + F_p^2} = \sqrt{F_c^2 + F_D^2}$$

式中，F_D——作用于基面内的合力，N。

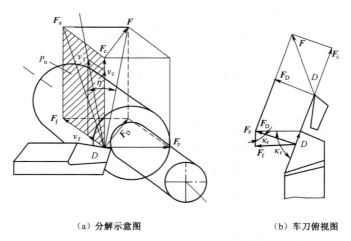

（a）分解示意图　　　　　　　　（b）车刀俯视图

图3-38　外圆车削时切削力的分解

3. 切削力的估算

切削力的大小由很多因素决定，如工件材料、切削用量、刀具角度、刀具材料以及切削液的使用情况等，其中影响最大的是工件材料和切削用量。

目前生产实际中采用的切削力计算公式都是通过大量的试验和数据处理而得到的经验公式。这些经验公式主要有两种形式：指数切削力形式和切削层单位面积切削力形式。

（1）指数切削力形式的经验公式。指数切削力形式的经验公式应用比较广泛，其形式如下：

$$F_c = C_{F_c} a_p^{X_{F_c}} f^{Y_{F_c}} V^{Z_{F_c}} K_{F_c}$$

$$F_f = C_{F_f} a_p^{X_{F_f}} f^{Y_{F_f}} V^{Z_{F_f}} K_{F_f}$$

$$F_p = C_{F_p} a_p^{X_{F_p}} f^{Y_{F_p}} V^{Z_{F_p}} K_{F_p}$$

式中，F_c、F_f、F_p——切削力、进给力和背向力，N；

C_{F_c}、C_{F_f}、C_{F_p}——取决于工件材料和切削条件的系数；

X_{F_c}、Y_{F_c}、Z_{F_c}、X_{F_f}、Y_{F_f}、Z_{F_f}、X_{F_p}、Y_{F_p}、Z_{F_p}——3 个分力公式中切削速度 V、进给量 f 和背吃刀量 c_p 的指数；

K_{F_c}、K_{F_f}、K_{F_p}——当实际加工条件与求得经验公式的试验条件不符时，各种因素对各切削分力的修正系数。

以上各种系数和指数都可以在切削用量手册中查到。

（2）切削层单位面积切削力形式的经验公式。切削层单位面积切削力 k_c（N/mm²）可按下式计算。

$$k_c = \frac{F_c}{A_c} = \frac{F_c}{a_p f} = \frac{F_c}{h_D b_D}$$

各种工件材料的切削层单位面积切削力 k_c 可在有关手册中查到。由上式可得到切削力 F_c 的计算公式：

$$F_c = k_c A_c K_{F_c}$$

式中，K_{F_c}——切削条件修正系数。

4. 切削功率的计算

用切削层单位面积切削力可以计算切削力工作功率。工作功率 P_e 可分为两部分：一是主运动消耗的功率 P_c（W），即切削功率；二是进给运动消耗的功率 P_f（W），即进给功率。计算公式如下：

$$P_e = P_c + P_f = F_c V_c + F_f n_w f \times 10^{-3}$$

式中，F_c、F_f——切削力和进给力，N；

　　　　V_c——切削速度，m/s；

　　　　n_w——工件转速，r/s；

　　　　f——进给量，mm/r。

由于进给功率 P_f 相对于 P_c 一般都很小 [$P_f < (1\% \sim 2\%)P_c$]，可以忽略不计。所以，P_e 可以用 P_c 近似代替。

在计算机床电动机功率 P_m 时，还应考虑机床的传动效率 η_m，按下式计算（一般 η_m 取 0.75～0.85）：

$$P_m > \frac{P_c}{\eta_m}$$

5. 影响切削力的因素

在切削加工中，切削力越大，机床和刀具的负担越大，发热和变形也会越严重，同时还会影响到加工系统的刚度。影响切削力大小的因素主要包括以下几方面。

（1）工件材料的影响。工件材料对切削力的影响如下。

① 工件材料的物理力学性能、加工硬化程度、化学成分、热处理状态以及切削前的加工状态都对切削力的大小产生影响。

② 工件材料的强度、硬度、塑性和加工硬化程度越大，则切削力越大。

③ 工件材料的化学成分、热处理状态等因素都直接影响其物理力学性能，因而也影响切削力。

（2）刀具几何参数的影响。刀具几何参数对切削力的影响如下。

① 前角对切削力的影响。加工塑性材料时，前角增大，变形系数减小，切削力降低；加工脆性材料（如铸铁、青铜）时，切屑变形很小，所以前角对切削力的影响不显著。

② 主偏角对切削力的影响。主偏角 κ_r 对切削力 F_c 的影响较小，主偏角 κ_r 为 $60° \sim 75°$ 时，切削力 F_c 最小。主偏角 κ_r 对背向力 F_p 和进给力 F_f 的影响较大，F_f 随 κ_r 的增大而增大。

③ 刃倾角对切削力的影响。刃倾角 λ_s 对切削力 F_c 影响较小，但是对 F_p 和 F_f 影响较大，随着 λ_s 的增大，F_p 减小，而 F_f 增大。

（3）切削用量的影响。切削用量对切削力的影响如下。

① 背吃刀量对切削力的影响。背吃刀量 a_p 增大，切削力成正比增大，背向力和进给力近似成正比增大。

② 进给量对切削力的影响。进给量 f 增大，切削力也增大，但切削力的增大与 f 不成正比。

③ 切削速度对切削力的影响。随着切削速度 v_c 的提高，切削温度增高，前刀面摩擦系数减小，变形程度减小，使切削力减小。

（4）刀具材料的影响。因为刀具材料与工件材料之间的亲和性影响其间的摩擦，所以直接影响到切削力的大小。

 要点提示　加工中的切削力一般按立方碳化硼（CBN）刀具、陶瓷刀具、涂层刀具、硬质合金刀具、高速钢刀具的顺序，切削力依次增大。

（5）切削液的影响。切削液具有润滑作用，使切削力降低。切削液的润滑作用越好，切削力的降低越显著。在较低的切削速度下，切削液的润滑作用更为突出。图 3-39 所示为使用切削液对加工系统进行冷却和润滑。

图 3-39　切削液的使用

3.4.4　切削热

所有切削过程中都伴随有大量的热量产生，这些热量就是切削热。在切削过程中，绝大部分切削功率最后都转变为切削热。

1. 切削热的来源

切削热的来源主要包括以下 3 个方面，如图 3-40 所示。

① 切屑变形所产生的热量，这是切削热的主要来源。

② 切屑与前刀面之间摩擦所产生的热量。

③ 工件和后刀面之间摩擦所产生的热量。

2. 切削热的传出

切削热主要通过切屑、工件、刀具和周围介质（如空气）向外传出。各个部分传出的比例取决于工件材料、切削速度、刀具材料以及刀具几何形状等因素。

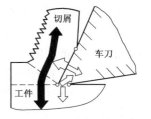

图 3-40　切削热的产生

例如，当使用高速钢车刀并选用适当的切削速度切削钢材时，切屑传出的热量占总热量的 $50\% \sim 86\%$；工件传出的热量占 $10\% \sim 40\%$；刀具传出的热量占 $3\% \sim 9\%$；而周围介质传出的热量约占 1%。而使用钻削加工时，切屑传出的热量约占总热量的 28%；

工件传出的热量约占 52.5%；刀具传出的热量约占 14.5%；而周围介质传出的热量约占 5%。

要点提示

传入切屑和介质中的热量越多，对加工越有利。

3．切削热对加工的影响

切削热传入刀具和工件后，对加工过程都会产生较大影响。

（1）对刀具的影响。刀具负担切削部分的体积很小，因此即使是较小的热量传入刀具都可以导致温度升高很高，这对于耐热性不好的刀具材料来说，不但降低其使用性能，还会加速刀具的磨损。

（2）对工件的影响。切削热传入工件后，将导致工件体积膨胀及不均匀变形，使零件产生加工误差。在切削加工中，要设法减小切削热的产生并改善散热条件，还要采取措施减少高温对工件和刀具的不利影响。

要点提示

凡是增大切削力和切削功率的因素都会使切削温度上升，而有利于切削热传出的因素都会降低切削温度。例如，提高工件材料和刀具材料的热导率或充分浇注切削液，都会使切削温度下降。

3.4.5　切削液及其应用

切削加工时，合理使用切削液可以减小切屑与刀具之间的摩擦，降低切削力和切削温度，减少刀具磨损，提高加工表面质量和生产效率。

1．切削液的用途

在切削加工中，切削液的主要用途有以下几方面。

（1）冷却性能。切削液可以降低切削区的温度，其冷却性能高低取决于液体的热导率、切削液的流量以及流速等。

（2）润滑性能。切削液可以在切屑、工件和刀具之间形成润滑油膜，改善材料的切削性能，切削液的润滑性能取决于其自身的渗透性以及形成润滑油膜的强度。

（3）清洗性能。切削液能清除加工时产生的细碎切屑或磨料微粉，可以减少刀具磨损。切削液的清洗性能取决于其渗透性、流动性以及液体的压力与流量。

（4）防锈性能。切削液中添加的防锈剂可以减少周围介质对机床、刀具和工件的腐蚀，在气候潮湿的地区，这一性能更为重要。

2．切削液的分类

生产中的切削液主要分为以下 3 种类型。

（1）水溶液。水溶液以水作为主要成分，并加入一定量的添加剂，使其具有良好的防锈和润滑能力，冷却和清洗性能好，透明，便于操作者观察加工过程。

（2）切削油。切削油以矿物油（机械油、轻柴油和煤油）和动、植物油作为主要成分，还可以使用各种混合油，在加工时能形成润滑油膜，润滑性能良好。

（3）乳化液。乳化液是在乳化油（矿物油+乳化剂）中加入 95%～98%的水稀释而成，呈乳白色或半透明状，冷却性能良好。

3. 切削液的合理选用

选择切削液时，主要遵循以下原则。

（1）粗加工时，主要减小切削力和功率消耗，选用冷却作用较好的切削液，常采用 3%～5% 的乳化液。

（2）精加工时，主要改善加工表面质量，降低刀具磨损，减小积屑瘤，降低表面粗糙度，可以采用 15%～20% 的乳化液或润滑性能较强的极压切削油。

（3）高速钢刀具红硬性差，需要使用切削液，硬质合金高温性能好，不需使用切削液。

（4）切削液必须连续使用，否则会因为骤冷骤热产生的内应力在刀具内部产生微小裂纹，导致刀具寿命下降。

3.4.6　材料切削性能的改善

材料的切削性能是指在一定切削条件下，材料切削加工的难易程度。对于一种特定的材料，随着加工性质、加工方式以及具体的加工条件的不同，其切削难易程度也不同。

1. 影响材料切削性能的因素

衡量材料切削性能的指标很多，如产品质量的高低、刀具耐用度的大小、切削力的大小以及断屑性能等。生产实践中对材料的切削性能进行分类，具体如表3-6所示。

表3-6　　　　　　　　　　常用材料的切削性能

材料切削性能等级	类　　别	代 表 材 料	
		类　型	举　例
1	很容易切削材料	有色金属	铝铜合金、铝镁合金
2	容易切削材料	易切削钢	退火 15Cr
3		较易切削钢	正火 30 钢
4	普通材料	一般钢和铸铁	45 钢、灰铸铁、一般结构钢
5		稍难切削材料	2Cr13 调质、85 钢轧制
6	难切削材料	较难切削材料	45Cr 调质、60Mn 调质
7		难切削材料	50CrV 调质
8		很难切削材料	镍基高温合金

影响材料切削性能的主要因素有以下几方面。

（1）材料的硬度。材料的硬度越高，切削力越大，刀具磨损加剧，加工性能变差。

（2）材料的强度。材料的强度越高，切削力越大，刀具磨损加剧，加工性能变差。

（3）材料的塑性和韧性。强度相同时，塑性和韧性越大的材料，变形越大，切削力越大，切削性能变差。

（4）材料的导热性。材料导热性越好，由切屑和工件传出的热量越多，有利于降低切削区温度，能改善材料的切削性能。

（5）材料的化学成分。材料中含碳量越高，材料强度和硬度越高，切削力越大，刀具越容易磨损；含碳量太低，塑性和韧性较高，不易断屑，加工表面粗糙。

合金元素 Cr、Ni、V、Mo、W 和 Mn 能提高材料的强度和硬度，其含量越高对切削加工越不利。

S、Se、Pb、Bi、Ca 等元素能使钢脆化，既能起到润滑作用，又能减少摩擦阻力，能改善切削性能。

铸铁中的 Si、Al、Mn、P、Co 和 S 越多，材料的切削性能越好。

（6）金相组织。钢中铁素体塑性大，珠光体硬度高，马氏体硬度更大。因此，铁素体含量越高，切削性能越好，马氏体含量越高，切削性能越差。

铸铁中，从灰口铸铁、可锻铸铁、球墨铸铁到白口铸铁，硬度依次递增、塑性依次降低，切削性能依次下降。

2. 改善材料切削性能的方法

在实际生产中可以采用以下方法改善材料的切削性能。

（1）调整材料的化学成分。在不影响材料使用性能的前提下，在钢中适当加入一种或几种合金元素（如 S、Pb、Ca 和 P），可以减小切削力，改善断屑性能，提高刀具耐用度。

（2）对材料进行热处理。同种材料的金相组织不同，其切削性能不同。在生产实际中，常通过预先热处理的方法来改善材料的切削性能。例如，低碳钢经正火或冷拔处理，塑性减小，硬度略有提高，切削性能被强化；高碳钢经过球化退火，硬度降低，能改善切削性能；中碳钢经过退火处理后，可以降低硬度，改善切削性能。

3.5　刀具磨损和刀具寿命

切削金属时，刀具将切屑切离工件，同时本身也要发生磨损或破损。磨损是连续和逐渐的发展过程，而刀具破损一般是随机的突发破坏（包括脆性破损和塑性破损）。

3.5.1　刀具的磨损形式

刀具的磨损发生在与切屑和工件接触的前刀面和后刀面上。多数情况下两者同时发生，并且相互影响，如图 3-41 所示。

1. 前刀面磨损

前刀面磨损又称月牙磨损，发生在前刀面切削温度最高的位置。随着切削的进行，磨损的月牙坑逐渐扩宽加深，最后发展到与切削刃之间的棱边变得很窄时，使切削刃强度降低，易导致切削刃破损。

2. 后刀面磨损

后刀面磨损发生在下列区域。

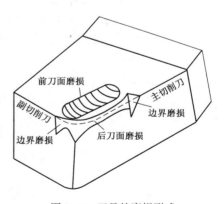

图 3-41　刀具的磨损形式

（1）刀尖部分：此处强度较低，散热条件差，磨损比较严重。

（2）主切削刃靠近工件待加工表面部分：此处常被磨成较深的沟槽。

（3）后刀面磨损带的中间部位：此处的磨损比较均匀。

3. 前后刀面同时磨损

在实际加工中，刀具前后刀面往往同时磨损。

刀具磨损的过程
和主要形式

3.5.2　刀具的磨损原因

刀具正常磨损的原因主要是机械磨损和热、化学磨损。前者是由工件材料中硬质点的刻划作用引起的磨损，后者则是由黏结、扩散、腐蚀等引起的磨损。

1. 磨料磨损

工件材料上的碳化物、氮化物、氧化物等所产生的硬质点以及积屑瘤的碎片等都具有很高的硬度，切削过程中这些硬质点将在刀具表面画出沟纹而导致刀具磨损。一般可以认为磨料磨损量与切削加工路程成正比，如图 3-42 所示。

（a）加工 9m 后刀具的磨损情况　　（b）加工 18m 后刀具的磨损情况

图 3-42　加工路程与磨料磨损关系的对比

 要点提示　　在各种切削速度下，刀具都存在磨料磨损，尤其在低速切削时，磨料磨损是刀具磨损的主要原因。

2. 黏结磨损

在切削过程中，由于刀具与工件材料的摩擦面上温度和压力都很高，同时切出的表层为洁净的新鲜金属层，极易发生黏结，刀具表面局部强度较低的微粒被切屑或工件黏结带走而造成刀具磨损，这种磨损称为黏结磨损。

各种刀具材料都会发生黏结磨损，例如，用硬质合金刀具切削钢件时，在形成不稳定积屑瘤的条件下，切削刃可能很快就因黏结磨损而损坏。

3. 扩散磨损

扩散磨损是硬质合金刀具主要磨损原因之一。自 800℃开始，硬质合金中的 Co、C、W 等元素会扩散到切屑中而被带走。同时切屑中的 Fe 也会扩散到硬质合金中，使 WC 等硬质相发生分解，形成低硬度、高脆性的复合碳化物，这种固态下元素相互扩散迁移而造成的磨损称为扩散磨损。

3.5.3　刀具的磨损过程

刀具的磨损过程主要分为 3 个阶段，如图 3-43 所示。

1. 初期磨损阶段

因为新刃磨的刀具后刀面存在粗糙不平、显微裂纹、氧化或脱碳等缺陷，而且切削刃锋利，后刀面与加工表面接触面积较小，压应力较大，所以这一阶段后刀面的凸出部分很快被磨平，刀具磨损速度较快。

2. 正常磨损阶段

经过初期磨损后，刀具粗糙表面已经磨平，缺陷减少，进入比较缓慢的正常磨损阶段。后刀面的磨损量随切削时间近似地成比例增加。正常切削时，这个阶段时间较长。

3. 急剧磨损阶段

当刀具的磨损带增加到一定限度后，切削力与切削温度均迅速增高，磨损速度急剧增加。生产中为了合理使用刀具，保证加工质量，应该在发生急剧磨损之前就及时换刀。

 要点提示　国内外标准规定，把刀具磨损达到正常磨损阶段结束前的某一后面磨损量 V_B 值作为刀具的磨损限度，即磨钝标准。

在 ISO 标准中，规定以 1/2 作用主切削刃处后面上测得的磨损带宽度 V_B 作为刀具磨钝标准，如图 3-44 所示。

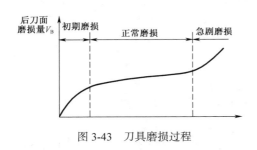

图 3-43　刀具磨损过程

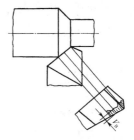

图 3-44　刀具磨钝的标准

3.5.4　影响刀具磨损的因素

影响刀具磨损的因素很多，总结如下。

（1）切削用量。增大切削用量时，切削温度升高，这将加速刀具磨损。在切削用量中，又以切削速度对刀具磨损的影响最大。

（2）刀具材料。耐热性较好的刀具材料不易磨损。

（3）刀具角度。适当增大刀具前角，可以减小切削力，从而减小刀具磨损量。

（4）加工条件。正确使用切削液可以改善切削条件，降低刀具的磨损量。

3.5.5　刀具寿命和刀具耐用度

在生产实际中，常常根据切削中发生的一些现象（如出现火花、震动、啸声或加工表面粗糙度恶化等）来判断刀具是否已经磨钝，但是这种方法并不可靠。

1. 刀具寿命

刀具使用寿命是表征刀具材料切削性能优劣的综合性指标。在相同切削条件下，使用寿命越长，表明刀具材料的耐磨性越好。在比较不同工件材料的切削加工性能时，刀具使用寿命也是一个重要的指标，刀具使用寿命越长，表明工件材料的切削加工性能越好。

2. 刀具耐用度

刀具的磨损限度通常用后刀面的磨损程度作为标准，但在生产实际中不可能经常测量后刀面的磨损量来判断刀具是否达到使用极限，而通常按照刀具进行切削加工的时间来判断。刃磨后的刀具自开始切削直至磨损量达到磨钝标准所经历的实际切削时间称为刀具耐用度，用 T 表示。

要点提示

在实际生产中，大多数选择最低成本耐用度来作为刀具的合理耐用度：硬质合金车刀的耐用度为 60～90 min；硬质合金铣刀的耐用度为 100～180 min；钻头的耐用度为 80～120 min；齿轮刀具的耐用度为 200～300 min。复杂刀具的耐用度应定得高一些，以减少和调整刃磨费用。

3.6　金属切削机床简介

金属切削机床是用刀具对机械零件进行切削加工的机器，是加工机械产品零件的主要设备。常用的金属切削机床有车床、镗床、钻床、铣床、磨床、专门化机床和组合机床等。

3.6.1　机床的分类

机床的分类方法很多，最常用的是按机床的加工性质和所用刀具来分类。按照这种方法分类，我国将机床分为 12 大类，如下所述。

（1）车床：用于加工回转体零件。图 3-45 所示为普通卧式车床的外形和结构图。床身 6 安装在底座 10 上，主轴箱 1 固定在床身 6 的左端，内装主轴和变速传动机构。工件装夹在主轴前端，主运动是工件随主轴的旋转运动。尾座 5 可根据工件的长度沿床身顶面导轨做纵向移动。进给箱 11 是进给运动中传动链变换传动比的主要变速装置。溜板箱 9 通过丝杠 8 把进给箱传来的运动传递给刀架 3，刀架 3 随之纵向进给、横向进给、快速移动或车螺纹，实现不同的加工要求。

（2）钻床：用于粗加工孔。图 3-46 所示的摇臂钻床中，摇臂 3 能绕立柱 1 旋转，主轴箱 2 可在摇臂 3 上横向移动，同时，摇臂 3 可根据工件的高度沿立柱 1 上下升降调整。工件固定在工作台 5 上或直接固定在底座 6 上。

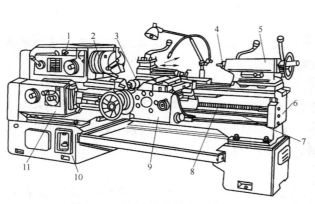

图 3-45　卧式车床的外形和结构

1—主轴箱；2—夹盘；3—刀架；4—后顶尖；5—尾座；
6—床身；7—光杠；8—丝杠；9—溜板箱；10—底座；11—进给箱

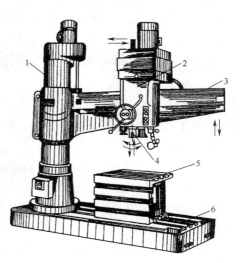

图 3-46　摇臂钻床

1—立柱；2—主轴箱；3—摇臂；4—主轴；
5—工作台；6—底座

（3）镗床：用于加工尺寸较大的孔和非标准孔。图 3-47 所示为卧式铣镗床。立柱 7 固定在床身 9 的右端，主轴箱 8 可在立柱 7 的垂直导轨上上下移动。工件安装在工作台 3 上。工作台 3 和滑座 10、11 可沿床身做纵向移动，也可同上滑座 11 一起沿下滑座 10 的导轨横向移动，并能绕自身轴线转动。镗刀装在主轴 4 上，主轴除做旋转的主运动外，还可做纵向进给运动。平旋盘 5 与主轴 4 同轴，并能以与主轴不同的转速旋转。刀架 6 可在平旋盘 5 的导轨上做径向调整或进给，其上可装刀，车孔端面或孔内沟槽。

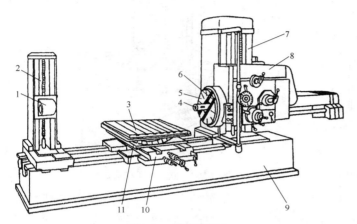

图 3-47　卧式铣镗床

1—镗杆轴承；2—后立柱；3—工作台；4—主轴；
5—平旋盘；6—刀架；7—立柱；8—主轴箱；
9—床身；10—下滑座；11—上滑座

图 3-48　M7120A 型卧轴矩台式平面磨床

1—工作台手轮；2—磨头；3—拖板；4—横向进给
手轮；5—砂轮修整器；6—立柱；7—行程挡块；
8—工作台；9—垂直进给手轮；10—床身

（4）磨床：用于对零件表面进行精加工。图 3-48 所示为 M7120A 型卧轴矩台式平面磨床。矩形工作台 8 装在床身 10 的导轨上，由液压驱动做往复直线运动，其上装有夹具用以装夹工件，工作台手轮 1 用于对工作台 8 进行调整。磨头 2 沿拖板 3 的水平导轨做横向进给运动，该运动由横向进给手轮 4 操纵或由液压驱动。磨头 2 的高低和其垂直进给运动由拖板 3 沿立柱 6 的导轨垂直移动来完成，或由垂直进给手轮 9 来操纵。砂轮由磨头 2 内的电动机直接驱动旋转。

（5）铣床：用于加工平面和成形面。图 3-49 所示为万能卧式升降台铣床的外形和结构图。卧式升降台铣床俗称"平铣"，可加工平面、沟槽、成形表面等。万能升降台铣床又称万能铣，其工作台与床鞍之间有一回转盘，使用时可在 ±45° 范围内调整工作台的位置，以满足加工需要。

图 3-50 所示为立式加工中心的外形和结构图。该机床是一种具有自动换刀装置的计算机数控立式铣镗床，由一台立式铣床加上数控装置和自动换刀装置所组成。装在床身 1 上的滑座 2 做横向（前后）运动（y 轴）；工作台 3 在滑座 2 上做纵向（左右）运动（x 轴）；主轴箱 8 在立柱 4 的导轨上做升降（上下）运动（z 轴）。

（6）刨插床：用于平面和沟槽加工。图 3-51 所示为应用很广泛的龙门刨床。龙门刨床的主运动是工作台沿床身导轨所做的往复直线运动，进给运动是刨床的间歇移动。固定在床身 10 两侧的立柱 3、7 和顶梁 4 组成龙门框架，横梁 2 可沿立柱 3、7 的导轨垂直升降，垂直刀架 5、6 可横向或垂直进给或快速移动。5、6、1、8 四个刀架可以单独或同时、手动或自动进给。

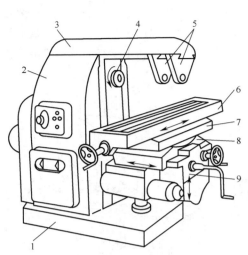

图 3-49　万能卧式升降台铣床的外形和结构

1—底座；2—床身；3—悬梁；4—主轴；5—支架；

6—工作台；7—回转盘；8—床鞍；9—升降台

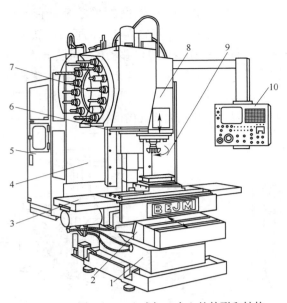

图 3-50　立式加工中心的外形和结构

1—床身；2—滑座；3—工作台；4—立柱；5—数控柜；

6—机械手；7—刀库；8—主轴箱；9—驱动电柜；10—操纵面板

（7）齿轮加工机床：专门用于齿轮加工。

（8）螺纹加工机床：专门用于螺纹加工。

（9）拉床：用于高效率地加工平面和孔等。

（10）特种加工机床：实现各种特种加工方法。

（11）锯床：用于下料和切断。

（12）其他机床。

每一类机床又可按其结构、性能和工艺特点的不同细分为若干组，例如，车床类有普通车床、立式车床、六角车床、多刀半自动车床、单轴自动车床和多轴自动车床等。

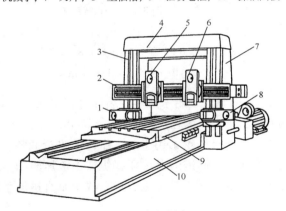

图 3-51　龙门刨床

1、8—侧刀架；2—横梁；3、7—立柱；4—顶梁；

5、6—垂直刀架；9—工作台；10—床身

3.6.2　机床的型号

机床型号用汉语拼音字母和阿拉伯数字组合而成。

1. 机床型号的内容

机床型号包含机床的类别代号、特性代号、组别和型别代号、主参数代号以及重大改进序号等，其表示方法如图 3-52 所示。

其中，① 有"□"符号处为大写的汉语拼音字母。② 有"△"符号处为阿拉伯数字。③ 有"（ ）"的代号或数字，当无内容时则不表示，若有内容时应去掉括号。

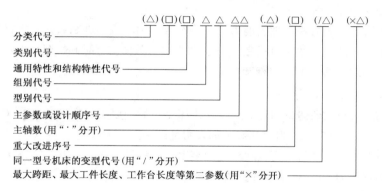

图 3-52 通用机床型号的表示方法

2. 机床的类别代号

用大写的汉语拼音字母代表机床的类别，例如，用"C"表示"车床"，读作"车"。详细的类别代号如表 3-7 所示。

表 3-7 机床的类别代号

类别	车床	钻床	镗床	磨床			齿轮加工机床	螺纹加工机床	铣床	刨插床	拉床	电加工机床	切断机床	其他机床
代号	C	Z	T	M	2M	3M	Y	S	X	B	L	D	G	Q
含义	车	钻	镗	磨	2磨	3磨	牙	丝	铣	刨	拉	电	割	其

3. 机床的特性代号

机床的特性代号包括通用特性和结构特性，也用汉语拼音字母表示。除普通型式外，表 3-8 列出了各种通用特性，使用时直接加在类别代号之后，如 CM6132 型号中"M"表示"精密"之意，指精密普通车床。

表 3-8 机床通用特性代号

通 用 特 性	代 号	通 用 特 性	代 号
高精度	G	自动换刀	H
精密	M	仿形	F
自动	Z	万能	W
半自动	B	轻型	Q
数字程序控制	K	简式	J

结构特性代号用于区别主参数相同而结构不同的机床，如 CA6140 和 C6140 是结构有区别而主参数相同的普通车床。当机床有通用特性代号，也有结构特性代号时，结构特性代号应排在通用特性代号之后。

4. 机床的组别和型别代号

每一类机床分为若干组，每组又分为若干型。用两位数字作为组别和型别代号，位于类别和特性代号之后，第一位数字表示组别，第二位数字表示型别。

111

5. 机床主参数

机床主参数表示机床规格和加工能力的主要参数，用两位十进制数并以折算值表示。例如，车床的主参数是工件的最大回转直径数除 10，即为主参数值。有时候，型号中除主参数外还需表明第二主参数（亦用折算值），以"×"号分开。

6. 机床重大改进的序号

性能和结构经过重大改进的机床，应在原机床型号后面以英文字母 A、B、C、D 表示是第几次改进的序号，例如，Y7132A 和 Z3040A 都表明是第一次重大改进。

此外，多轴机床的主轴数目要以阿拉伯数字表示在型号后面，并用"·"分开，例如，C2140·6 是加工最大棒料直径为 400 mm 的卧式 6 轴自动车床的型号表示方法。

图 3-53 所示为机床型号的举例。

图 3-53　车床型号示例

3.6.3　机床的结构

各类机床通常都由下列基本部分组成。

1. 动力源

动力源是为机床提供动力（功率）和运动的驱动部分，如各种交流电动机、直流电动机、液压传动系统的液压泵和液压电动机等。

2. 传动系统

传动系统包括主传动系统、进给传动系统和其他运动的传动系统，如变速箱、进给箱等部件，有些机床主轴组件与变速箱合在一起成为主轴箱。

3. 支承件

支承件用于安装和支撑其他固定的或运动的部件，承受其重力和切削力，如床身、底座、立柱等。支承件是机床的基础构件，也称为机床大件或基础件。

4. 工作部件

工作部件主要包括以下部分。

（1）与主运动和进给运动有关的执行部件，如主轴及主轴箱，工作台及其溜板或滑座，刀架及其溜板以及滑枕等安装工件或刀具的部件。

（2）与工件和刀具有关的部件或装置，如自动上下料装置、自动换刀装置、砂轮修整器等。

（3）与上述部件或装置有关的分度、转位、定位机构和操纵机构等。不同种类的机床，由于其用途、表面形成运动和结构布局的不同，这些工作部件的构成和结构差异很大。

5. 控制系统

控制系统用于控制各工作部件的正常工作，主要是电气控制系统，有些机床局部采用液压或气动控制系统，数控机床则是数控系统。

6．其他系统

其他系统主要包括以下部分。

（1）冷却系统。

（2）润滑系统。

（3）排屑装置。

（4）自动测量装置等。

3.6.4　机床的技术指标

机床的主要技术参数包括尺寸参数、运动参数、机床精度和机床刚度等。

1．尺寸参数

尺寸参数具体反映机床的加工范围，包括主参数、第二主参数和与加工零件有关的其他尺寸参数。各类机床的主参数和第二主参数我国已有统一规定，如表 3-9 所示。

表 3-9　　　　　　　　　　　　常见机床的主参数和第二主参数

机床名称	主参数	第二主参数
普通车床	床身上工件最大回转直径	工件最大长度
立式车床	最大车削直径	—
摇臂钻床	最大钻孔直径	最大跨距
卧式镗床	主轴直径	—
坐标镗床	工作台工作面宽度	工作台工作面长度
外圆磨床	最大磨削直径	最大磨削长度
矩台平面磨床	工作台工作面宽度	工作台工作面长度
滚齿机	最大工件直径	最大模数
龙门铣床	工作台工作面宽度	工作台工作面长度
升降台铣床	工作台工作面宽度	工作台工作面长度
龙门刨床	最大刨削宽度	—
牛头刨床	最大刨削长度	—

2．运动参数

运动参数是指机床执行件的运动速度，如主轴的最高转速与最低转速，刀架的最大与最小进给量。

3．机床精度

机床精度包括几何精度和运动精度。

（1）机床几何精度：指机床在未受外载荷和静止（或运动速度很低）时的原始精度，包括机床各主要零部件的制造精度及其相互之间的位置精度和运动轨迹精度，如工作台面的平面度、导轨的直线度、主轴锥孔轴线的径向圆跳动、溜板运动对主轴轴线的平行度或垂直度等。

（2）机床运动精度：指机床主要工作部件在工作速度下运动时的各项精度，如主轴的回转精度、机床的传动精度、刀具相对于工件的运动精度以及低速运动时速度的均匀性等。

4．机床刚度

机床刚度包括静刚度和动刚度两个方面。

（1）机床静刚度：指机床在静载荷作用下抵抗变形的能力，其数值等于机床所受静载荷与在静载荷作用下所产生的综合位移的比值。

（2）机床动刚度：指机床在受到一定频率的交变载荷（激振力）作用时所表现的刚度，其数值等于机床产生单位振幅所需的动态力的幅值。它是衡量机床抗振性的主要指标。

小结

本章主要介绍金属切削加工的一般知识。获得成形毛坯后，接下来需要使用机床和刀具组成的金属切削加工系统切去毛坯上的多余材料，最后获得尺寸精度、形状和位置精度，以及表面质量都较好的零件。因此，工件和刀具是切削加工的两个主体。

要实现正确的切削加工，工件和刀具之间必须具有正确的相对运动，即成形运动。成形运动主要包括主运动和进给运动两种。在一般的切削加工中，切削用量包括切削速度、进给量和背吃刀量（切削深度）三要素。选择切削用量的顺序为：首先选尽可能大的切削深度 a_p，其次选尽可能大的进给量 f，最后选尽可能大的切削速度 v。

切削刀具应该具有一定的强度、耐热性和工艺性，为了确保加工的顺利进行，刀具都具有一定的角度，刀具角度越大，刀具越锋利，切削能力越强，但是刀具的实体尺寸越小，刀具强度越低，越容易磨损。

在切削过程中，切屑形成时都要压缩变形，同时还可能在刀具表面产生积屑瘤，这些都是切削过程中的重要特征。此外，在切削过程中，通常还伴有切削力和切削热，并导致加工系统温度升高。刀具的磨损主要发生在前刀面和后刀面，磨损后的刀具必须尽快更换，否则不但导致加工质量下降，还可能加速刀具的磨损，使之报废。

习题

1．简答题

（1）简要说明切削用量的含义及其三要素。

（2）简要说明刀具的主要角度及其选用原则。

（3）说明积屑瘤形成的原因及其对加工的影响。

（4）说明切削液的种类及其选用原则。

（5）简要说明刀具磨损的原因。

（6）刀具角度越大，是否其使用性能越好？

2．观察与认识——认识普通车床

（1）设备。

① CA6140 普通车床各一台。

② 传动系统图、主轴箱展开图、进给箱结构图等。

③ 活动扳手、螺丝刀等。

（2）训练内容。

① 床身：结合 CA6140 普通车床认识机床的用途、布局、各操纵手柄的作用及操作方法、标牌的含义，然后开车，空载运转机床，观察机床各部件的运动。

② 主轴箱：打开主轴箱盖，对照传动系统图和主轴箱展开图，分析各挡转速的传动路线及传动件的构造。

③ 挂轮架：了解挂轮箱的构造、用途及更换挂轮的方法。

④ 进给箱：结合进给箱展开图及观察基本组操纵机构，螺纹种类移换机构以及光杠、丝杠传动操纵机构了解进给箱构造。

⑤ 溜板箱：纵向、横向机动进给机构，丝杠、光杠进给互锁机构，开合螺母机构、横向楔铁间隙的调整方法。

⑥ 刀架：总体是由床鞍、横刀架、转盘、小刀架及方刀架五部分构成的，观察各部件结构，分析其工作原理。

⑦ 尾架：观察尾架的结构，尾架套筒的夹紧方法，尾架套筒与机床主轴中心线同轴度的调整方法，对比两车尾架的区别及优缺点。

第4章

外圆面加工工艺与装备

机械零件是组成机器的最基本元件，一般要经过加工后才能进行装配。尽管机械零件功能、形状各异，种类纷繁多变，但它们都是由外圆表面、内圆表面、平面、锥面、各种特型面等基本几何要素构成的。外圆表面是各种轴类零件、套类和盘类零件的主要表面，在机械加工中占有很大的比例。本章主要介绍常用的几种外圆面加工工艺与装备。

※【学习目标】※
- 掌握外圆车削加工工艺。
- 掌握外圆磨削加工工艺。
- 理解外圆表面精密加工工艺。
- 掌握外圆表面加工方案的拟订方法。

4.1 车削加工与装备

车削是在车床上利用工件的旋转运动和刀具的移动来改变毛坯的形状和尺寸，将其加工成所需要零件的一种切削加工方法。车削加工是外圆表面最经济有效的加工方法，但就其精度来说，一般适合于作为外圆表面粗加工和半精加工的方法。

4.1.1 车削的特点和应用

在各种机械加工方法中，主运动为工件回转运动的车削加工特别适合于具有回转特性的外圆面。

1. 车削加工的工艺特点

车削加工在生产中应用广泛，主要工艺特点如下。

（1）易于保证工件各个加工表面间的位置精度。车削加工时，工件绕同一固定轴线旋转，各个表面加工时具有同一回转轴线，因此易于保证外圆面之间的同轴度以及外圆面与端面之间的垂直度。

（2）切削过程平稳。除了加工断续表面外，一般情况下车削加工是连续的，不像铣削和刨削加工有刀齿的切入和切出的冲击。车削加工时，切削力基本恒定，切削过程平稳，可以采用较大的切削用量和较高的切削速度进行高速切削，以提高生产效率。

（3）刀具简单。车刀的制造、刃磨和安装都很方便，可以根据具体要求灵活选择刀具角度，这有助于加工质量和生产效率的保证。

（4）适合有色金属的精加工。有色金属本身的硬度低，塑性大，若采用砂轮磨削则容易堵塞砂轮，难以获得光洁的表面。

 当有色金属表面粗糙度要求较低时，可以使用切削性能较好的刀具以较小的背吃刀量和进给量以及较高的切削速度进行精细车削。

2．车削加工的应用

车削可以加工各种回转表面，如内外圆柱面、内外圆锥面、螺纹、沟槽、端面、成形面等，其具体应用如图 4-1 所示。

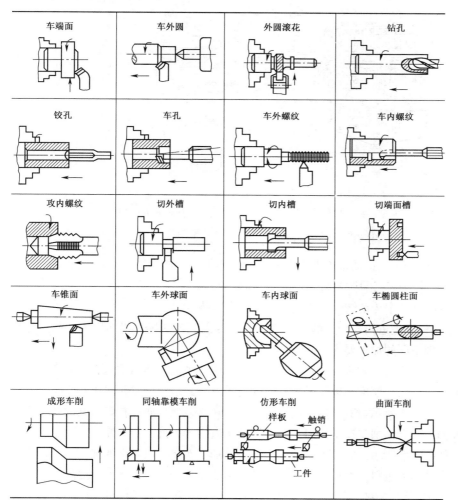

图 4-1　车削加工的应用

4.1.2　车削装备

在车床上利用工件的旋转运动和刀具的移动来改变毛坯形状和尺寸，将其加工成所需零件的一种切削加工方法，称为车削。车床、车刀以及车床夹具是车削装备的主要组成要素。

1．车床

普通车床的结构

车床类机床主要用于加工各种回转面，如内外圆柱表面、圆锥表面和回转体的端面等，有些车床还能加工螺纹面。在金属切削机床中，车床所占的比重最大，占机床总台数的20%～50%。

车床种类丰富，主要有卧式车床、立式车床、转塔车床、自动车床、数控车床等，能满足不同的生产需求。

（1）卧式车床，如图4-2所示。其主轴水平布置，适用于加工各种轴类、套筒类和盘类零件上的内外圆柱面、圆锥面及成形回转表面，还可以加工各种螺纹以及钻孔滚花等操作。

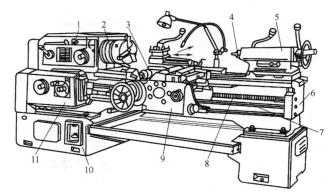

图4-2　卧式车床的结构

1—主轴箱；2—夹盘；3—刀架；4—后顶尖；5—尾座；6—床身；7—光杆；

8—丝杆；9—溜板箱；10—底座；11—进给箱

① 工件装夹在主轴前端，主运动是工件随主轴的旋转运动。

② 尾座5可根据工件的长度沿床身顶面导轨做纵向移动。

③ 进给箱11是进给运动中传动链变换传动比的主要变速装置。

④ 溜板箱9通过丝杠8把进给箱传来的运动传递给刀架3，刀架3随之纵向进给、横向进给、快速移动或车螺纹，实现不同的加工要求。

（2）立式车床。立式车床的主轴垂直布置，工件安装方便，主轴不会因重力而弯曲变形，通常适合于车削精度高，直径大、厚度小以及形状不规则的零件，其结构组成如图4-3所示。

（3）转塔车床，如图4-4所示。其上具有能装多把刀的转塔刀架。通过转塔刀架的转位来更换刀具，以实现零件的车削、钻削、铰削等加工。转塔车床适用于成批生产零件。

（4）自动车床，如图4-5所示。它能够自动按照既定的加工次序完成零件的加工过程，当一个零件加工完毕后，自动退刀进料，然后进行下一产品的车削加工，生产效率大大提高。

（5）数控车床。它主要通过数控程序自动完成复杂表面的加工过程，不但具有很高的加工质量，还具有极高的生产效率。图4-6所示为一台数控车床的结构组成图。

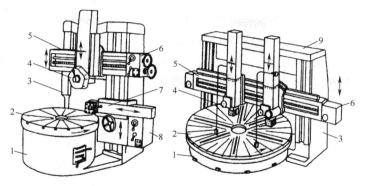

（a）单柱式立式车床　　　　　（b）双柱式立式车床

图 4-3　立式车床的结构组成

1—底座；2—工作台；3—立柱；4—垂直刀架；5—横梁；

6—垂直刀架进给箱；7—侧刀架；8—侧刀架进给箱；9—顶梁

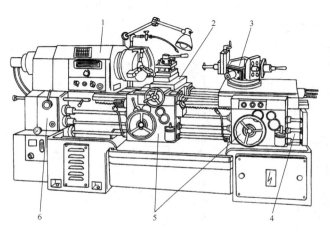

图 4-4　转塔车床的结构组成

1—主轴箱；2—剪刀架；3—六角转塔刀架；

4—床身；5—溜板箱；6—进给箱

图 4-5　自动车床的结构组成

1—底座；2—床身；3—主轴箱；4—分配轴；5—前刀架；

6—上刀；7—后刀架；8—六角回转刀架

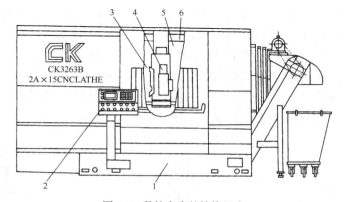

图 4-6　数控车床的结构组成

1—底座；2—控制台；3—转塔刀架；4—刀架溜板；5—车身；6—床身导轨

在车削加工时，选择车床的原则如下。

① 单件或小批量生产各种轴、套和盘类零件时，选用通用性较强的卧式车床。

② 加工直径大而长度较短的重型零件，可选用立式车床。

③ 大批量生产外形复杂且具有内孔及螺纹的中小型轴、套类零件，可选用转塔车床。

④ 大批量生产形状不太复杂的小型零件，如螺钉、螺母、管接头等，可选用半自动或自动车床。

⑤ 加工形状复杂且精度较高的轴类零件，可选用数控车床。

2. 车刀

认识车刀

车刀可用于加工外圆、内孔、端面、螺纹、切槽或切断等不同的加工工序。车刀按其用途不同可分为外圆车刀、端面车刀、内孔车刀及切断刀等类型。

（1）外圆车刀。下面将以直头外圆车刀、弯头外圆车刀和 90°外圆车刀为例来介绍外圆车刀的特点和用途。

① 直头外圆车刀（见图 4-7）：用于车削外圆锥表面。主偏角与副偏角基本对称，一般在 45°左右，前角为 5°～30°，后角一般为 6°～12°。

② 弯头外圆车刀（见图 4-8）：通用性好，适用于粗车加工余量大、表面粗糙、有硬皮或形状不规则的零件，能承受较大的冲击力，刀头强度高，耐用度高，主偏角为 45°和 75°。

③ 90°外圆车刀（见图 4-9）：用于精加工，加工细长轴和刚性不好的轴类零件、阶梯轴、凸肩或端面。偏刀分为左偏刀和右偏刀两种，常用的是右偏刀，主偏角为 90°。

（2）端面车刀。专门用于加工工件的端面，一般由工件外圆向中心推进，加工带孔的工件端面时，也可由中心向外圆进给，如图 4-10 所示。

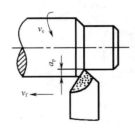 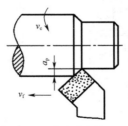 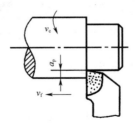 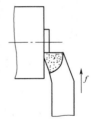

图 4-7　直头外圆车刀　　　图 4-8　弯头外圆车刀　　　图 4-9　90°外圆车刀　　　图 4-10　端面车刀

（3）内孔车刀。用来加工内孔，可以分为通孔刀和不通孔刀两种。通孔刀的主偏角一般为 45°～75°，副偏角为 20°～45°；不通孔刀的主偏角应大于 90°，刀尖在刀杆的最前端，为了使内孔底面车平，刀尖与刀杆外端距离应小于内孔的半径，如图 4-11 所示。

（4）切断刀。用于切断工件或切窄槽。切断刀和切槽刀结构形式相同，不同点在于切断刀的刀头伸出较长且宽度很小，因此，切断刀狭长，刚性差，如图 4-12 所示。

（5）螺纹车刀。螺纹车刀的种类很多，其中以三角形螺纹车刀应用最广泛。采用三角形螺纹车刀车削公制螺纹时，其刀尖角必须为 60°，前角取 0°，如图 4-13 所示。

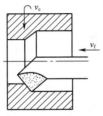 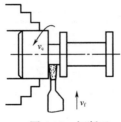 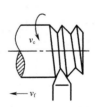

图 4-11　内孔车刀　　　　　图 4-12　切断刀　　　　　图 4-13　螺纹车刀

车刀按其结构又可分为 4 种形式，即整体式车刀、焊接式车刀、机夹式车刀和可转位式车刀，如图 4-14 所示。

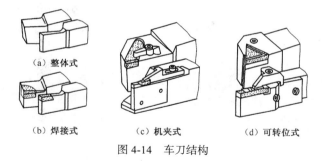

（a）整体式   （b）焊接式   （c）机夹式   （d）可转位式

图 4-14 车刀结构

问题思考　如果要顺利切掉铸件或锻件外部大余量的材料，使用哪种车刀比较合适？要考虑到这部分材料由于受加工硬化作用，切削阻力大，对刀具的冲击也大。

3. 车床夹具

机床夹具是在机械制造过程中，用来固定加工对象，使之占有正确位置，以接受加工或检测，并保证加工要求的机床附加装置。车床常用的夹具有三爪卡盘、四爪卡盘及顶尖等。

（1）三爪卡盘。

① 手动夹紧三爪卡盘（见图 4-15）：三爪卡盘的 3 个爪是联动的，能自动定心兼夹紧。其装夹工作方便，但定心精度不高，工件上同轴度要求较高的表面应尽可能在一次装夹中车出。该卡盘适用于普通车床。

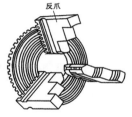

图 4-15 手动夹紧三爪卡盘

② 动力夹紧三爪卡盘：夹紧可靠、迅速，适用于数控车床。图 4-16 所示为三爪斜楔式动力卡盘简图及外形结构，用以夹紧工件的外圆或内孔。动力源通过螺杆 1 使开有 3 条均布斜槽的楔心套 2 向左或向右移动，带动与其配合的 3 个卡爪座，通过卡爪将工件夹紧或松开。卡盘外径有 160、200、250、320 等几种。

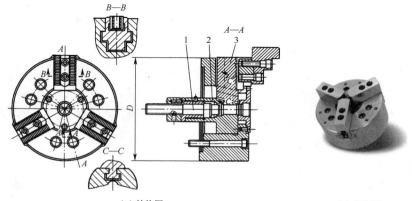

（a）结构图   （b）实物图

图 4-16 三爪斜楔式动力卡盘

1—螺杆；2—楔心套；3—卡爪座

（2）四爪卡盘。四爪卡盘用 4 个丝杠分别带动四爪，4 个爪都可单独移动，安装工件时需利用划针盘或百分表找正，安装精度比三爪卡盘高，夹紧力大，适用于装夹毛坯及截面形状不规则和不对称（偏心）的较重、较大的工件，如图 4-17 所示。常见的四爪卡盘没有自动定心的作用，常用于普通车床、经济型数控车床、磨床、铣床、钻床及机床附件——分度头回转台等。

　要点提示　　四爪卡盘适合于装夹截面为矩形、正方形、椭圆形或其他不规则形状的工件。装夹工件时，需要将工件加工部分的旋转轴线找正到与车床主轴的回转线相一致，这时需要预先在工件上划线并结合划针或百分表等找正。

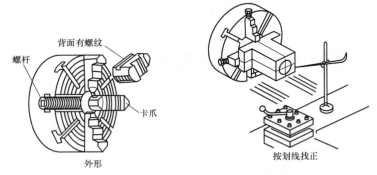

图 4-17　四爪动力卡盘结构

（3）顶尖。顶尖是装夹在主轴锥孔和尾座套筒内的附件。对于较长的工件（如长轴、丝杆等）或同轴度要求比较高且需要调头加工的轴类工件，需用两顶尖装夹工件，如图 4-18 所示。

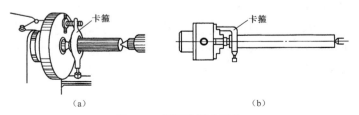

图 4-18　两顶尖装夹工件

　要点提示　　前顶尖为普通顶尖，装在主轴孔内，并随主轴一起转动；后顶尖为活顶尖，装在尾架套筒内。工件利用中心孔被顶在前后顶尖之间，此种装夹工件的方法称为两顶尖装夹。

常见的顶尖类型如图 4-19 所示。

两顶尖装夹工件的方法如下。

① 检查前后顶尖的中心位置：检查方法如图 4-20 所示，移动车床尾座，使前后顶尖接触，目测是否对准，如有偏移，应调整尾座的横向位置，直至对准为止。

② 选用、安装夹头：前后顶尖不能直接带动工件转动，必须通过夹头带动工件转动，夹头有卡箍夹头与对夹夹头，如图 4-21 所示，可根据工件直径选用。

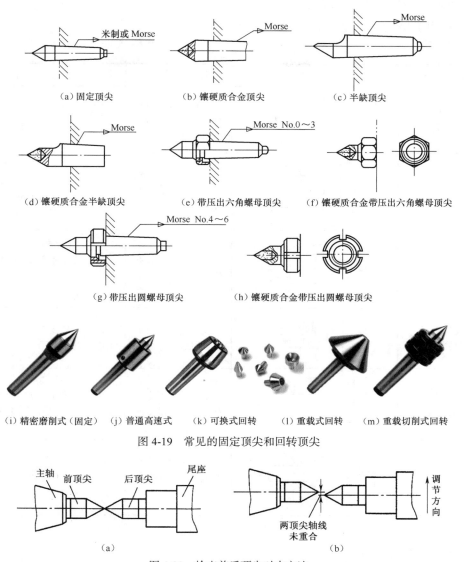

（a）固定顶尖　　（b）镶硬质合金顶尖　　（c）半缺顶尖

（d）镶硬质合金半缺顶尖　　（e）带压出六角螺母顶尖　　（f）镶硬质合金带压出六角螺母顶尖

（g）带压出圆螺母顶尖　　（h）镶硬质合金带压出圆螺母顶尖

（i）精密磨削式（固定）　（j）普通高速式　（k）可换式回转　（l）重载式回转　（m）重载切削式回转

图 4-19　常见的固定顶尖和回转顶尖

图 4-20　检查前后顶尖对中方法

③ 调整尾座位置：套筒应尽可能伸出短些，当前后两顶尖的位置接近工件长度时可锁定尾座。

④ 安装工件：将装有夹头的一端装在前顶尖上，左手握住工件，右手摇动尾座手轮，使前后顶尖顶入工件中心孔内。

⑤ 调整刀具位置：移动床鞍，使车刀刀尖离工件右端面距离为 5～10 mm。

⑥ 调整工件的支撑程度：用手扳转工件，使工件在前

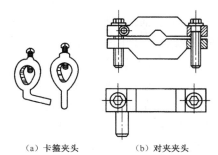

（a）卡箍夹头　　（b）对夹夹头

图 4-21　夹头

后顶尖间既能转动又无轴向间隙，说明支撑松紧合适，可锁紧尾座套筒。支撑过松，易产生震动，甚至工件飞出；支撑过紧，工件易变形，易损坏顶尖。

4. 车床上零件的装夹方法

车床常用的几种装夹方法如表 4-1 所示。

表 4-1　　　　　　　　　　　　　　　　装夹方法

装 夹 方 法	装 夹 简 图	装 夹 特 点	应　　用
三爪卡盘自定心夹紧		3 个卡爪可同时移动，自动定心，装夹迅速方便	适宜长径比小于 4，截面为圆形、六边形的中小型工件加工
四爪单动卡盘夹紧		4 个卡盘可单独移动，装夹工件需要找正	适宜长径比小于 4，截面为方形、椭圆形的较大型工件加工
双顶尖装夹		定心准确，装夹稳定	适宜长径比为 4～15 的实心轴类零件加工
双顶尖和中心架装夹		支爪可调，增加工件刚性	适宜长径比大于 15 的细长轴工件形的粗加工
三爪、顶尖和跟刀架装夹		支爪随刀具一起运动，无接刀痕	适宜长径比大于 15 的细长轴工件形的半精加工、精加工
心轴装夹		能保证外圆、端面对内孔的位置精度	以孔为定位基准的零件加工

4.1.3　外圆车削工艺

圆柱表面是构成各种机械零件的基本表面之一，如各类轴、套筒等都是由大小不同的圆柱表面组成的，车外圆是车削加工方法最基本的工作内容。

1. 车削过程

外圆车削的主要过程如下。

（1）车削前的准备。仔细阅读图样及工艺文件，准备好工件坯料；将车床变速箱手柄置于空挡位置；检查中、小滑板间隙，使手动操作松紧适当，并润滑各滑动面，各油孔加注润滑油；将所需的工具、量具、刃具整齐地置于工作台上，放置位置应便于取用。

（2）工件的装夹。图 4-22 所示为毛坯短轴的安装示意图。安装时张开卡爪，张开量略大于工件直径，右手持稳工件，将工件平行地放入卡爪孔内，并稍稍转动，使工件在卡爪内的位置基本合适；左手转动卡盘拨手，将卡爪拧紧，待工件轻轻夹紧后，右手方可松开工件。

要点提示　在满足加工要求的情况下，应尽量减小工件的伸出长度。

（3）工件的校正。三爪自定心卡盘装夹工件一般不需校正，但当工件夹持短而伸出长度较长时，易产生歪斜，离卡盘越远处，跳动越大。当跳动量大于工件加工余量时，必须校正后方可切削，校正方法有划针校正和百分表校正。

要点提示　划针校正如图 4-23 所示。将划线盘针尖靠近轴端外圆，左手转动卡盘，右手调整划针尖与外圆最高点间隙并目测间隙变化情况。当出现最大间隙时，将工件轻轻向顶尖方向敲动，使间隙缩小，然后再夹紧工件，重复上述调整，直到跳动量小于加工余量即可。校正后用力夹紧工件。

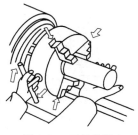
图 4-22　工件的装夹

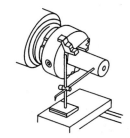
图 4-23　工件的校正

（4）车刀的选用。外圆车削加工一般分为粗车和精车。粗车的目的是尽快地从工件上切去大部分加工余量，改变不规则的毛坯形状。粗车要给精车留有合适的加工余量，精度和表面粗糙度等技术要求都较低；精车的目的是达到零件图样上的技术要求。

如图 4-24 所示，45° 弯头车刀用于车外圆、端面和倒角；75° 偏刀用于粗车外圆；90° 偏刀用于车台阶、外圆与细长轴。

（5）车削用量选择。车削时，应根据加工要求和切削条件，合理选择背吃刀量 a_p、进给量 f 和切削速度 v_c。

① 背吃刀量 a_p 的选择：通常一次车削完成后，半精车和精车切削余量一般分别为 1～3 mm 和 0.1～0.5 mm，因此粗加工应尽可能选择较大的背吃刀量。

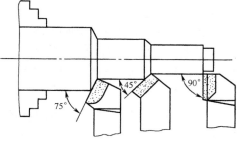
图 4-24　常用的外圆车刀

要点提示　当背吃刀量很大，一次进刀会引起震动，造成车刀、车床等损坏时，可考虑几次车削。特别是第一次车削时，为使刀尖部分避开工件表面的冷硬层，背吃刀量应尽可能选择较大数值。

② 进给量 f 的选择：粗车时，在工艺系统刚度许可的条件下，进给量选大值，一般取 0.3～0.8 mm/r；精车时，为保证工件粗糙度要求，进给量取小值，一般取 0.08～0.3 mm/r。

③ 切削速度 v_c 的选择：在背吃刀量、进给量确定之后，切削速度 v_c 应根据车刀的材料及几何角度、工件材料、加工要求与冷却润滑等情况确定，而不能认为切削速度越快越好。

（6）车外圆的操作步骤。

① 检查毛坯，选择车削用量：根据加工余量确定进刀次数、背吃刀量 a_p、进给量 f。

② 确定车削长度：首先在工件上量取加工长度，用划针或卡钳在工件表面划出加工线，如图 4-25 所示。

③ 启动前准备：启动机床前，转动卡盘，检查有无碰撞处，并调整车床主轴转速。

④ 试切：为了控制车削尺寸，通常都要采用试切，试切步骤如图 4-26 所示。

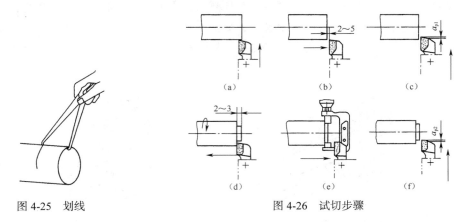

图 4-25　划线　　　　　　图 4-26　试切步骤

⑤ 停车：当手动或自动进刀车削达到外圆长度刻度处时，停止进给，摇动中滑板手柄，退出车刀，并将床鞍退回原位，最后停车。

⑥ 检测：外圆表面直径用游标卡尺或千分尺测量，长度尺寸一般用钢直尺或游标深度尺测量。

2. 车削方式

外圆车削主要的加工方式如下。

（1）荒车。自由锻件和大型铸件的毛坯，加工余量很大，为了减少毛坯外圆形状误差和位置偏差，使后续工序加工余量均匀，以去除外表面的氧化皮为主的外圆加工，一般切除余量为单面 $1 \sim 3$ mm。

（2）粗车。中小型锻、铸件毛坯一般直接进行粗车。粗车主要切去毛坯大部分余量（一般车出阶梯轮廓），在工艺系统刚度容许的情况下，应选用较大的切削用量，以提高生产效率。

（3）半精车。一般作为中等精度表面的最终加工工序，也可作为磨削和其他加工工序的预加工。对于精度较高的毛坯，可不经粗车，直接半精车。

（4）精车。外圆表面加工的最终加工工序和光整加工前的预加工。

（5）精细车。高精度、细粗糙度表面的最终加工工序。适用于有色金属零件的外圆表面加工。由于有色金属不宜磨削，所以可采用精细车代替磨削加工。

要点提示　　精细车要求机床精度高，刚性好，传动平稳，能微量进给，无爬行现象。车削中采用金刚石或硬质合金刀具，刀具主偏角选大些（45°～90°），刀具的刀尖圆弧半径小于 0.1mm，以减少工艺系统中的弹性变形及震动。

4.1.4　加工实例

【练习 4-1】：车台阶（零件图样如图 4-27 所示）。

车削台阶时，不仅要车削组成台阶的外圆，还要车削环形的端面，既要保证外圆的尺寸精度和台阶面的长度要求，还要保证台阶平面与工件轴线的垂直度要求。通常选用 90° 外圆车刀粗车和精车，车刀的装夹应根据粗车、精车和余量的多少来调整。

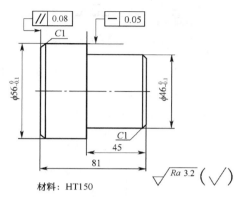

图 4-27　台阶零件图样

1. 车刀的装夹

（1）粗车时，余量多，为了增大切削深度和减少刀尖的压力，车刀装夹时实际主偏角以小于 90° 为宜（一般 κ_r 取 85°～90°），如图 4-28 所示。

（2）精车时，为了保证台阶平面与工件轴线的垂直，车刀装夹时实际主偏角应大于 90°（一般 κ_r 为 93° 左右），如图 4-29 所示。

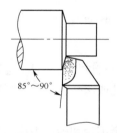

图 4-28　粗车台阶时的偏刀装夹位置

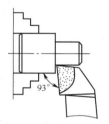

图 4-29　精车台阶时的偏刀装夹位置

2. 车削步骤

（1）用三爪自定心卡盘夹住工件，留出外圆长 120 mm 左右，校正并夹紧。

（2）粗车端面、外圆 ϕ56.5 mm。

（3）粗车外圆 ϕ46.5 mm，长 45 mm。

（4）精车端面、外圆 $\phi46_{-0.1}^{\ 0}$ mm，长 45 mm，倒角 C1，表面粗糙度 Ra 为 3.2 μm。

（5）调头，垫铜皮夹住 $\phi46_{-0.1}^{\ 0}$ mm 外圆，校正卡爪处外圆和台阶平面（反向），夹紧工件。

（6）粗车端面（总长 82 mm）、外圆 ϕ56.5 mm。

（7）精车端面，保证总长 81 mm，保证平行度误差在 0.08 mm 以内。

（8）精车外圆 $\phi46_{-0.1}^{\ 0}$ mm，素线度误差不大于 0.05 mm，表面粗糙度 Ra 为 3.2 mm。

（9）倒角 C1。

（10）检查质量后取下工件。

要点提示

（1）台阶平面与圆柱面相交处要清角。
（2）精车用的刀具刃口应锋利尖锐。

3. 台阶工件的检测

（1）台阶长度尺寸可用钢直尺（见图 4-30）或游标深度尺（见图 4-31）进行测量。

图 4-30　用钢直尺测量台阶长度

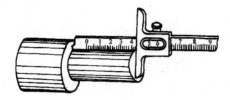

图 4-31　用游标深度尺测量台阶长度

（2）平面度和直线度误差可用刀口形直尺和塞尺检测。

（3）端面、台阶平面对工件轴线的垂直度误差可用 90°角尺，如图 4-32 所示，或标准套和百分表检测，如图 4-33 所示。

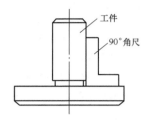

图 4-32　用 90°角尺检测垂直度

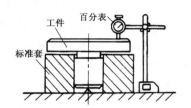

图 4-33　用标准套和百分表检测垂直度

【练习 4-2】：车通孔。

通孔的车削基本上与车外圆相同，在粗车或精车时也要进行试切削，只是进刀与退刀的方向相反，车孔时的切削用量应比车外圆时小一些，尤其是车小孔或深孔时，其切削用量应更小。

【车削要领】

（1）车孔时，刀尖应该与工件中心等高或稍高，否则将会因为切削抗力将刀柄压低，造成扎刀现象，并导致孔径扩大。

（2）尽量控制刀柄伸出刀架的长度，一般比被加工孔长 5～10 mm 为宜。

（3）车孔刀刀柄与工件轴线应基本平行，否则在切深后刀柄可能会碰到孔口。

（4）车孔时，切削用量要小于相同直径的外圆车削，车小孔或深孔时，切削用量应更小。

（5）根据孔要求的精度和表面质量等要求，车孔时可以分别采用粗车、半精车、精车等方法。一般要求的孔，可以分粗车和精车两个阶段完成；当车孔作为铰孔前的预加工工序时，可采用粗车加上半精车。

【训练要求】

零件要求如图 4-34 所示，被加工孔的尺寸要求为 $\phi30^{+0.052}_{0}$，未注倒角 $C1$。材料：HT150。

【操作步骤】

（1）车端面。车平端面即可，避免在端面上留有突台。

（2）钻孔。使用 $\phi24$ mm 麻花钻钻孔。

（3）粗车内孔。

① 启动车床前，将车刀伸入孔内，使刀头略超出孔的另一端，然后观察刀柄或刀架是否会碰到工件。如果碰到，则需要重新安装车刀。

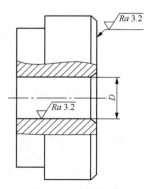

图 4-34　车孔要求

② 摇回车刀，当刀尖接触到孔表面时，将中滑板刻度对准 "0" 位。

③ 按照 0.5 mm/r 横向进刀，试切 2 mm 深度后退刀，用游标卡尺测量孔径。

④ 将孔径车至 ϕ29.5 mm。留下 0.5 mm 作为精车余量。

（4）精车内孔。

① 取主轴转速为 n=530 r/min。

② 确定进给量为 f=0.08～0.15 mm/r。

③ 精车内孔 $\phi 30^{+0.052}_{0}$。表面粗糙度 Ra 为 3.2 μm。

（5）倒角。孔口倒角 $C1$。

（6）检查工件。检查工件，质量合格后将其卸下。

【注意事项】

① 车孔时，中滑板进退刀方向与车外圆时相反。

② 精车内孔时，应保持切削刃锋利，否则容易导致让刀现象，车出锥孔。

4.2　磨削加工与装备

　　磨削是使用砂轮或者其他磨具精加工工件的过程。磨削加工是外圆表面的主要精加工方法，特别适用于各种高硬度和淬火后的零件精加工。

磨削加工的基本原理

4.2.1　磨削的特点和应用

　　使用磨削的方法可以精加工外圆面、孔以及平面。下面将介绍磨削的特点和应用。

1. 磨削加工的工艺特点

　　磨削是一种重要的零件精加工方法，其主要工艺特点如下。

　　（1）精度高、表面粗糙度小。磨削加工时实际上是多刃微量切削。同时，磨床精度、刚性和稳定性都较好，磨削时切削速度高，因此可以达到高的精度和小的表面粗糙度。

　　（2）砂轮具有自锐作用。磨削过程中，磨粒在高速、高温和高压作用下逐渐磨损，变得圆钝，随后破碎产生新的较锋利的棱角，露出一层新鲜锋利的磨粒继续磨削。

要点提示

　　由于这种自锐作用，可以不必在加工中更换刀具，节约辅助加工时间，以提高加工质量和效率。

　　（3）背向磨削力大。砂轮磨削时，背向磨削力 F_p 大于磨削力 F_c，而且材料塑性越小，其值越大。由于背向磨削力作用在由机床、夹具、工件和刀具组成的工艺系统刚度最差的方向上，因此容易使工艺系统产生变形，影响零件加工精度。上述砂轮磨削力分析如图 4-35 所示。

课堂讨论

　　由于工艺系统的变形，在磨削细长零件时，工件弯曲将导致零件产生鼓形误差，如图 4-36 所示。同时，由于变形后实际背吃刀量比要求值小，所以磨削加工时，最后需要少进刀或不进刀光磨走刀几次，以消除由于变形产生的误差。

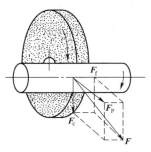

图 4-35　砂轮磨削力分析

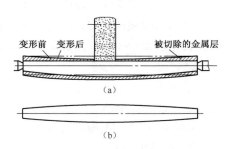

图 4-36　磨削加工误差分析

（4）磨削温度高。磨削的切削速度是普通切削的 10～20 倍，且磨削过程中挤压和摩擦严重，产生的切削热较多，加之砂轮传热性能差，因此磨削温度高，容易烧伤工件表面，甚至使淬火钢表面退火，硬度降低。同时，高温下工件变软，易堵塞砂轮，影响工件表面质量。

　要点提示　　在磨削加工时，应使用大量磨削液，除了冷却和润滑作用外，还可以冲洗砂轮，防止堵塞。磨削钢件时，广泛使用苏打水或乳化液作为磨削液。

2. 磨削加工应用

磨削的种类及其应用

　　磨削可以加工的零件材料范围广泛，既可以加工铸铁、碳钢、合金钢等一般结构材料，又能够加工高硬度的淬硬钢、硬质合金、陶瓷和玻璃等难切削的材料，但不宜精加工塑性较大的有色金属材料。磨削可以加工外圆面、内孔、平面、成形面、螺纹、齿轮形等各种各样的表面，如图 4-37 所示，还常用于各种刀具的刃磨。

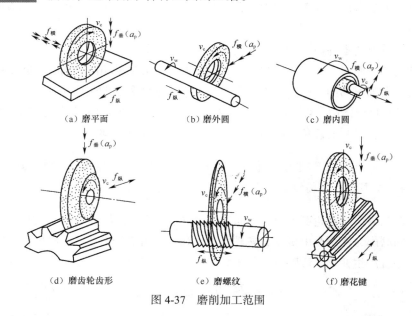

（a）磨平面　　　　　（b）磨外圆　　　　　（c）磨内圆

（d）磨齿轮齿形　　　　（e）磨螺纹　　　　　（f）磨花键

图 4-37　磨削加工范围

4.2.2　磨削装备

磨削的使用范围日益扩大，它在金属切削机床中所占的比重不断上升，目前在工业发达的国家中，磨床在机床总数中的比例已达 30%～40%。

1．磨床

用磨料磨具（砂轮、砂带、油石或研磨等）作为工具，对工件表面进行切削加工的机床，统称为磨床。磨床的种类很多，主要类型有以下几种。

（1）外圆磨床（见图 4-38）。它主要由床身、工作台、头架、尾座、砂轮架、内圆磨头、砂轮等部分组成，工件安装在头架的主轴和尾座的顶尖之间，由头架上的电动机带动旋转；砂轮装在砂轮架的主轴上，由另一台电动机带动旋转，且砂轮架可以前后移动；工作台在床身上可做纵向往复运动，靠液压传动实现。

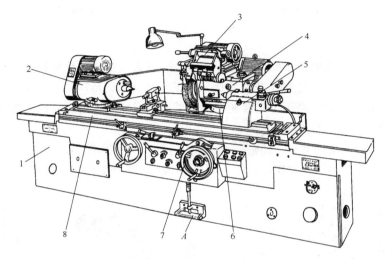

图 4-38　M1432A 型万能外圆磨床结构图

1—床身；2—头架；3—内圆磨具；4—砂轮架；5—尾架；6—滑鞍；7—转动横向进给手轮；8—工作台

外圆磨床应用广泛，能加工各种圆柱形和圆锥形外表面以及轴肩端面。万能外圆磨床还带有内圆磨削附件，可以磨削内孔和锥度较大的内外圆锥面。外圆磨床包括普通外圆磨床、万能外圆磨床、无心外圆磨床、数控外圆磨床等。图 4-39 所示为无心外圆磨床和数控外圆磨床。

（a）无心外圆磨床　　　　　　　　（b）数控外圆磨床

图 4-39　外圆磨床

（2）内圆磨床。内圆磨床砂轮主轴转速较高，可以磨削圆柱、圆锥形内孔表面。内圆磨床包括普通内圆磨床、无心内圆磨床、行星式内圆磨床、数控内圆磨床等。图 4-40 所示为普通内圆磨床和数控内圆磨床。

（a）普通内圆磨床　　　　　　　　　　（b）数控内圆磨床

图4-40　内圆磨床

（3）平面磨床。平面磨床主要由床身、工作台、磨头、立柱、砂轮修整器等部分组成，如图4-41所示。工件由工作台上的电磁吸盘固定；工作台由液压传动实现往复运动；砂轮装在磨头上，由电动机直接驱动；磨头可沿着托板的水平导轨做横向进给运动；托板则沿着立柱的垂直导轨上下移动，实现垂直进给。

平面磨床包括普通平面磨床、精密平面磨床、卧轴矩台平面磨床、立轴矩台平面磨床、卧轴圆台平面磨床、立轴圆台平面磨床等。图4-42所示为普通平面磨床和精密平面磨床。

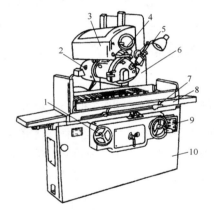

图4-41　M7120A平面磨床结构图

（a）普通平面磨床　　　　　（b）精密平面磨床

图4-42　平面磨床

1—工作台后柄；2—磨头；3—拖板；4—横向进给手轮；
5—砂轮修整器；6—立柱；7—行程挡块；8—工作台；
9—垂直进给手轮；10—床身

（4）工具磨床。工具磨床专用于工具制造和刀具刃磨，多用于工具制造厂及机械制造厂的工具车间，其结构图如图4-43所示。

工具磨床包括普通工具磨床、万能工具磨床、数控工具磨床、工具曲线磨床、钻头沟槽磨床等。图4-44所示为万能工具磨床和数控工具磨床。

2．砂轮

砂轮是由一定比例的硬度很高的粒状磨料和结合剂压制烧结而成的多孔物体，如图4-45所示。其性能主要取决于砂轮的磨料、粒度、结合剂、硬度、组织及形状尺寸等因素。

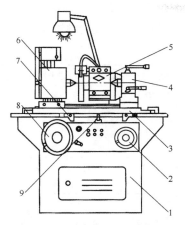

图 4-43　M6020A 万能工具磨床结构图

1—床身；2—横向进给手柄；3—工作台；

4—尾座；5—砂轮架；6—头架；7—换向撞块；

8—纵向进给手柄；9—换向手柄

（a）万能工具磨床 　　　　（b）数控工具磨床

图 4-44　工具磨床

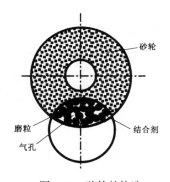

图 4-45　砂轮的构造

认识砂轮

（1）磨料。砂轮的磨料应具有很高的硬度、耐热性、适当的韧度和强度及边刃。常用的磨料如表 4-2 所示。

表 4-2　　　　　　　　　　　　磨料的性能、代号和用途

磨料名称		代号	主要成分	颜色	力学性能	热稳定性	适合磨削范围
刚玉类	棕刚玉	A	Al_2O_3 95% TiO_2 2%～3%	褐色	韧性好 硬度大	2 100℃熔融	碳钢，合金钢，铸铁
	白刚玉	WA	Al_2O_3 >95%	白色			淬火钢，高速钢
碳化硅类	黑碳化硅	C	SiC >95%	黑色		>1 500℃氧化	铸铁，黄铜，非金属材料
	绿碳化硅	GC	SiC >99%	绿色			硬质合金钢
高硬磨类	氮化硅	CBN	立方氮化硼	黑色	高硬度 高强度	<1 300℃稳定	硬质合金钢
	人造金刚石	D	碳结晶体	乳白色		>700℃石墨化	硬质合金，宝石

（2）磨粒。粒度表示磨粒的大小程度。其表示方法有两种，如表 4-3 所示。

① 以磨粒所能通过的筛网上每英寸上的孔数作为粒度。粒度号为 4#～240#，粒度号越大，则磨料的颗粒越细。

② 粒度号比 240#还要细的磨粒称为微粉。微粉的粒度用实测的实际最大尺寸，并在前冠以字母 "W" 来表示。例如，W7 即表示此种微粉的最大尺寸为 7μm，粒度号越小，微粉颗粒越细。

表 4-3　　　　　　　　　　　　　粒度的代号、尺寸及用途

粒度号	颗粒尺寸范围/μm	适用范围	粒度号	颗粒尺寸范围/μm	适用范围
12#～36#	2 000～1 700 600～500	粗磨、荒磨、切断钢坯、打磨毛刺	W40～W28	40～28 28～20	研磨、珩磨
46#～80#	425～355 212～180	粗磨、半精磨、精磨	W20～W14	20～14 14～10	研磨、超级加工、超精磨削
100#～W50#	150～125 50～40	精磨、成形磨、刀具刃磨、珩磨	W10～W5	10～7 5～3.5	研磨、超级加工、镜面磨削

要点提示　　粒度的大小主要影响加工表面的粗糙度和生产率。一般来说，粒度号越大，则加工表面的粗糙度越小，生产率越低。所以粗加工宜选粒度号小（颗粒较粗）的砂轮，精加工则选用粒度号大（颗粒较细）的砂轮，而微粉则用于精磨、超精磨等加工。

（3）结合剂。结合剂的作用是将磨料黏合成具有各种形状及尺寸的砂轮，砂轮的强度、耐热性和耐磨性等重要指标，在很大的程度上取决于结合剂的特性。

砂轮结合剂应具有的基本要求：与磨粒不发生化学作用，能持久地保持其对磨粒的黏结强度，并保证所制砂轮在磨削时安全可靠。

常用结合剂的性能及适用范围如表 4-4 所示。

表 4-4　　　　　　　　　　　　常用结合剂的性能及适应范围

结　合　剂	代　号	性　能	使用范围
陶瓷	V	耐热耐蚀，气孔率大，易保持轮廓形状，弹性差	最常用，适用于各类磨削加工
树脂	B	强度比陶瓷高，弹性好，耐热性差	用于高速磨削、切削、开槽等
橡胶	R	强度比树脂高，更有弹性，气孔率小，耐热性差	用于切断和开槽以及无心磨的导轮
青铜	J	强度最高，导电性好，磨耗少，自锐性差	适用于金刚石砂轮

（4）硬度。砂轮的硬度是指结合剂对磨料粘结能力的大小。砂轮的硬度是由结合剂的黏结强度决定的，而不是靠磨料的硬度。在同样的条件和一定外力作用下，若磨料很容易从砂轮上脱落，则砂轮的硬度就比较低（或称为软）。

砂轮的硬度等级及代号如表 4-5 所示。

表 4-5　　　　　　　　　　　　砂轮的硬度等级及代号

大级名称	超软		软			中软				中硬			硬		超硬
小级名称	超软		软1	软2	软3	中软1	中软2	中1	中2	中硬1	中硬2	中硬3	硬1	硬2	超硬
代号	D	E	F	G	H	J	K	L	M	N	P	Q	R	S	T	Y

（5）砂轮的形状及尺寸。为了适应不同的加工要求，砂轮要制成不同的形状。同样形状的砂轮，还制成多种不同的尺寸。常用的砂轮形状、代号及用途如表 4-6 所示。

要点提示 砂轮硬度的选择合理与否，对磨削加工质量和生产效率影响很大。一般来说，零件材料越硬，越应选用越软的砂轮。这是因为零件硬度高，磨粒磨损快，选择较软的砂轮有利于磨钝砂轮的"自锐"。但硬度选得过低，则砂轮磨损快，难以保证正确的砂轮廓形。若选用砂轮硬度过高，则难以实现砂轮的自锐，不仅生产效率低，而且易产生零件表面的高温烧伤。

表 4-6 常用的砂轮形状、代号及用途

砂 轮 名 称	代 号	断 面 形 状	主 要 用 途
平行砂轮	1		外圆磨、内圆磨、平面磨、无心磨、工具磨
薄片砂轮	41		切断、切槽
筒形砂轮	2		端磨平面
碗形砂轮	11		刃磨刀具、磨导轨
蝶形 1 号砂轮	12a		磨齿轮、磨铣刀、磨铰刀、磨拉刀
双斜边砂轮	4		磨齿轮、磨螺纹
杯形砂轮	6		磨平面、磨内圆、刃磨刀具

4.2.3 外圆磨削工艺

磨削是外圆表面精加工的主要方法之一。它既可加工淬硬后的表面，又可加工未经淬火的表面。

1. 磨削过程

砂轮表面上的每个磨粒可以近似地看成一个微小刀齿，突出的磨粒尖棱可以看成微小的切削刃，砂轮可以看成具有极多微小刀齿的铣刀，这些刀齿随机地排列在砂轮表面上，其几何形状和切削角度具有较大差异，如图 4-46 所示。

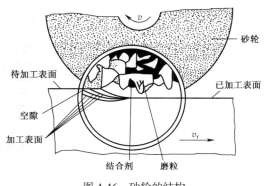

图 4-46 砂轮的结构

砂轮的切削过程大致可以分成以下 3 个阶段。

（1）第一阶段：磨粒从工件表面滑擦而过，只有弹性变形而无切屑形成。

（2）第二阶段：磨粒切入工件表面，刻划出沟痕并形成隆起。

（3）第三阶段：切削层厚度增大到某一临界值时，切下切屑。

 砂轮的磨削过程实际上就是滑擦、刻划和切削3种作用的综合作用，由于各个磨粒的工作情况不同，磨削时除了产生正常的切屑外，还有大量金属微尘等。

2. 普通的磨削方法

外圆磨削主要在普通外圆磨床或万能外圆磨床上进行，根据磨削时工件定位方式的不同，外圆磨削可分为：中心磨削和无心磨削两大类。

（1）中心磨削。被磨削的工件由中心孔定位，在外圆磨床或万能外圆磨床上加工。磨削后工件尺寸精度可达IT6～IT8，表面粗糙度Ra可达0.8～0.1μm。可分为以下几种方法。

① 纵磨法：砂轮高速旋转为主运动；工件旋转作为圆周进给运动，并和磨床工作台一起做往复直线运动作为纵向进给运动。工件一次行程终了后，砂轮周期性横向进给，如图4-47所示。

图4-48所示为纵磨法磨削外圆，其中图4-48（a）所示为普通外圆磨削，图4-48（b）所示为使用心轴磨削外圆，图4-48（c）所示为磨削锥面。

纵磨法的特点如下。

- 磨削力小，散热条件好，加工精度高，表面粗糙度值小。如果适当增加"光磨"时间，可以同时消除工艺系统的弹性变形和提高加工质量，特别适用于加工细长的工件。

- 整个砂轮圆周表面的磨粒利用率低。背吃刀量小，工件的磨削余量要多次走刀切除，故机动时间较长，生产效率较低。

- 可以用同一个砂轮加工长度不同的各种工件。在单件、小批量生产和精磨时应用更广泛。

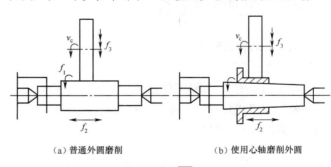

（a）普通外圆磨削　　　　　　　　（b）使用心轴磨削外圆

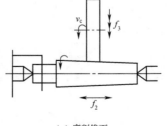

（c）磨削锥面

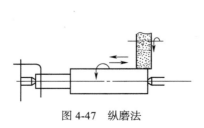

图4-47　纵磨法　　　　　　　　图4-48　纵磨法磨外圆

② 横磨法：砂轮不做纵向移动，只做连续的慢速横向进给，直到磨去全部余量为止，如图4-49所示。

图 4-50 所示为横磨法磨削外圆，其中图 4-50（a）所示为磨轴零件外圆，图 4-50（b）所示为磨成形面，图 4-50（c）所示为扳转头架磨短锥面。

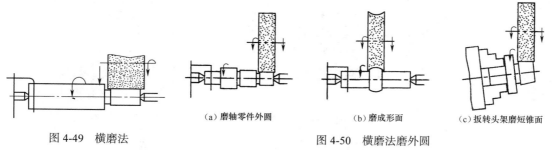

（a）磨轴零件外圆　　（b）磨成形面　　（c）扳转头架磨短锥面

图 4-49　横磨法　　　　　　　　　　图 4-50　横磨法磨外圆

横磨法的特点如下。

- 整个砂轮宽度上磨粒的工作情况相同，发挥所有磨粒的切削性能，因而生产效率高。
- 由于砂轮做缓慢连续地横向切入，砂轮表面的形状反映到工件表面而影响工件表面粗糙度和加工精度。
- 径向磨削力较大，工件容易弯曲变形。工件和砂轮接触面积较大，故发热量大、散热情况差，因而冷却液一定要充分，否则工件表面会退火或烧伤。
- 砂轮工作时，整个表面作连续横向切入，切屑排出困难，砂轮容易塞实或磨钝。
- 横向磨削法因受外圆磨削砂轮宽度限制，只能适用于磨削长度较短的外圆表面以及成形面。

③ 综合磨法：先用横磨法对工件进行分段粗磨，然后用纵磨法进行精磨，如图 4-51 所示，这样综合了横磨法和纵磨法的优点，适用于磨削余量多、刚性好的工件，生产质量和效率都较好。

④ 深磨法：磨削时使用较小的纵向进给量和较大的背吃刀量，在一次磨削中切除全部余量，具有极高的加工效率，如图 4-52 所示。深磨法适合于大批量生产刚度较高的零件。

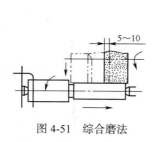

图 4-51　综合磨法

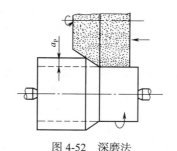

图 4-52　深磨法

（2）无心磨削。无心外圆磨削是一种生产效率很高的精加工方法，其原理如图 4-53 所示。磨削时，工件放在砂轮和导轮之间，下方用托板托起，导轮实际上也是一个砂轮，用橡胶结合剂做成，磨粒较粗，另一个砂轮主要承担磨削任务，称为磨削轮。

无心磨削的工作原理

① 磨削原理：安装时，导轮相对于磨削轮轴线倾斜一个角度 α，以比磨削轮低得多的速度转动，从而靠摩擦力带动工件转动。

要点提示

　　由于导轮安装时倾角的作用，工件在导轮摩擦力作用下，一方面旋转做圆周运动，另一方面做轴向进给运动。

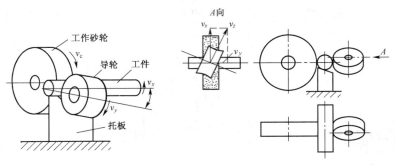

图 4-53　无心外圆磨削的原理

② 加工特点：无心磨削具有以下加工特点。

● 工件不必用顶尖支持，安装方便，简化了装夹过程，因此称为无心磨削。

● 机床调整好后，可以连续加工，易于实现自动化，生产效率高。

● 工件被夹持在两个砂轮之间，不会因背向磨削力而顶弯，可以很好地保证其直线度，这对于加工细长零件非常有利。

● 要求外圆面在圆周上连续，不适合加工具有较长键槽或平面的零件。

● 依靠自身的外圆面定位，磨削带孔零件时不易保证同轴度。

3. 先进的磨削方法简介

随着生产和科学技术的发展，磨削逐步向高精度和高效率方向发展。

（1）高速磨削。普通磨削时，砂轮线速度常在 30～35m/s。砂轮线速度高于 45m/s 的磨削称为高速磨削。经济的磨削速度为 50～60m/s。

高速磨削的特点如下。

① 在一定的单位时间磨除量下，当砂轮线速度提高时，磨粒的当量切削厚度变薄，这就使得磨粒的负荷减轻，砂轮耐用度提高，磨削表面粗糙度减小，法向磨削力减小，使得工件精度较高。

② 如果砂轮磨粒切削厚度保持一定，则在线速度提高时，单位时间内磨除量可以增加，生产效率得以提高。

（2）强力磨削。强力磨削以较大的切削深度和很低的工作台进给速度磨削工件，经一次或数次走刀即可磨到所要求的尺寸形状精度，适合于磨削高硬度高韧性材料，如耐热合金、不锈钢和高速钢等的型面和沟槽。

（3）砂带磨削。砂带过去用于粗糙或抛光，现在砂带磨削已成为一种很有发展前途的加工方法。砂带磨床由砂带、接触轮、张紧轮、支撑轮、工作台等基本部件组成，其主要部分如图 4-54 所示。它的机械效率可达 96%，在机床中处于领先地位。

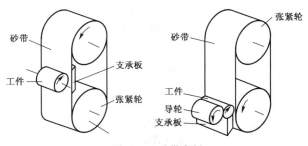

图 4-54　砂带磨削

4.2.4 加工实例

【**练习 4-3**】：光滑轴的磨削（零件图样如图 4-55 所示）。

磨削光轴要分两次调头装夹磨削才能完成，要求无明显接刀痕迹，对工件的定位基准（中心孔与顶尖）有较高的要求，以保证工件的同轴度和圆柱度公差。

1. 磨削步骤

（1）修研中心孔，校正头架、尾座中心，以防工件产生明显的接刀痕迹，如图 4-56 所示。

（2）将工件装夹在两顶尖间（顶尖、中心孔擦净加油）。

（3）确定工作台行程，调整行程挡块位置，使接刀长度小于 30 mm，过长易变形产生接刀痕。

（4）找正工作台，要求接刀处比另一端大 0.005 mm，这样接刀时易接平，如图 4-57 所示。

（5）粗磨外圆，每次进给量 0.01 mm，切削液要充分，留精磨余量 0.03～0.05 mm。

（6）精磨外圆柱尺寸（圆柱度小于 0.005 mm，接刀处比右端大 0.005 mm），每次进给量 0.005 mm。

（7）工件调头垫铜片装夹，粗磨接刀处外圆（中心孔、顶尖擦净加油），留精磨余量 0.03～0.05 mm，如图 4-58 所示。

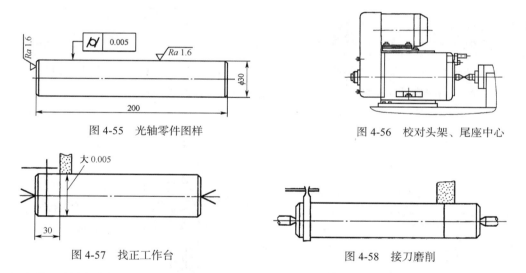

图 4-55　光轴零件图样　　　　　　　图 4-56　校对头架、尾座中心

图 4-57　找正工作台　　　　　　　　图 4-58　接刀磨削

（8）接刀外圆处涂上红丹粉，精磨接刀处外圆时用纵磨法磨削，每次横向进给 0.0025 mm，当红丹粉变淡，说明砂轮已磨到工件外圆，待红丹粉消失，立即退刀。

2. 接刀方法及注意事项

（1）磨削接刀处外圆，每次横向进给量 0.005 mm。磨削余量剩余 0.003～0.005 mm 时，横向进给量减少，最后以无横向进给的"光磨"接平外圆。为了便于观察，在接刀外圆处涂上红丹粉显示剂，当红丹粉消失或颜色变淡，砂轮已磨到工件外圆，便于尺寸控制。

（2）当出现单面接刀痕迹时，要及时检查中心孔和顶尖的质量以及外圆的圆度。

（3）要注意中心孔的清理和润滑，注意调整顶尖的顶紧力，不要顶得过紧。

（4）要保证砂轮的锋利，并浇注充分的切削液，以避免工件产生烧伤痕迹。

（5）接刀时，动作要协调，要注意砂轮横向进给与工作台纵向进给的配合，避免进给过头，使工件产生接刀痕迹或圆柱度误差。

4.3 外圆表面的精密加工与装备

精密加工是指在精加工之后从零件上切除很薄的材料层，以提高零件精度和减小表面粗糙度为目的的加工方法。外圆表面的精密加工方法常用的有外圆研磨、外圆超精加工、高精度磨削等。

4.3.1 外圆研磨

研磨时，部分磨粒悬浮在工件和研具之间，部分研粒嵌入研具表面，利用工件与研具的相对运动，磨粒会切掉一层很薄的金属，一般研磨的余量为 0.01～0.02 mm。研磨除可获得高的尺寸精度和小的表面粗糙度值外，也可提高工件表面形状精度，但不能改善相互位置精度。

1. 研磨的方法

研磨有手工研磨和机械研磨两种方式。

（1）手工研磨（见图 4-59）。所用研具为研磨环，研磨时，将弹性研磨环套在零件上，并在研磨环与零件之间涂上研磨剂，调整螺钉使研磨环对零件表面形成一定的压力。

 要点提示　零件装夹在前后顶尖上，做低速回转，同时手握研磨环做轴向往复运动，并经常检测零件，直至合格为止。手工研磨生产率低，只适用于单件小批量生产。

（2）机械研磨。机械研磨是在研磨机上进行。如图 4-60 所示，研具由上下两块铸铁研磨盘 5、2 组成，两者可同向或反向旋转。机械研磨生产效率高，适合大批量生产。

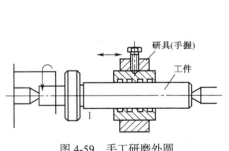

图 4-59　手工研磨外圆

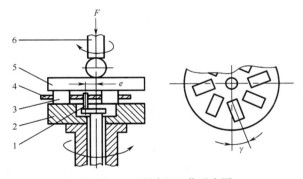

图 4-60　研磨机工作示意图

1—偏心轴；2—下研磨盘；3—零件；

4—分隔盘；5—上研磨盘；6—悬臂轴

2. 研具材料和研磨剂

研具材料的硬度应比工件材料低，以便磨料嵌入研具表面，较好地发挥切削作用；材料组织要均匀，应有一定的耐磨性，以便保持研具原有的几何形状，获得良好的研磨精度。最常用的研具材料为铸铁。

研磨剂由磨料和研磨液混合而成。磨料常用氧化铝和碳化硅的极细磨粒或微粉，粗研磨料的粒度用 240#～W14，精研用 W14～W5。研磨液可用煤油、植物油或煤油加机油，再加入适量化学活性较强的油酸、硬脂酸或工业用甘油。

4.3.2　外圆超精加工

超精加工是用极细磨粒的油石进行光磨的一种光整加工，如图 4-61 所示，可用来加工轴件外圆、滚动轴承沟道及平面等。超精加工主要是为了降低表面粗糙度的一种加工方法。

超精加工在精磨或精车的基础上进行，加工余量仅需 0.003～0.01 mm。如图 4-62 所示，在油石条与工件之间要注入润滑油，油石与工件的接触面积逐步加大，单位面积承受的压力随之减小。当单位面积的压力小于油膜表面张力时，油石与工件被油膜分离，切削作用自行停止。

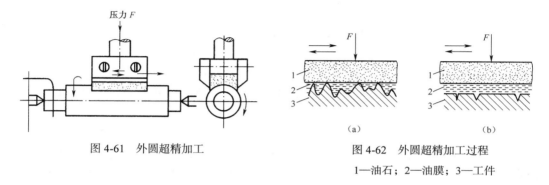

图 4-61　外圆超精加工

图 4-62　外圆超精加工过程
1—油石；2—油膜；3—工件

4.3.3　高精度磨削

使轴的表面粗糙度 Ra 在 0.16μm 以下的磨削工艺称为高精度磨削，它包括精度磨削、超精密磨削和镜面磨削。

高精度磨削的实质在于砂轮磨粒的作用，经过精细修整后的砂轮的磨粒形成了同时能参加磨削的许多微刃。如图 4-63（a）和图 4-63（b）所示，这些微刃的等高性较好，参加磨削的切削刃数大大增加，能从工件上切下微细的切屑，形成粗糙度值较小的表面。随着磨削过程的继续，锐利的微刃逐渐钝化，如图 4-63（c）所示。钝化的磨粒又可起抛光作用，使粗糙度进一步降低。

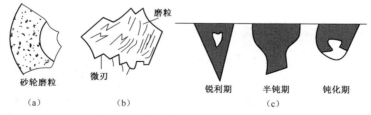

图 4-63　磨粒微刃及磨削中微刃变化

4.3.4　外圆表面加工方案的确定

不同零件上的外圆面或者同一零件上的不同外圆面往往具有不同的技术要求，需要结合具体的生产条件，拟订出合理的加工方案。在确定外圆表面加工方案时，需要考虑外圆面的技术要求、影响外圆加工方案的主要因素以及选择合理的外圆面的加工工艺路线。

4.3.5　外圆面的技术要求

外圆面的主要技术要求如下。

（1）本身精度：直径和长度的尺寸精度、外圆面的圆度、圆柱度等形状精度。

（2）位置精度：与其他外圆面或孔的同轴度、与端面的垂直度等。

（3）表面质量：主要指表面粗糙度，对于某些重要零件，还对表层硬度、残余应力和显微组织等有要求。

4.3.6　影响外圆加工方案的主要因素

在确定外圆面加工方案时，主要考虑以下因素。

（1）工件材料：对于钢铁类零件，主要使用车削和磨削加工；对于有色金属，主要使用车削加工。

（2）加工精度和粗糙度：零件精度要求低，粗糙度大时，可以粗车，随着精度要求的提高、粗糙度值要求的降低，可以使用半精车、精车或者粗磨、半精磨、精磨等方法。精度要求特别高，粗糙度值要求特别低的零件，需要使用研磨和超级光磨等超精加工方法。

（3）热处理状态：如果材料经过淬火处理，则只能选用磨削作为精加工方法，而不能使用车削。

4.3.7　外圆面加工的工艺路线

外圆加工方案主要包括切削加工和特种加工两种形式。切削加工又分为车削类方案和车磨类方案两种。

外圆面加工工艺
路线的确定

1．经济精度

使用各种加工方法生产零件时，都有一个经济精度，该精度是使用该种方法加工时所能达到的理想精度。如果加工精度低于该精度值，则没有充分发挥机床的潜能；如果加工精度高于该精度值，则成本显著提高，投入大产出小。经济粗糙度的概念与之类似。

要点
提示

> 粗车的经济精度是 IT12～IT11，经济粗糙度 Ra 取值范围为 25～12.5；精车的经济精度是 IT8～IT6，经济粗糙度 Ra 取值范围为 1.6～0.8；粗磨的经济精度是 IT8～IT7，经济粗糙度 Ra 取值范围为 0.8～0.4；精磨的经济精度是 IT6～IT5，经济粗糙度 Ra 取值范围为 0.4～0.2。

外圆加工方案框图如图 4-64 所示，图中各种加工方法下面列出了对应的经济精度和经济粗糙度，并用数字标出了 11 条常用的加工路线。

对于低精度的外圆面，经过粗车即可；中等精度的外圆面，粗车后还要经过半精车才能达到要求；精度要求较高的外圆面，经半精车后还需要精车或磨削加工。

2．加工路线

生产中常用的外圆面加工路线如下。

（1）粗车。除淬硬钢外，各种零件的加工都适用。当零件的外圆面要求精度低、表面粗糙度较大时，只粗车即可。

（2）粗车—半精车。对于中等精度和粗糙度要求的未淬硬工件的外圆面，均可采用此方案。

（3）粗车—半精车—磨（粗磨或半精磨）。此方案最适于加工精度稍高、粗糙度较小，且淬硬的钢件外圆面，也广泛地用于加工未淬硬的钢件或铸铁件。

（4）粗车—半精车—粗磨—精磨。此方案的适用范围基本与上述第（3）个方案相同，只是外圆面要求的精度更高、表面粗糙度更小，需将磨削分为粗磨和精磨才能达到要求。

（5）粗车—半精车—粗磨—精磨—研磨（或超级光磨或镜面磨削）。此方案可达到很高的精度和很小的表面粗糙度，但不宜加工塑性大的有色金属。

（6）粗车—精车—精细车。此方案主要适用于精度要求高的有色金属零件的加工。

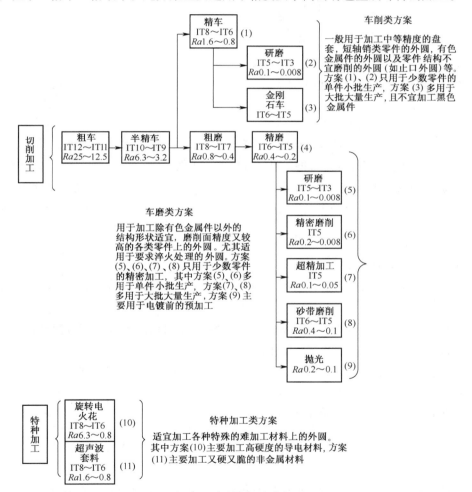

图 4-64 车削加工方案框图

4.4 实训——阶梯传动轴的加工

轴是机械加工中常见的典型零件之一，按结构形式的不同，轴可以分为阶梯轴、锥度心轴、光轴、空心轴、曲轴、凸轮轴、偏心轴以及各种丝杠等。其中阶梯传动轴应用较广，它主要用于支撑传动件和传递扭矩，其加工工艺能较全面地反映轴类零件的加工规律和共性。图 4-65 所示为一个阶梯传动轴零件图样，试说明其加工过程。

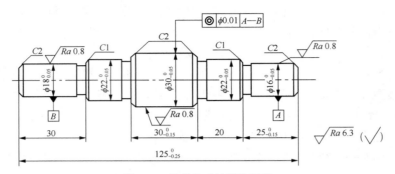

图 4-65 阶梯传动轴零件图样

1. 加工目的

（1）了解轴类零件的车削特点。

（2）掌握轴类零件的车削步骤与方法。

2. 工艺分析

从零件图样可以看出以下几点。

（1）该零件为典型的轴类零件，结构尺寸变化大，为结构较完整的传动轴。

（2）零件有 5 个台阶面、4 个直槽，且零件精度要求较高。

因此，加工时应分粗、精加工阶段。粗加工时采用一夹一顶的装夹方法，精加工时采取两顶尖支撑装夹方法，车槽安排在精车后进行。为保证工件对圆柱度的要求，粗加工阶段就校正好车床的锥度。

3. 加工步骤

用一夹一顶装夹或两顶尖装夹。

（1）用三爪自定心卡盘夹持坯料外圆，用 45° 车刀手动横进给车端面，钻中心孔。粗车 ϕ30 外圆至卡盘处。

（2）用后顶尖顶住，粗车 ϕ22、ϕ16 两级外圆，留 2 mm 的精车余量，保证阶台长度。

（3）调头夹持 ϕ30 外圆，车端面至尺寸，钻中心孔。

（4）用后顶尖顶住，粗车 ϕ22、ϕ18 两级外圆，留 2 mm 的精车余量，保证阶台长度。

（5）用两顶尖装夹，用车断刀车退刀槽。

（6）精车各级外圆至尺寸，倒角正确。

小结

外圆面的主要加工方法有车削、磨削以及各种精密加工。车削加工是外圆表面最经济有效的加工方法，又分为粗车、半精车、精车、精细车等方式；磨削加工是外圆表面的主要精加工方法，又分为纵磨法、横磨法、综合磨法和深磨法等方法；精密加工是指在精加工之后从零件上切除很薄的材料层，以提高零件精度和减小表面粗糙度为目的的加工方法。不同零件上的外圆面或者同一零件上的不同外圆面往往具有不同的技术要求，需要结合具体的生产条件，选择合理的加工方案，在确保加工质量的同时，尽量获得高的生产效率，从而降低产品成本。

习题

（1）外圆表面是哪些零件的主要表面？

（2）外圆表面的加工方法有哪些？

（3）车刀有哪些分类？

（4）磨床有哪些分类？

（5）外圆表面的精密加工有哪几种？

（6）简述车削加工的工艺特点。

（7）简述车削加工的几种方法。

（8）简述磨削加工的工艺特点。

（9）简述磨削加工的几种方法。

（10）如何确定外圆表面加工方案？

第5章

孔加工工艺与装备

孔是盘套、支架和箱体类零件的重要表面之一。孔的加工方法很多，常用的加工方法有钻孔、扩孔、铰孔、镗孔、拉孔、锪孔、磨孔以及光整加工的研磨孔和珩磨孔等。本章将介绍各种孔的加工方法以及加工过程中使用的装备和注意事项。

※【学习目标】※

- 掌握钻削的工艺特点与应用。
- 掌握扩孔、铰孔的工艺特点和应用。
- 掌握镗削加工的工艺特点和应用。
- 了解孔的其他加工方法的应用。
- 熟悉制订孔加工工艺路线的基本规范。

5.1 钻削工艺与装备

钻削加工主要是指在钻床上完成的钻孔、扩孔、铰孔等切削工作，是粗加工孔时的一种重要成形方法，主要在钻床或车床上进行，也可以在镗床和铣床上进行。其主要用途如图 5-1 所示。

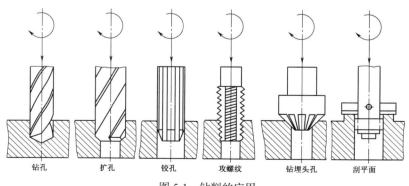

| 钻孔 | 扩孔 | 铰孔 | 攻螺纹 | 钻埋头孔 | 刮平面 |

图 5-1　钻削的应用

5.1.1　钻削的工艺特点

钻孔时，钻头工作大部分都处于已经加工表面的包围中，所以会引起一些特殊的问题。例如，钻头的刚度和强度、容屑和排屑、导向和冷却润滑等。

（1）容易产生"引偏"。"引偏"是指加工时由于钻头弯曲而引起的孔径扩大、孔不圆以及孔的轴线歪斜，如图 5-2 所示。

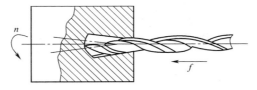

图 5-2　钻孔引偏

钻孔时产生引偏，主要原因有以下几方面。

① 麻花钻直径和长度受所加工孔的限制，一般呈细长状，刚性较差。为形成切屑刃和容纳切屑，其上必须做出两条较深的螺旋槽，这样导致钻心变细，削弱了钻头的刚性。

② 为减少导向部分与已加工孔壁的摩擦，钻头仅有两条很窄的棱边与孔壁接触，接触刚度和导向作用也很差。

③ 钻头横刃处的前角具有很大的负值，切削条件极差，而实际上不是在切削，而是在挤刮金属，加上由钻头横刃产生的轴向力很大，稍有偏斜，将产生较大的附加力矩，致使钻头弯曲。

④ 钻头的两个主切削刃很难磨得完全对称，加上工件材料的不均匀性，钻孔时的径向力不可能完全抵消。

在钻削力的作用下，刚性差且导向性不好的钻头很容易弯曲，致使钻出的孔产生"偏斜"，从而降低了孔的加工精度，甚至造成废品。

在实际加工中常采用以下措施来减少引偏。

① 预钻锥形的定心坑，如图 5-3（a）所示。首先用小顶角大直径短麻花钻预先钻一个锥形坑，然后再用所需的钻头钻孔。由于预钻时钻头的刚性好，锥形坑不易偏，以后再用所需的钻头钻孔时，这个坑就可以起定心作用。

② 用钻套为钻头导向，如图 5-3（b）所示。此方法可以减少钻孔开始时的"引偏"，特别是在斜面或者曲面上钻孔时，更为重要。

③ 刃磨时，尽量把钻头的两个主切削刃磨得对称一致，使两主切削刃的径向切削力相互抵消，从而减少钻头的"引偏"。

（2）排屑困难。钻削时，切屑与工件表面产生较大摩擦，刮伤已加工表面，并且可能阻塞在容屑槽中，卡住或折断钻头。

 要点提示　为了改善排屑条件，可在钻头上磨出分屑槽（见图 5-4），将宽的切屑分成窄条，以利于排屑。当钻深孔（$L/D>5$）时，应该采用合适的深孔钻进行加工。

（3）切削热不易传散。钻削是一种半封闭式的切削形式，钻削时所产生的热量大部分被工件吸收。切削时，大量高温切屑不能及时排出，切削液难以注入切削区，切屑、刀具与工件之间的摩擦力很大。因此，切削温度较高，致使刀具磨损加剧，这就限制了钻削用量和生产效率的提高。

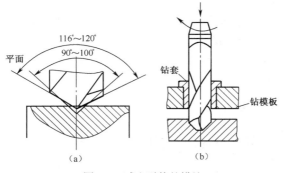

图 5-3 减少引偏的措施

图 5-4 分屑槽

5.1.2 钻削装备

钻削过程中一般需要用到钻床、钻头以及导向和固定装置。下面介绍这些装备的各种参数以及安装和使用方法。

1. 钻床

钻床的种类很多，常用的有台式钻床、立式钻床和摇臂钻床。

（1）台式钻床。单件和小批量生产中，中小型工件上的小孔（直径小于 13 mm）常用台式钻床加工，如图 5-5 所示。底座用以支撑台钻的立柱、主轴等部分，也是装夹工件的工作台。台式钻床的进给运动由手转动进给手柄使主轴轴向移动实现，主轴下端有锥孔，用来安装钻夹头。

（2）立式钻床。中小型工件上直径较大的孔（直径小于 50 mm）常用立式钻床加工，如图 5-6 所示。立式钻床的规格用最大钻孔直径表示，其主轴位置在水平方向相对于工作台固定，为使钻头与工件上孔的中心重合，必须移动工件，因此操作不便，生产率不高，常用于小型工件的单件、小批量加工。

（3）摇臂钻床。大中型工件上的孔通常采用摇臂钻床加工，如图 5-7 所示。摇臂钻床的主轴箱可以沿摇臂的横向导轨做水平移动，摇臂又能绕立柱回转和上下移动。

图 5-5 台式钻床

图 5-6 立式钻床

图 5-7 摇臂钻床

摇臂钻床便于调整主轴的位置，使刀具对准工件上被加工孔的中心，尤其是加工同一工件上的组孔时更加方便，不需要移动工件，如果工件较大，还可移走工作台，将工件直接安装在底座上。因此，摇臂钻床适用于各种批量的大、中型工件和多孔工件的加工。

2. 麻花钻

在钻床上用来钻孔的刀具称为钻头，用高速钢制造，工作部分经热处理淬硬至 62～65HRC。钻头的种类繁多，常用的钻头有麻花钻、精孔钻、斜面钻等。

（1）结构。麻花钻是最常用的钻头，其结构如图 5-8 所示。

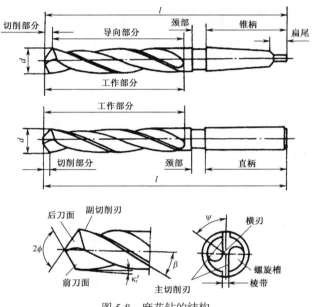

图 5-8　麻花钻的结构

① 麻花钻由柄部、颈部和工作部分组成。

② 柄部是麻花钻的夹持部分，有直柄和锥柄两种类型。直柄传递的扭矩较小，一般用于直径小于 12 mm 的钻头；锥柄可传递较大的扭矩，用于大于 12 mm 的钻头。

③ 锥柄的扁尾既可传递较大扭矩，又可避免钻头在主轴锥孔或钻套中转动，并便于用来拆卸钻头。

④ 麻花钻的切削部分担负主要的切削工作，由两个刀瓣组成，每个刀瓣相当于一把车刀。因此，麻花钻有两条对称的主切削刃。

⑤ 标准麻花钻的顶角 2ϕ 为 118°±2°。两主切削刃中间由横刃相连。

要点提示

钻削时作用在横刃上的轴向阻力和摩擦都很严重，是影响钻孔加工精度和生产效率的主要因素之一。

（2）安装。麻花钻头在安装时，直柄麻花钻一般用钻夹头装夹，如图 5-9 所示。钻夹头的锥柄安装在钻床主轴锥孔中，麻花钻的直柄装夹在钻夹头的 3 个能自动定中心的夹爪中。

要点提示   锥柄麻花钻一般用过渡套筒安装，如图5-10所示。如果用一个过渡套筒仍无法与主轴锥孔配合，还可以用两个或多个套筒作过渡连接。套筒上端接近扁尾处的长方形横孔是卸钻头时打入楔铁用的。若钻头锥柄尺寸合适，也可直接安装在钻床主轴的锥孔中。

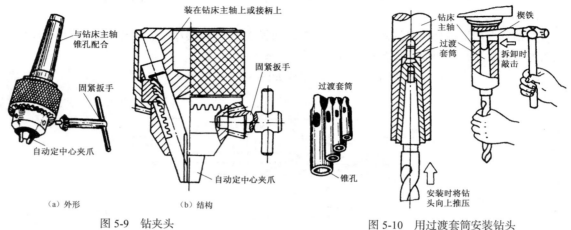

图 5-9　钻夹头

图 5-10　用过渡套筒安装钻头

5.1.3　钻孔加工工艺

钻孔前需要对工件进行固定，孔的位置和要求不同，使用的钻孔方法也不同。

1. 工件的安装

小型工件通常用虎钳或平口钳装夹；较大的工件可用压板螺栓直接安装在工作台上；在圆柱形工件上钻孔可放在V形铁上进行，如图5-11所示。

2. 钻孔的方法

孔的类型有很多种，对于不同的孔，所使用的钻孔方法也不同。

（1）钻通孔。图5-12所示为用销子定位钻大件通孔的方法。如果孔太深，不能在工件4一边钻通时，可按划线钻入一半以上的孔1后，将工件撤出，在其他一切条件不变的情况下，钻头3继续向下在垫板5上钻个孔，在孔内插入一个滑配销子2，将工件反过

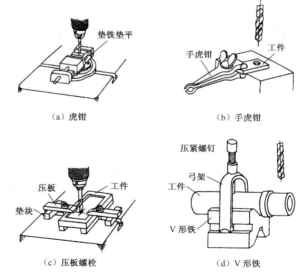

图 5-11　钻孔时工件的安装

来，将所钻的半孔插到销子2上，则钻头在另一边钻的孔可保证与先前钻的半孔位于同一条直线上。

（2）钻横孔。图5-13所示为轴件钻横孔装置。要求通过轴线钻横孔的轴件5，用夹具4紧固在有V形槽的底座1上。与V形槽配合的锥块2上用螺钉和销子固定一个小V形块3，用其校准钻头位置后，将锥块2后撤，对轴件钻孔。还可以在锥块2上固定一个上下可调节的钻套，钻头通过钻套钻孔。

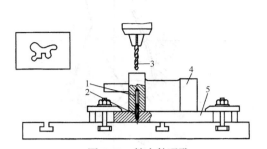

图 5-12 钻大件通孔

1—孔；2—滑配销子；3—钻头；4—工件；5—垫板

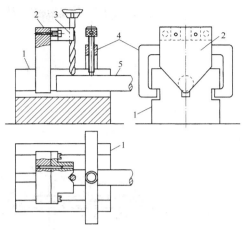

图 5-13 钻横孔

1—底座；2—锥块；3—小 V 形块；4—夹具；5—轴件

（3）曲面上钻孔。图 5-14 所示为在曲板上自动钻孔的方法。上机械手 3 按程序将钻孔装置自动送到曲板 1 上后，开启小电动机 2 将钻具下行，待钻头接触板面时，开动电动机 4 钻孔。图 5-15 所示为在球上钻孔的方法。将一个螺纹管接头 1 的端头车平，加工出倒角，拧入插座 4 上。将球 2 放在倒角口上，拧螺纹盖 3 将其紧固后，钻头通过盖 3 的导孔对球钻孔。

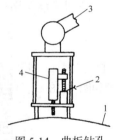

图 5-14 曲板钻孔

1—曲板；2—小电动机；3—上机械手；4—电动机

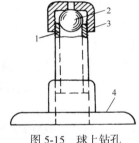

图 5-15 球上钻孔

1—螺纹管接头；2—球；3—螺纹盖；4—插座

（4）钻深孔。当切削孔的深度与直径之比大于 5 时，称为深孔钻削。为了便于控制冷却液的循环和出屑，特别是对称的工件，通常钻头不动，工件旋转进行加工。如图 5-16 所示，钻头 2 不动，工件 4 转动，冷却液在压力下从钻杆内孔 1 进入，从钻头流出后，连同钻屑 3 从钻杆向外排出。

3. 钻削用量

钻削用量包括钻削速度 v、进给量 f 和背吃刀量 a_p，如图 5-17 所示。

钻削速度 v 是指钻头最外缘处的线速度，即

$$v = \frac{\pi d_0 n}{1000} \ (\text{m/s 或 m/min})$$

式中，d_0 —— 钻头直径，mm；

n —— 钻头转速，r/s 或 r/min。

钻头每转一转，钻头轴向移动的距离称为每转的进给量 f（mm/r）；而钻头每转过一个刀刃时，钻头的轴向位移称每齿进给量 f_z（mm/Z）。

每个刀刃和工件的接触长度称为背吃刀量 a_p（mm），即 $a_p=d_0/2$（mm）。

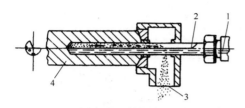

图 5-16　钻深孔

1—钻杆内孔；2—钻头；3—钻屑；4—工件

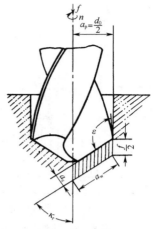

图 5-17　钻削用量

5.1.4　扩孔、铰孔加工工艺

使用钻削加工出来的孔，一般精度不高，粗糙度也达不到要求，这时常需要用扩孔和铰孔的方法提高其精度。

1. 扩孔

扩孔是用扩孔钻对工件上已有的孔（铸出、锻出或钻出的孔）进行扩大加工。扩孔常作为孔的半精加工，也普遍用作铰孔前的预加工，其原理如图 5-18 所示。

（1）扩孔钻。扩孔钻的结构如图 5-19 所示。

直径 $\phi3\sim\phi15$ mm 的扩孔钻做成整体带柄式，直径 $\phi25\sim\phi100$ mm 的扩孔钻做成整体套装式。

扩孔的基本原理

要点
提示　　　　在小批量生产的情况下，常用麻花钻经修磨钻尖的几何形状当扩孔钻用。

（2）特点。扩孔的质量比钻孔高，一般尺寸精度可达 IT10～IT7，表面粗糙度 Ra 值为 6.3～3.2μm。扩孔的加工余量为 0.5～4 mm，比钻孔时小得多，因此扩孔钻的结构和切削情况比钻孔时要好。

① 刚性好。由于扩孔的背吃刀量 a_p 小，切屑少，容屑槽可做的浅而窄，使钻芯比较粗大，增加了工作部分的刚性。

② 导向性较好。由于容屑槽浅而窄，可在刀体上做出 3～4 个刀齿，这样一方面可提高生产效率，同时也增加了刀齿的棱边数，从而增强了扩孔时刀具的导向及修光作用，切削比较平稳。

③ 切削条件好。扩孔钻的切削刃不必自外缘延续到中心，无横刃，避免了横刃和由横刃引起的不良影响。

④ 效率高。加工轴向力较小，可采用较大的进给量，排屑顺利，不易刮伤已经加工的表面。

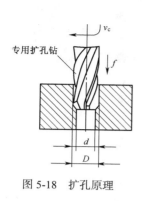

图 5-18 扩孔原理

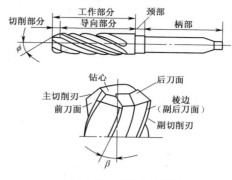

图 5-19 扩孔钻的结构

2. 铰孔

铰孔是在扩孔或半精镗的基础上进行的，是应用较为普遍的孔的精加工方法之一。铰孔的公差等级为 IT8～IT6，表面粗糙度 Ra 值为 1.6～0.4μm。

（1）铰刀分类。铰孔所用的刀具叫铰刀，可分为手铰刀和机铰刀。手铰刀如图 5-20（a）所示，用于手工铰孔，柄部为直柄；机铰刀如图 5-20（b）所示，多为锥柄，装在钻床或车床上铰孔。

铰孔的基本原理

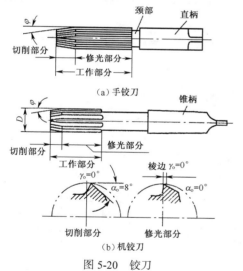

（a）手铰刀

（b）机铰刀

图 5-20 铰刀

（2）铰刀结构。铰刀由工作部分、颈部和柄部组成。工作部分包括切削部分和修光部分。切削部分为锥形，担负主要的切削工作。

（3）铰孔的工艺特点。铰刀铰孔的工艺特点如下。

① 铰孔余量小。粗铰为 0.15～0.35 mm；精铰为 0.05～0.15 mm。切削力较小，零件的受力变形小。

② 切削速度低。比钻孔和扩孔的切削速度低得多，可避免积屑瘤的产生和减少切削热。

③ 适应性差。铰刀属定尺寸刀具，一把铰刀只能加工一定尺寸和公差等级的孔，不宜铰削阶梯孔、短孔、不通孔和断续表面的孔（如花键孔）。

④ 需施加切削液。为减少摩擦，利于排屑、散热，以保证加工质量，应加注切削液。

要点提示

铰刀修光部分有窄的棱边和倒锥，以减小与孔壁的摩擦和减小孔径扩张，同时校正孔径，修光孔壁和导向。手铰刀修光部分较长，导向作用好。

（4）注意事项。铰孔时的注意事项有以下几点。

① 合理选择铰孔的余量。铰削余量太大，铰孔不光，铰刀易磨损；余量太小，不能校正上次加工留下的加工误差，达不到铰孔的要求。

② 铰孔时要选用合适的切削液进行润滑和冷却。铰削钢件一般用乳化液，铰削铸铁一般用煤油。

③ 机铰时要选择较低的切削速度、较大的进给量。

铰孔时，铰刀在孔中绝对不能倒转，否则铰刀和孔壁之间易挤住切屑，造成孔壁划伤；机铰时，要在铰刀退出孔后再停车，否则孔壁有拉毛痕迹；铰通孔时，铰刀修光部分不可全部露出孔外，否则出口处会被划伤。

5.1.5　加工实例

【练习 5-1】：拉臂的钻、扩、铰加工。

工件的主要尺寸与技术要求如图 5-21 所示。

1．工艺方案分析

（1）毛坯的选择：选用金属模铸造，为铸态球墨铁毛坯。为了使 $\phi 8^{+0.07}_{0}$ mm 二连孔在钻削时钻头不致引偏，保证对 $\phi 25^{+0.045}_{0}$ mm 孔的位置精度，又不能增加铣椭圆凸台两端面的工序，毛坯采用 $\phi 8$ mm 孔椭圆凸台外轮廓的曲面分型，使钻、铰 $\phi 8$ mm 孔时避开分模面，改善加工条件。

（2）定位基准与机床的选择：因工件较小且形状较复杂，凸台平面又较窄小，没有理想的定位基准面，若采用工序分散的方法，用多台钻床加工来保证工件的单件生产节奏，则很难保证工件的加工质量，且要占用过多的生产面积和劳动量，因此采用一次安装的高效的六工位组合机床。各个工位动力头同时加工工件各个不同的部位的工艺方案较为合理。工件的安装如图 5-22 所示。

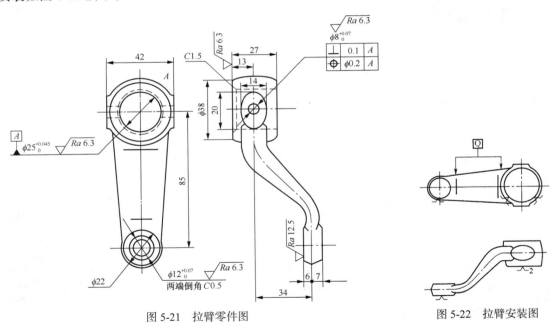

图 5-21　拉臂零件图　　　　　　　　图 5-22　拉臂安装图

2．加工步骤

（1）装夹工件。

（2）大端钻 $\phi 23$ mm 孔，并倒角 $C2.5$；小端钻 $\phi 10$ mm 孔，并倒角 $C2.5$。

（3）卧式动力头在工件大端钻 $\phi 7.6$ mm 二联孔，并与大孔相交，保证位置度与垂直度要求及距定位平面尺寸 14 mm。

（4）大端扩至 $\phi24.6$ mm 并锪平面，保证尺寸 27 mm，表面粗糙度为 Ra=12.5 μm；小端扩孔至 $\phi11.7$ mm 并锪平面，保证尺寸 41 mm，表面粗糙度为 Ra=12.5 μm。

（5）卧式动力头在大端铰 $\phi8^{+0.07}_{0}$ mm 二联孔，保证位置与垂直度要求，表面粗糙度为 Ra=6.3 μm。

（6）铰 $\phi25^{+0.045}_{0}$ mm 孔，保证位置与垂直度要求，表面粗糙度为 Ra=6.3μm；铰 $\phi12^{+0.07}_{0}$ mm 孔，表面的粗糙度为 Ra=6.3 μm。

5.2　镗削工艺与装备

镗削加工利用镗床对已有孔进行扩大孔径并提高质量。与钻床比较，镗床可以加工直径较大的孔，精度较高，且孔与孔轴线的同轴度、垂直度、平行度及孔距的精确度均较高。

镗削加工原理

5.2.1　镗削的工艺特点

图 5-23　镗削加工

镗削加工（见图 5-23）是以镗刀的旋转运动为主运动，与工件随工作台的移动（或镗刀的移动）为进给运动相配合，可以有效避免加工时工件做旋转运动的弊端。例如零件外形大而孔径小，不能高速切削，孔在工件上处于不对称位置，工件旋转时，就会产生失衡问题。

（1）镗削加工适应能力较强。因为镗床的多种部件都能做进给运动，使其具有加工上的多功能性。镗刀结构简单，使用方便，既可以粗加工，也可以实现半精加工和精加工，一把镗刀可以加工不同直径的孔。

要点提示　镗刀后刀面与工件内孔表面摩擦较大，镗杆悬伸较长，故切削条件较差，容易引起震动。

（2）位置精度高。镗削加工一般用于加工机座、箱体、支架及回转体等复杂的大型零件上的大直径孔，有位置精度要求的孔及孔系。镗孔时，其尺寸精度可达 IT8～IT6 级，孔距精度可达 0.015 mm，表面粗糙度可达 Ra1.6～0.8 μm。

要点提示　镗孔时，不仅可以保证单个孔的尺寸精度和形状，而且可以保证孔与孔之间的相互位置精度，这是钻孔、扩孔和铰孔所不具备的优点。

（3）可以纠正原有孔的偏斜。使用钻孔粗加工孔时所产生的轴线偏斜和不大的位置偏差可以通过镗孔来校正，从而确保加工质量。

（4）生产效率低。镗削加工时，镗刀杆的刚性较差，为了减少镗刀的变形和防止震动，通常采用较小的切削用量，所以生产效率较低。

5.2.2　镗削装备

镗削一般在镗床上进行，加工过程中还需要镗刀、镗床夹具、镗模等装备，下面就将对常见的镗削装备做详细介绍。

1. 镗床

镗床根据结构、布局和用途的不同，主要分为卧式镗床、坐标镗床、精镗床、落地镗床、立式镗床和深孔钻镗床等类型。

（1）卧式镗床。卧式镗床主要由主轴箱，工作台，平旋盘，前、后立柱等组成，如图 5-24 所示。其工艺范围非常广泛，典型的加工方法如图 5-25 所示。

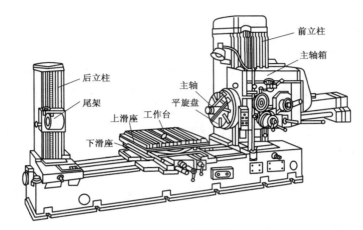

图 5-24　卧式镗床

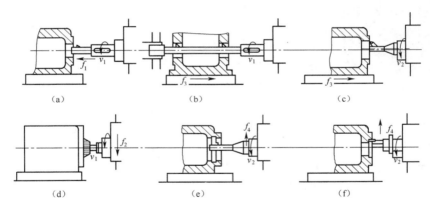

图 5-25　卧式镗床的典型加工方法

① 利用装在镗轴上的悬伸刀杆镗刀镗孔，如图 5-25（a）所示。

② 利用后立柱支承长刀杆镗刀镗削同一轴线上的孔，如图 5-25（b）所示。

③ 利用装在平旋盘上的悬伸刀杆镗刀镗削大直径孔，如图 5-25（c）所示。

④ 利用装在镗轴上的端铣刀铣平面，如图 5-25（d）所示。

⑤ 利用装在平旋盘刀具溜板上的车刀车内沟槽和端面，分别如图 5-25（e）和图 5-25（f）所示。

（2）坐标镗床。坐标镗床是一种高精度机床，其刚性和抗震性很好，还具有工作台、主轴箱等运动部件的精密坐标测量装置，能实现工件和刀具的精密定位。

 要点提示　坐标镗床加工的尺寸精度和形位精度都很高。主要用于单件小批生产条件下对夹具的精密孔、孔系和模具零件的加工，也可用于成批生产时对各类箱体、缸体和机体的精密孔系进行加工。

坐标镗床分为单柱坐标镗床和双柱坐标镗床，分别如图 5-26 和图 5-27 所示。

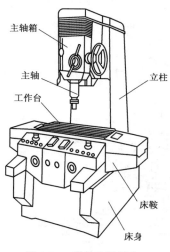

图 5-26　单柱坐标镗床

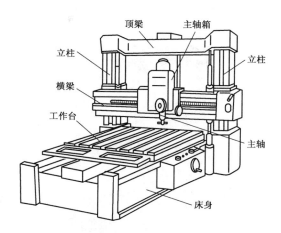

图 5-27　双柱坐标镗床

（3）精镗床。精镗床是一种高速镗床，如图 5-28 所示。因采用金刚石作为刀具材料而得名金刚镗床。现在则广泛采用硬质合金作为刀具材料，一般采用较高的速度、较小的切削深度和进给量进行切削加工，加工精度较高，主要用在成批或大量生产中加工中小型精密孔。

精镗床的主轴布局有 4 种形式，如图 5-29 所示。

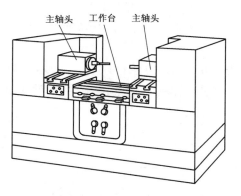

图 5-28　卧式精镗床

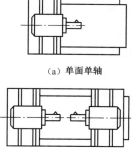

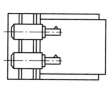

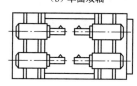

（a）单面单轴　　（b）单面双轴

（c）双面单轴　　（d）双面双轴

图 5-29　卧式精镗床布局形式

（4）落地镗床。落地镗床（见图 5-30）用于加工某些庞大而笨重的工件。加工时，工件直接固定在地面上，镗轴 3 位置是由立柱 1 沿床身 5 的导轨做横向移动及主轴箱 2 沿立柱导轨做上下移动来进行调整的。落地镗床具有万能性大、集中操纵、移动部件的灵敏度高、操作方便等特点。

2. 镗刀

镗刀是由镗刀头和镗刀杆及相应的夹紧装置组成的。镗刀头是镗刀的切削部分，其结构和几何参数与车刀相似。在镗床上镗孔时，镗刀夹固在镗刀杆上与机床主轴一起做回转运动。

（1）镗刀种类。镗刀种类很多，主要可分为以下几种类型。

● 按切削刃数量不同可分为单刃镗刀、双刃镗刀和多刃镗刀。

● 按刀具采用的材料不同可分为高速钢镗刀、硬质合金镗刀和立方氮化硼镗刀。

- 按其用途不同可分为内孔镗刀、端面镗刀、切槽刀和内螺纹切刀。
- 按镗刀的结构不同可分为整体式单刃镗刀、镗刀头、固定式镗刀块、浮动刀块、复合镗刀、机夹不重磨式镗刀以及镗铰刀等。

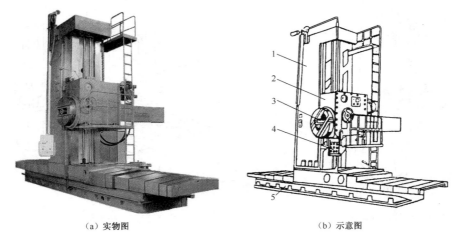

（a）实物图　　　　　　　　　　　（b）示意图

图 5-30　落地镗床

1—立柱；2—主轴箱；3—镗轴；4—操纵板；5—床身

常用的镗刀主要有以下几种。

① 单刃镗刀。单刃镗刀的刀头结构与车刀类似，使用时用紧固螺钉将其装夹在镗杆上。图 5-31（a）所示为盲孔镗刀，刀头倾斜安装。图 5-31（b）所示为通孔镗刀，刀头垂直于镗杆轴线安装。

② 精镗微调镗刀。在孔的精镗中，目前较多选用精镗微调镗刀。这种镗刀的径向尺寸可以在一定范围内进行微调，调节方便，且精度高。

图 5-32 所示为微调镗刀的结构，在镗刀杆 2 中装有刀块 6，刀块上装有刀片 1，在刀块外螺纹上装有锥形精调螺母 5，紧固螺钉 4 将带有精调螺母的刀块拉紧在镗杆的锥孔内，导向键 3 防止刀头转动，旋转有刻度的精调螺母 5，可将镗刀片调到所需直径。

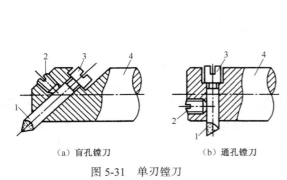

（a）盲孔镗刀　　　　　（b）通孔镗刀

图 5-31　单刃镗刀

1—刀头；2—紧固螺钉；3—调节螺钉；4—镗杆

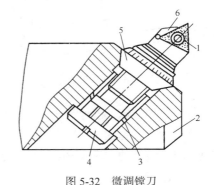

图 5-32　微调镗刀

1—刀片；2—镗刀杆；3—导向键；4—紧固螺钉；

5—精调螺母；6—刀块

③ 双刃镗刀。镗削大直径的孔可选双刃镗刀。双刃镗刀分固定式镗刀和浮动镗刀，它的两端具有对称的切削刃，工作时可消除径向力对镗杆的影响。工件孔径尺寸与精度由镗刀径向尺寸保证。

图 5-33 所示为浮动镗刀镗孔。镗刀块和镗杆采用浮动连接结构，两对称的切削刃产生的切削力自动平衡其径向位置，使镗刀自动对中进行切削。

要点提示　　双刃镗刀的两端对称的切削刃同时参加切削，与单刃镗刀相比，每转进给量可提高一倍左右，生产效率高。这种镗刀头部可以在较大范围内进行调整，且调整方便，镗孔直径可达 1 000 mm。

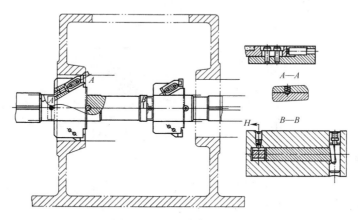

图 5-33　双刃浮动镗刀镗孔

（2）镗刀头。镗刀头（见图 5-34）一般插入镗杆孔中进行镗削加工，刀头采用整体合金钢材料或硬质合金刀片焊接而成，其截面形状有方形和圆形，配置于镗杆的方孔或圆孔中，应用很普遍。

（3）镗刀块。镗刀块是定径刀具，其形式为一种矩形薄片刀块，采用整体合金钢材料或在切削部分用硬质合金刀片焊接而成，如图 5-35 所示。

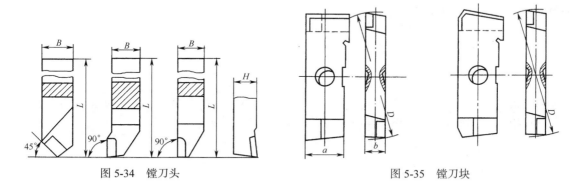

图 5-34　镗刀头　　　　　　　　　　　　　图 5-35　镗刀块

（4）镗刀的安装。镗刀的安装形式主要包括镗刀在刀杆上的安装类型、安装角度及镗刀的安装高度，要根据工件材料及镗削孔的结构类型、镗削刀具系统的刚性等来确定具体安装方法。

要点提示　　使用前，预先刃磨好各种镗刀块的直径尺寸，满足孔的各种尺寸公差要求。工作时，镗刀块安装于镗杆上，由于镗刀块和镗杆孔的配合及定位要求较高，故能获得良好的镗孔精度。但镗刀块的制造比较复杂，而且刃口磨损后无法调整，故使用有一定的局限性。

① 系统刚性好，镗削浅孔、通孔时选择 90° 悬臂式镗刀杆，即镗刀可以垂直安装，否则应选择有一定倾斜角度的镗刀杆来安装镗刀。图 5-36 所示为单刃镗刀的安装形式。

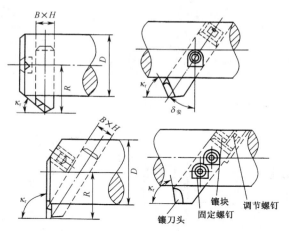

图 5-36 单刃镗刀的安装

② 镗刀头在镗刀安装中，通常都有一个安装角，其目的主要在于增强刀具系统的刚性，并能使镗刀和压紧螺钉之间有足够的安装位置。

③ 镗刀安装位置的高低对镗削也有直接影响，如果镗刀装得低于所加工孔的轴心线，则会由于切削力的作用使刀尖楔入工件；若镗刀装得高出所加工孔的轴心线很多，则使镗刀实际前角减小过大从而影响切削加工。

④ 镗刀头的悬伸量也不能过大，为了保证刀具系统的刚性，通常情况下，刀尖悬伸量为

$$L = \frac{D-d}{2} \approx (1 \sim 1.5)B$$

式中，L —— 镗刀头的悬伸量；

D —— 工件镗削孔直径；

d —— 镗杆直径；

B —— 镗刀截面高度。

 要点提示　浮动镗刀安装应根据镗孔的结构、尺寸及工件材料选择浮动镗刀和相适应的浮动镗刀杆，浮动镗刀的尺寸应用千分尺测量，如图 5-37 所示。如果尺寸不符合要求，应调整浮动镗刀至所需尺寸，一般浮动镗刀的径向尺寸取工件孔径的下极限尺寸。

3. 镗套

镗套的结构形式和精度直接影响被加工孔的精度。常用的镗套有以下两类，设计时其结构、材料、配合关系等均可查阅有关手册。

（1）固定式镗套。镗孔时不随镗杆一起转动的镗套称为固定式镗套。已标准化的有 A、B 两种类型，如图 5-38 所示。A 型不带油杯和油槽，靠镗杆上开的油槽润滑，从而减少镗套的磨损。

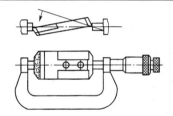

图 5-37 浮动镗刀径向尺寸测量

固定式镗套外形尺寸小，结构简单，导向精度高，但镗杆在镗套内一边回转，一边做轴向移动，镗套易磨损，故只适用于低速镗孔。

（2）回转式镗套。随镗杆一起转动，与镗杆之间有相对移动而无相对转动的镗套，称为回转式镗套。这种镗套大大减少了磨损，也不会因摩擦发热而"卡死"。

① 图 5-39（a）所示为滑动式回转镗套。其结构尺寸较小，回转精度高，减震性好，承载能力大，但需要充分润滑，$v_{面}$ 为 0.3～0.4m/s，常用于精加工。

② 图 5-39（b）所示为滚动式回转镗套，用于卧式镗孔。由于镗套与支架之间安装了滚动轴承，所以回转线速度可大大提高，一般 $v_{面}>0.4$m/s。但径向尺寸较大，回转精度受轴承精度影响，常采用滚针轴承或高精度轴承，以减少径向尺寸，提高回转精度。

③ 图 5-39（c）所示为立式镗孔用的回转式镗套。其工作条件差，受切削液和切屑的冲刷，一般设有防屑结构，并采用圆锥滚子轴承。

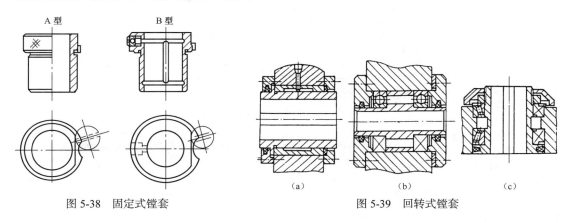

图 5-38 固定式镗套   图 5-39 回转式镗套

4. 镗床夹具

镗床夹具又称为镗模，用于加工箱体或支座类零件上的精密孔和孔系。它主要由镗模底座、支架、镗套、镗杆及必要的定位和夹紧装置组成。图 5-40 所示为镗削车床尾架孔的双支撑镗模。

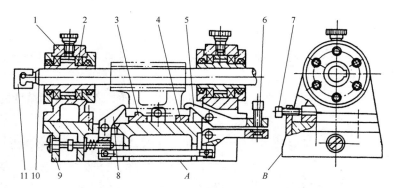

图 5-40 镗削车床尾架孔的双支撑镗模

1—支架；2—镗套；3、4—定位板；5、8—压板；6—夹紧螺钉；

7—可调支撑钉；9—底座；10—镗刀杆；11—浮动接头

① 两个镗模导向支撑分别设置在刀具的前后方，镗刀杆 10 与主轴通过浮动接头 11 连接。

② 工件以底面、槽及侧面在定位板 3、4 及可调支撑钉 7 上定位，限 6 个自由度，采用联动夹紧机构。

③ 拧紧夹紧螺钉 6，压板 5、8 同时夹紧工件，镗模支架 1 上装有滚动回转镗套 2 来支撑和引导镗杆。

5.2.3 镗孔加工工艺

镗孔通常在镗床上进行，镗孔示意图如图 5-41 所示。主轴箱可沿前立柱上的导轨上下移动。主轴箱上有平旋盘和主轴，两者可分别安装镗刀，单独使用，主轴可做轴向移动。

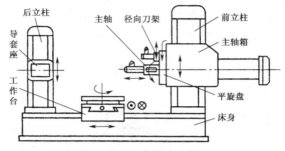

图 5-41　镗床镗孔示意图

　对于直径较大的孔（$D>80$ mm）、内成形面或孔内环槽等，镗削是唯一适宜的加工方法。

（1）利用主轴带动镗刀镗孔。如图 5-42 所示，图 5-42（a）、（b）所示为镗削短孔，图 5-42（c）所示为镗削箱体两壁相距较远的同轴孔系。

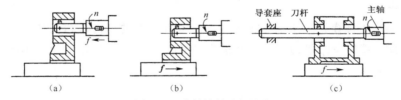

图 5-42　主轴旋转进行镗孔

（2）利用平旋盘带动镗刀镗孔。如图 5-43 所示，当利用径向刀架使镗刀处于偏心位置时，可镗削大孔和大孔的内槽。

（3）孔系镗削。箱体类零件上的孔系除有同轴度的要求外，还常有孔距精度的要求以及轴线间的平行度和垂直度要求。

　在单件小批生产中，工件的孔距精度一般利用镗床主轴箱的工作台和坐标尺调整主轴箱的上下位置和工作台的前后位置来保证。当孔距精度要求更高时，可利用百分表和量块调整主轴箱和工作台的位置。孔系轴线的平行度靠各排孔在工件一次装夹中进行镗削来保证。

在大批量生产中，孔系的孔距精度以及轴线间的平行度和垂直度均靠镗模来保证，如图 5-44 所示，此镗模用两块模板，镗刀杆与镗床主轴浮动连接，靠导向套支撑，依次镗削各排孔。

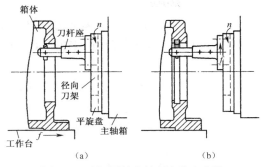

图 5-43 利用平旋盘镗削大孔和内槽

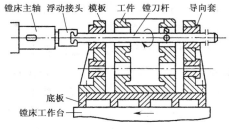

图 5-44 用镗模镗削平行孔系

5.2.4 加工实例

【练习 5-2】：悬伸镗削。

图 5-45 所示为一箱体零件，材料为 HT200，工件底面和侧面已粗加工，各留 3 mm 余量，$2 \times \phi100^{+0.05}_{0}$ mm 预制孔铸为 $\phi80$ mm 左右，$2 \times \phi100^{+0.05}_{0}$ mm 孔轴线的同轴度为 $\phi0.03$ mm，对底面的平行度为 0.03 mm，两孔的中心高为（450 ± 0.1）mm，孔中心距侧面 B 为（350 ± 0.2）mm，两孔的表面粗糙度为 Ra=1.6 μm。

1. 工艺方案分析

根据工件材料和加工技术要求，工艺方案如下。

（1）机床的选择：选择 T6111 型卧式铣镗床加工。

（2）刀具的选择：镗第一孔时用短刀杆镗刀，镗第二孔时用长刀杆镗刀。

（3）装夹方法：工件用 4 组压板螺钉装夹在工作台上。

（4）镗削方法：工件两孔是同轴孔，由于长、宽尺寸较大，无法用回转工作台回转加工，故采用悬伸镗削法。镗第一孔时，用短刀杆镗刀，镗出后装上导向套。镗第二孔时用长刀杆镗刀，如图 5-46 所示。镗削需划分粗、精加工阶段，粗加工后应进行消除应力处理。$2 \times \phi100^{+0.05}_{0}$ mm 两孔设计基准为底面及侧面 B，因此定位基准、测量基准均选择底面及侧面 B。加工路线如下：

粗镗第一孔→粗镗第二孔→人工时效处理→精刨底面及侧面 B→半精镗第一孔→精镗第一孔→半精镗第二孔→精镗第二孔。

2. 加工步骤

（1）做检查准备：清理工作台，清理工件毛刺，检查工件尺寸。

（2）装夹工件：工件用 4 组压板螺钉装夹在工作台上，装夹时找正工件 B 侧面与工作台纵向移动方向平行，误差不大于 0.05 mm。

（3）安装短刀杆镗刀。

（4）找正：横向移动工作台，使镗刀杆轴线与侧面 B 相距（353 ± 0.1）mm，垂直移动镗杆，使镗刀杆轴线距工作台面（453 ± 0.1）mm，此时镗刀杆回转中心即为粗镗第一孔中心位置。

（5）粗镗第一孔：以镗床工作台送进，选用较大切削用量粗镗第一孔，镗至 ϕ（95.5 ± 0.5）mm。

（6）换装长镗刀杆。

（7）粗镗第二孔：以镗床工作台送进，选用适当切削用量粗镗第二孔，镗至 ϕ（94.5 ± 0.5）mm。

（8）人工时效处理。

（9）精刨底面、精刨侧面 B。

（10）重新装夹找正。装夹时找正工件侧面 B 与工作台纵向移动方向平行，误差不大于 0.03 mm；找正 $\phi 100$ mm 孔中心位置，使镗刀杆轴线距侧面 B（350 ± 0.06）mm，距工作台面（450 ± 0.03）mm。

（11）换装短镗刀杆。

（12）半精镗第一孔：单边留精镗余量 0.3～0.4 mm，保证尺寸（350 ± 0.1）mm，中心高（450 ± 0.05）mm，孔表面粗糙度 Ra=1.6 μm。

（13）精镗第一孔：镗至图样要求。

（14）装导向套：将导向套装入第一孔中。

（15）换装长镗刀杆：先将镗刀杆穿进导向套内，再装上镗刀头。

（16）半精镗第二孔：单边留精镗余量 0.3～0.4 mm，孔表面粗糙度 Ra=3.2 μm。

（17）精镗第二孔：镗至图样要求。

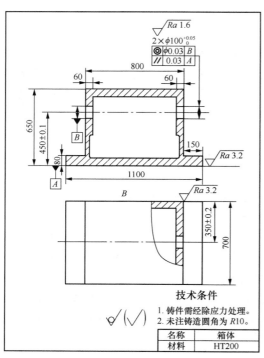

图 5-45　箱体零件

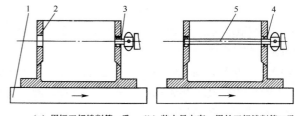

（a）用短刀杆镗削第一孔　　（b）装上导向套，用长刀杆镗削第二孔

图 5-46　镗削方法

1—工作台；2—工件；3—短刀杆；4—导向套；5—长刀杆

3. 悬伸镗削加工注意事项

（1）合理选用镗削方式。悬伸镗削同轴孔系有多种方式，主要为工作台送进和主轴送进两大类。随着主轴和刀杆的悬伸长度不断增加，刀具系统刚度逐渐变差，因而镗削精度不高，适用于工作台不能做纵向移动的镗床。在多数情况下，均采用工作台送进镗削同轴孔系。

（2）镗床主轴保持一定的悬伸长度。主轴悬伸长度一致，对所镗同轴孔系轴心线的直线度（镗杆挠度）的影响一致。采用导向套支撑，保证了在使用长、短不同镗杆时，镗杆挠度误差对镗削同轴孔系轴心线直线度的一致性，因此可保证同轴孔系不同孔的孔径尺寸精度及同轴度。

（3）选用精密可靠的导向套。导向套最好用铜合金制造，内孔中间拉上几道油槽，使用时加上适量润滑油，以增加耐磨和润滑性。导向套外径应与镗出的第一孔实际孔径有 0.02 mm 左右的间隙，内孔和镗刀杆为间隙配合，间隙为 0.03～0.05 mm。若间隙过大，会影响其导向精度；间隙过小，则影响到镗杆的自由转动，妨碍镗削的正常进行。

5.3 孔的其他加工方法

在孔的加工方法中，除了最常用的钻孔、扩孔、铰孔和镗孔外，还有拉孔、锪孔以及精加工孔的挤光、磨孔等。

5.3.1 拉孔

拉孔是一种生产率较高的精加工方法，在拉床上进行。

1. 拉刀

拉刀是多齿刀具，如图 5-47（a）所示，圆柱形刀齿的直径逐渐增大，故每个刀齿只切下一层较薄的金属，最后有几圈等直径的校准齿，用来校准孔径和修光孔壁。因此，拉孔的精度可达 IT7～IT8，表面粗糙度值 Ra 为 0.8～0.4 μm。

拉削加工原理

2. 拉削原理

拉削原理如图 5-47（b）所示，拉孔时先把拉刀 3 的柄部穿入工件 1 经过预加工（钻孔或扩孔）的通孔中，工件的端面靠在拉床的支撑 2 上，启动拉床，拉床的卡头拖动拉刀做低速直线运动进行拉削。

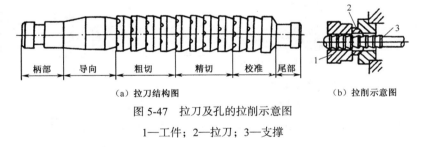

（a）拉刀结构图　　　　　　　（b）拉削示意图

图 5-47　拉刀及孔的拉削示意图

1—工件；2—拉刀；3—支撑

3. 拉削的工艺特点

（1）生产效率高。拉削加工的切削速度一般并不高，但由于拉刀是多齿刀具，同时参与切削的刀齿数较多，同时参与切削的切削刃较长，并且在拉刀的一次工作行程中能够完成粗加工、半精加工和精加工，大大缩短了基本工艺时间和辅助时间。

（2）加工精度高、表面粗糙度较小。拉刀有校准部分，其作用是校准尺寸，修光表面，并可作为精切齿的后备刀齿。校准刀齿的切削量很小，仅切去零件材料的弹性恢复量。另外，拉削的切削速度较低，目前 v_c < 18 m/min，拉削过程比较平稳，无积屑瘤；一般拉孔的精度为 IT6～IT8，表面粗糙度 Ra 值为 0.8～0.4 μm。

（3）拉床结构和操作比较简单。拉削只有一个主运动，即拉刀的直线运动。进给运动是靠拉刀的后一个刀齿高出前一个刀齿来实现的，相邻刀齿的高出量称为齿升量。

（4）拉刀成本高。由于拉刀的结构和形状复杂，精度和表面质量要求较高，故制造成本很高。但拉削时切削速度较低，刀具磨损较慢，刃磨一次可以加工数以千计的零件，加之一把拉刀又可以重磨多次，所以拉刀的寿命长。当加工零件的批量较大时，刀具的单件成本并不高。

（5）与铰孔相似，拉削不能纠正孔的位置误差。

（6）不能拉削加工盲孔、深孔、阶梯孔及有障碍的外表面。

4. 拉削的应用

拉削加工主要适用于成批和大量生产，尤其适用于在大量生产中加工比较大的复合型面，如发动机的气缸体等。在单件、小批生产中，对于某些精度要求较高、形状特殊的成形表面，用其他方法加工很困难时，也有采用拉削加工的。拉削加工因拉刀的形状不同，可拉削出各种形状的内孔，如图5-48所示。

拉孔加工直径通常为 10～100 mm，孔深与直径之比为 3～5，盲孔、阶梯孔和薄壁孔不宜拉削。此外，拉孔是以孔自身作为定位面，因此，不能保证孔与其他表面的位置精度。

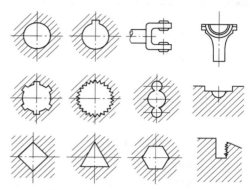

图 5-48　拉削的典型内孔截面形状

5.3.2　锪孔加工

锪孔是指在已加工的孔上加工圆柱形沉头孔，如图 5-49（a）所示锥形沉头孔，如图 5-49（b）所示锪锥面，如图 5-49（c）所示锪凸台平面。

锪孔时加工用的刀具统称锪钻。锪钻大多用高速钢制造，只有加工端面凸台的大直径端面锪钻用硬质合金制造，采用装配式结构。硬质合金刀片与刀体之间的连接采用镶齿式或机夹可转位式，如图 5-49（d）所示。

图 5-49（d）所示的平底锪钻，其圆周和端面上各有 3～4 个刀齿。在已加工好的孔内有一导柱，其作用为控制被锪沉头孔与原有孔的同轴度误差。导柱一般制成可卸式，以便于锪钻端面刀齿的制造和重磨，而且同一直径的沉头孔可以有数种不同直径的导柱。锥面锪钻的锥度有 60°、90°、120°这 3 种。

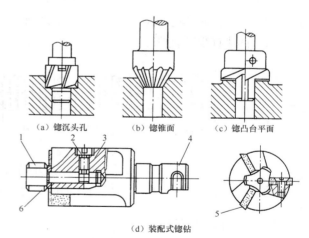

（a）锪沉头孔　（b）锪锥面　（c）锪凸台平面

（d）装配式锪钻

图 5-49　锪孔和锪钻

1—导柱；2—螺钉；3—刀体；4—锁销式刀柄；
5—刀齿；6—垫片

5.3.3　孔的精整加工

在一些特定的场合，对孔的精度要求也较高，这时就需要对孔进行精整加工，精整加工的常用方法有挤光、滚压和磨孔等。

1．孔的挤光

挤光加工是小孔精加工中高效率的工艺方法之一，可获得 IT5～IT6 级精度，表面粗糙度 Ra=0.025～0.4 μm 的孔，使用的工具简单、制造容易，对设备除要求刚性好外，无其他特殊要求。

（1）分类。挤光加工（见图 5-50）分为推挤和拉挤两种方式。一般加工短孔时采用推挤，加工较长的孔（$L/D>8$）时采用拉挤。

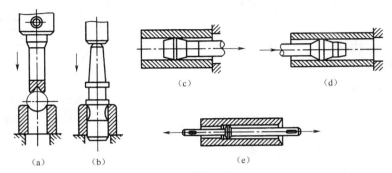

（a）　　　（b）　　　（c）　　　（d）　　　（e）

图 5-50　孔的挤光加工

（2）工具。挤光工具可采用滚球（淬硬钢球或者硬质合金球）、挤压刀（单环或多环）等，以实现工件的精整（尺寸）和强化（表层）等目的。

① 滚球可采用轴承上的标准滚球，便宜易得，但它对孔的导向性不好，只适用于工件长度较短、材料强度较低的挤光。

② 挤压刀的挤压环有圆弧面和锥形挤压（有双锥、单锥）等几种，如图 5-51 所示。应用较为广泛的是有前、后锥面（双锥）的圆柱棱带挤压刀，简称锥面挤压刀。

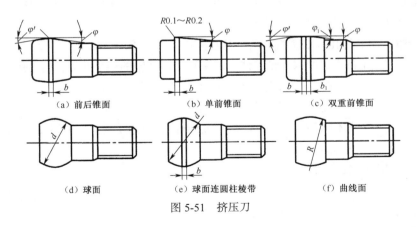

（a）前后锥面　　　（b）单前锥面　　　（c）双重前锥面

（d）球面　　　（e）球面连圆柱棱带　　　（f）曲线面

图 5-51　挤压刀

（3）应用。一般情况下，经过精镗或者铰等预加工、精度为 IT8～IT10 级的孔经过挤光后，可达到 IT6～IT8 级精度。经过预加工表面的粗糙度 Ra 为 1.6～6.3 μm 的孔，经过挤光后铸铁零件表面粗糙度 Ra 可达 0.4～1.6 μm。

要点提示

　　挤光孔加工在孔末端要产生喇叭口。实验表明，试件壁薄时几乎没有喇叭口，随着壁厚增大，喇叭口也增大。钢球与孔径尺寸也影响喇叭口，尺寸差小，几乎没有喇叭口；尺寸差大，喇叭口也增大。

2. 磨孔

磨孔是孔的精加工方法之一（见图 5-52），精度可达 IT7，表面粗糙度值 Ra 为 1.6～0.4 μm。

（1）工艺特点。磨孔与磨外圆相比较，工作条件较差。

① 砂轮直径受到孔径的限制，磨削速度低。

② 砂轮轴受到工件孔径和长度的限制，刚度低而容易变形。

③ 砂轮与工件接触面积大，单位面积压力小，使磨钝的磨料不易脱落。

④ 切削液不易进入磨削区，磨屑排除和散热困难，工件易烧伤。

⑤ 砂轮磨损快、易堵塞，需要经常修整和更换。

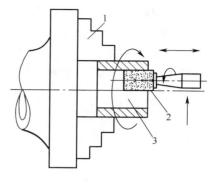

图 5-52　内孔磨削示意图

1—卡盘；2—砂轮；3—工件

（2）应用。磨孔的质量和生产率都不如磨外圆，但是磨孔的适应性好，可加工通孔、阶梯孔、锥孔、成形孔及孔端面等各式表面，不仅能保证孔本身的尺寸精度和表面质量，而且可提高孔的位置精度和孔轴线的直线度，因此在单件、小批量生产中应用很广。

> **要点提示**　对于淬硬的孔、盲孔、大直径的孔（用行星磨削）、长度短的精密孔以及断续表面的孔（带链槽或花键孔），内圆磨削是主要的加工方法。

5.4　孔加工方案的确定

孔是组成零件的基本表面之一，零件上有多种多样的孔，常用的有以下几种。

（1）紧固孔（如螺钉孔等）和其他非配合的油孔。

（2）回转体零件上的孔，如套筒、法兰盘及齿轮上的孔等。

（3）箱体类零件上的孔，如床头箱箱体上的主轴和传动轴的轴承孔等，这类孔往往构成孔系。

（4）深孔，即 $L/D>5$ 的孔，如车床主轴上的轴向通孔等。

（5）圆锥孔，如车床主轴前端的锥孔以及装配用的定位销孔等。

根据对各种孔的要求不同，在加工过程中，需要结合具体的生产条件，拟订较为合理的加工方案。

5.4.1　孔的技术要求

与外圆面相似，孔的技术要求大致也可以分为 3 个方面。

1. 孔本身的精度

孔本身的精度指孔径和长度的尺寸精度、孔的形状精度，如圆度、圆柱度以及轴线的直线度等。

2. 位置精度

位置精度指孔与孔，或者孔与外圆面的同轴度；孔与孔，或者孔与其他表面之间的尺寸精度、平行度、垂直度以及角度等。

3. 表面质量

表面质量指孔表面粗糙度以及表层硬度、残余应力和显微组织等。

5.4.2 影响孔加工方案的主要因素

孔加工可以在车床、钻床、镗床、拉床或者磨床上进行，大孔和孔系则常在镗床上加工。拟订孔的加工方案时，应考虑孔径的大小和孔的深度、精度、表面粗糙度等要求，还要考虑工件的材料、形状、尺寸、重量和批量，以及车间的具体生产条件（如现有的加工设备）。

（1）若在实体材料上加工孔，必须先采用钻孔。若是对已经铸出或锻出的孔（多为中、大型孔）进行加工，则可直接采用扩孔或者镗孔。

（2）对于孔的精加工，铰孔和拉孔适于加工未淬硬的中、小直径的孔；中等直径以上的孔可以采用精镗或者精磨；淬硬的孔只能采用磨削。

（3）在孔的精整加工方法中，珩磨多用于直径稍大的孔，研磨则对大孔和小孔都适用。

5.4.3 孔加工的工艺路线

下面给出了孔加工方案和加工流程框图（见图 5-53），可以将其作为拟订加工方案的依据和参考。

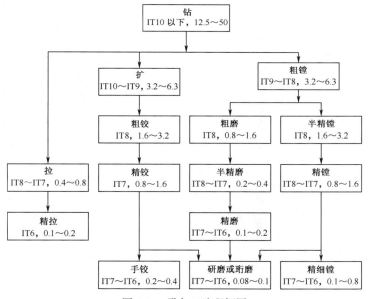

图 5-53 孔加工流程框图

（1）钻：用于加工 IT10 以下低精度的孔。

（2）钻→扩（或镗）：用于加工 IT9 精度的孔，当孔径小于 30 mm 时，钻孔后扩孔；若孔径大于 30 mm，采用钻孔后镗孔。

（3）钻→铰：用于加工直径小于 20 mm、IT8 精度的孔。

（4）钻→扩（或镗）→铰（或钻→粗镗→精镗）→拉：用于加工直径大于 20 mm、IT8 精度的孔。

（5）钻→粗铰→精铰：用于加工直径小于 12 mm、IT7 精度的孔。

（6）钻→扩（或镗）→粗铰→精铰（或钻→拉→精拉）：用于加工直径大于 12 mm、IT7 精度的孔。

（7）钻→扩（或镗）→粗磨→精磨：用于加工 IT7 精度并已经淬硬的孔。

（8）对于 IT6 精度孔的加工方案与 IT7 精度的孔基本相同，其最后工序要根据具体情况，分别采用精细镗、手铰、精拉、精磨、研磨或者珩磨等精细的加工方法。

铸（或锻）件上已经铸（或锻）出的孔可直接进行扩孔或者镗孔，直径大于 100 mm 的孔用镗孔比较方便。至于半精加工、精加工和精细加工，可参照在实体材料上加工孔的方案，例如，粗镗→半精镗→精镗→精细镗；扩→粗磨→精磨→研磨（或珩磨）等。

5.5 实训——加工阶梯孔

图 5-54 所示为一底座零件，材料为 HT200 灰铸铁，底面、ϕ120 mm 圆柱面及底脚 180 mm。左侧面均已粗加工，每面留 2～2.5 mm 余量。2×ϕ20 mm 孔已钻出，阶梯孔 ϕ40 mm/ϕ50 mm 孔线。现需镗削阶梯孔 ϕ40 mm/ϕ50 mm，轴线对底面的平行度公差为 0.03 mm，同轴度公差为 ϕ0.02 mm，阶梯孔轴线与底面的距离为（350±0.05）mm，孔表面粗糙度 Ra=1.6 μm。

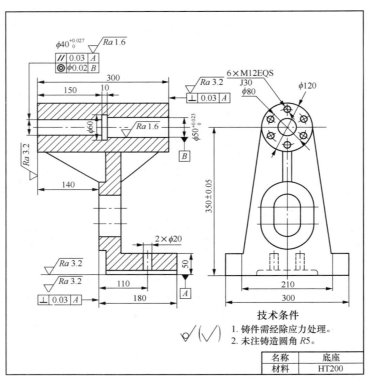

图 5-54　底座零件

1. 工艺方案分析

根据工件材料和加工技术要求，工艺方案如下。

（1）机床的选择：选择 T618 型卧式铣镗床加工。

（2）刀具的选择：选择 ϕ3.15 中心钻、ϕ30 mm 麻花钻及 ϕ30 mm 接长钻、镶硬质合金刀片单刃镗刀。

（3）装夹方法：工件底面和 180 mm 左侧面是高度和长度方向设计基准，也是定位、测量基准。其中，底面是最主要的定位基准，由此来确定阶梯孔的中心高和轴线的平行度。

① 粗镗时，底面和 180 mm 左侧面是粗基准，保证定位基本正确，加工余量均匀；精镗时，两面是精基准，要保证定位的精确性。

② 装夹时，底面必须与工作台紧密接触，不得有翘起或间隙，以免影响定位精度。侧面与定位角铁侧面接触，不能过紧，以免产生"过定位"。

③ 根据以上分析，装夹方法如下：工件 180 mm 左侧面靠近角铁，用一根螺钉拉紧工件，防止工件在宽度方向走动；用两副压板螺钉通过工件上 2×ϕ20 mm 孔装夹工件于工作台上。装夹时需找正 ϕ120 mm 圆柱端面对镗刀杆轴线的垂直度误差不大于 0.2 mm。

（4）镗削方法：镗削前按划线位置找正阶梯孔中心位置，用中心孔钻钻出中心孔，再钻出 ϕ30 mm 预镗孔后进行粗镗。粗镗后进行消除应力的人工时效处理，否则工件因切削力和切削热而产生的内应力会影响最终加工出的孔的加工精度。精加工定位精基准面底面、180 mm 左侧面及 ϕ120 mm 两端面。在找正孔中心位置后进行半精镗和精镗。拟订加工路线如下：

钻中心孔→钻通 ϕ30 mm 预镗孔→粗镗全长为 ϕ40 mm 孔→粗镗 ϕ50 mm×150 mm 孔→消除应力处理→精刨（铣）底面、180 mm 左侧面及 ϕ120 mm 两端面→半精镗 ϕ40 mm 孔→半精镗 ϕ50 mm×150 mm 孔；镗 10 mm×ϕ60 mm 环槽→精镗 ϕ40 mm 孔；精镗 ϕ50 mm 孔。

（5）镗削用量选择：粗镗（以提高生产率为出发点）切削速度 v_c 取 35～60 m/min，进给量 f 取 0.3～0.8 mm/r，a_p 取 2.5～3 mm；半精镗（解决粗镗时留下的余量不均匀部分，镗削余量不易过大）切削速度 v_c 取 60～80 m/min，进给量 f 取 0.2～0.7 mm/r，a_p 取 1.2～2 mm；精镗（保证图样尺寸、形位公差及表面粗糙度）切削速度 v_c 取 50～80 m/min，进给量 f 取 0.05～0.15 mm/r，a_p 取 0.1～0.15 mm。

2. 加工步骤

（1）做检查准备：清理工作台、装夹用角铁，清理工件毛刺，检查工件尺寸。

（2）装夹工件：在机床工作台上安装角铁，将工件 180 mm 左侧面贴直角铁垂直面，用螺钉拉紧。用两副压板螺钉通过工件上 2×ϕ20 mm 孔装夹工件于工作台上，找正工件 ϕ120 mm 圆柱右端面对镗刀杆轴线的垂直度误差不大于 0.2 mm。

（3）安装 ϕ3.15 中心钻。

（4）找正 ϕ40 mm/ϕ50 mm 中心位置：调整工作台及镗杆垂直升降机构，将中心钻中心对准划线孔中心。

（5）钻中心孔。

（6）钻通 ϕ30 mm 预镗孔：换装 ϕ30 mm 麻花钻，钻出 ϕ30 mm 孔；再换装 ϕ30 mm 接长柄钻，钻通 ϕ30 mm 预镗孔。

（7）粗镗全长为 ϕ40 mm 孔：换装镗刀杆，装单刃镗刀，粗镗全长 ϕ30 mm 预镗孔为 ϕ35.5$_{0}^{+0.5}$ mm。

（8）粗镗 ϕ50 mm×150 mm 孔：调整镗刀头回转半径，粗镗 ϕ50 mm×150 mm 孔为 ϕ45.5$_{0}^{+0.5}$ mm，深为 150 mm。

（9）人工时效处理。

（10）精刨（铣）底面、180 mm 左侧面及 ϕ120 mm 两端面至图样要求（在刨床或铣床上进行）。

（11）半精镗 ϕ40 mm 孔：重新装夹找正，方法同上。找正时，需使孔水平中心线离工作台面（350 ± 0.02）mm，再横向移动工作台，找正镗杆轴线与镗孔轴线同轴。半精镗时，留单边余量 0.3～0.4 mm，表面粗糙度为 Ra=3.2 μm。

（12）半精镗 ϕ50 mm 孔：单边留精镗余量 0.3～0.4 mm，镗 10 mm×ϕ60 mm 环槽。表面粗糙度 Ra=3.2 μm。

（13）精镗ϕ40 mm 孔：镗至图样要求。

（14）精镗ϕ50 mm 孔：镗至图样要求。

小结

本章介绍了各种孔的加工方法、加工孔所使用的各种装备，以及在加工孔过程中的技巧和注意事项，现在总结如下。

（1）孔的加工方法有钻孔、扩孔、铰孔、镗孔、拉孔、锪孔、挤光、滚压和磨孔等。

（2）钻孔是加工孔的一种基本方法，钻孔时所用的装备有钻床、钻头、钻套和钻模。

（3）钻孔完成后一般需要进行扩孔和铰孔，这时需要用到扩孔钻和铰刀。

（4）镗孔在孔加工中应用广泛，镗孔时所用的装备有镗床、镗刀、镗套和镗床夹具。

（5）使用拉刀可以拉削出特殊形状的孔，锪孔可以在已加工的孔上进行二次加工，以满足特定要求。

（6）为了使孔达到一定的精度要求，需要对孔进行精整加工。

（7）孔的加工步骤并不是确定的，可根据孔径的大小、孔的深度、精度和粗糙度要求以及车间的具体生产条件，制订适宜的加工方案。

习题

（1）简述钻床的主要类型、加工范围和特点。

（2）麻花钻由哪几部分组成？

（3）为防止钻孔时产生引偏，应采取哪些措施？

（4）扩孔钻由哪几部分组成？有什么特点？

（5）铰孔的工艺特点有哪些？

（6）镗削的工艺特点有哪些？

（7）镗床有哪些种类？各有什么特点？

（8）镗刀有哪些类型？

（9）镗床夹具的作用是什么？有哪些类型？

（10）拉孔的特点有哪些？

（11）对孔进行精整加工有哪些方法？各有什么特点？

（12）孔的技术要求有哪些？

第6章

平面加工工艺与装备

平面是箱体、机座、机床床身和工作台以及板块状零件的主要表面。平面按加工时所处的位置可分为水平面、垂直面和斜面。平面之间作不同形式的连接，又可形成各种沟槽，如直槽、V形槽、T形槽、燕尾槽等。平面的加工方法主要有铣削、刨削、磨削、车削、刮削、研磨等。

※【学习目标】※

- 掌握平面铣削工艺与装备。
- 掌握平面刨削工艺与装备。
- 了解其他平面加工工艺与装备。
- 掌握平面光整加工工艺与装备。
- 掌握平面加工方案的确定。

6.1 平面铣削工艺与装备

铣削加工主要用来加工平面（包括水平面、垂直面、斜面）、沟槽（包括直角槽、键槽、V形槽、燕尾槽、T形槽、圆弧槽及螺旋槽等）、成形面等。

6.1.1 平面铣削概述

铣削是平面的主要加工方法之一。铣削时铣刀旋转做主运动，工件随工作台直线运动（或曲线运动）为进给运动。通常工件有纵向、横向与垂直3个方向的进给运动。

1. 铣削的工艺特点

铣削的工艺特点主要有以下3个方面。

（1）生产效率较高。铣刀是典型的多齿刀具，铣削时有几个刀齿同时参加工作，并且参与刀削的切削刃较长，切削速度也较高，且无刨削那样的空回行程，故生产效率较高。

（2）容易产生震动。铣刀的刀齿切入和切出时产生冲击，在切削过程中每个刀齿的切削层厚度 h_i 随刀齿位置的不同而变化，引起切削层横截面积变化，如图 6-1 所示。

（3）刀齿散热条件较好。铣刀刀齿在切离零件的一段时间内，可以得到一定的冷却，散热条件较好。但是，切入和切出时，热和力的冲击将加速刀具的磨损，甚至可能引起硬质合金刀片的碎裂。

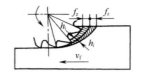
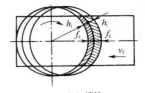

（a）周铣　　　　　　（b）端铣

图 6-1　铣削时切削层厚度的变化

 要点提示　　在铣削过程中铣削力是变化的，切削过程不平稳，容易产生震动，这就限制了铣削加工质量和生产效率的进一步提高。

2. 周铣与端铣

周铣与端铣介绍

根据加工时刀具参与切削的部位不同，可将铣削分为周铣和端铣两种方式。

（1）周铣。用圆柱铣刀的圆周刀齿加工零件的方法称为周铣法，如图 6-2 所示。周铣时，同时参与加工的齿数较少。切削厚度 a_e 越大，同时工作的刀齿数越多。

（2）端铣。用铣刀的端面刀齿加工零件的方法叫端铣法，如图 6-3 所示。端铣时，同时参与加工的齿数较多。切削宽度 a_e 越大，同时工作的刀齿数越多。

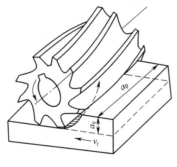

图 6-2　周铣

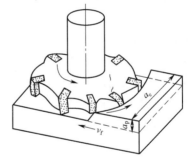

图 6-3　端铣

周铣与端铣的特点对比如表 6-1 所示。

表6-1　　　　　　　　　　周铣与端铣的对比

项　　目	周　　铣	端　　铣
有无修光刃	无	有
工件表面质量	差	好
刀杆刚度	小	大
切削震动	大	小
同时参加切削的刀齿	少	多
是否容易镶嵌硬质合金刀片	难	易
刀具耐用度	低	高
生产效率	低	高
加工范围	广	较窄

3．顺铣与逆铣

在周铣中，根据刀具的旋转方向与工件进给方向的关系，铣削又可以分为顺铣和逆铣两种方式，刀具旋转方向与工件进给方向相同者为顺铣，相反者为逆铣。

顺铣和逆铣的主要区别如下。

（1）逆铣时，刀齿切入工件的厚度从零增大到最大值，切入初期在表面上产生挤压和滑擦，加剧刀具磨损，降低表面质量；顺铣时，刀齿的切削厚度从最大值减小到零，可以避免上述缺点，如图 6-4（a）所示。

（2）逆铣时，铣削力上抬工件，增加了夹紧机构的负担，还可能引起震动；顺铣时，铣削力将工件压向工作台，避免了上述缺点，如图 6-4（b）所示。

（3）顺铣时的水平分力 F_H 与工件进给方向相同，由于工作台进给丝杆和螺母之间的间隙在进给方向的前方，该力将使工件连同工作台和丝杆一起向前窜动，使进给量突然增加，可能造成刀具的损坏，如图 6-5（b）所示，而逆铣时由于 F_H 与工件进给方向相反，不会出现上述情况，如图 6-5（a）所示。一般铣床没有完全消除工作台丝杠螺母之间间隙的机构，所以在生产中仍采用逆铣法。

顺铣和逆铣的区别——铣削层对比

顺铣和逆铣的区别——稳定性对比

逆铣和顺铣的区别——切削力对比

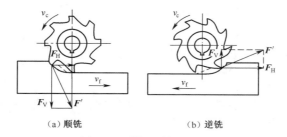

（a）顺铣　　　　　　　　（b）逆铣

图 6-4　顺铣和逆铣的对比

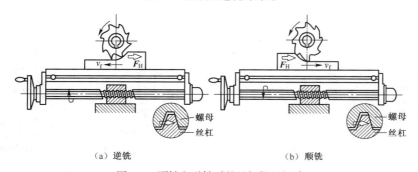

（a）逆铣　　　　　　　　（b）顺铣

图 6-5　顺铣和逆铣时的丝杆螺母间隙

要点提示

　　铣削带有黑皮的表面时，如铸件或锻件表面的粗加工，若用顺铣法，因刀齿首先接触黑皮，将加剧刀齿的磨损，所以也应采用逆铣法。

顺铣与逆铣的特点对比如表 6-2 所示。

4．铣削的应用

铣削主要用于加工平面，还常用于加工垂直面、台阶面、各种沟槽及成形面等；铣削加工的工件尺寸公差等级一般为 IT7～IT9 级，表面粗糙度 Ra 为 1.6～6.3 μm。

表 6-2　　　　　　　　　　　　顺铣和逆铣特点对照表

项　目	顺　铣	逆　铣
铣削平稳性	好	差
刀具磨损	小	大
工作台丝杠和螺母有无间隙	有	无
由工作台传动引起的质量事故	多	少
加工工序	精加工	粗加工
表面粗糙度值	小	大
生产效率	低	高
加工范围	无硬皮的工件	有硬皮的工件

6.1.2　平面铣削工艺装备

铣床的种类很多，常用的是升降台卧式铣床和立式铣床。铣削大型零件的平面则用龙门铣床，它的生产效率较高，多用于批量生产。

1.　铣刀

铣刀的种类很多，按材料不同分为高速钢和硬质合金钢两类；按安装方法不同分为带孔铣刀和带柄铣刀两类。图 6-6 所示分别为带孔铣刀和带柄铣刀，各种铣刀的应用如图 6-7 所示。

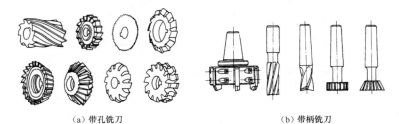

（a）带孔铣刀　　　　　　　　　　　（b）带柄铣刀

图 6-6　各种铣刀

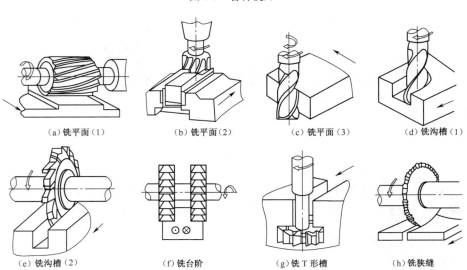

（a）铣平面（1）　　　（b）铣平面（2）　　　（c）铣平面（3）　　　（d）铣沟槽（1）

（e）铣沟槽（2）　　　（f）铣台阶　　　（g）铣 T 形槽　　　（h）铣狭缝

图 6-7　铣刀的应用

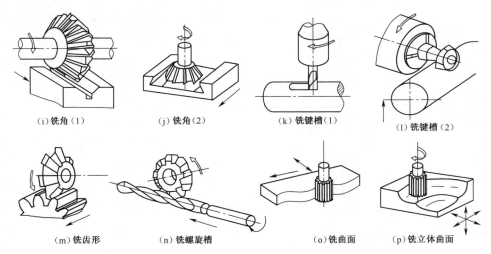

(i)铣角（1）　　　(j)铣角（2）　　　(k)铣键槽（1）　　　(l)铣键槽（2）

(m)铣齿形　　　(n)铣螺旋槽　　　(o)铣曲面　　　(p)铣立体曲面

图 6-7　铣刀的应用（续）

（1）带孔铣刀的安装。带孔铣刀用于卧式铣床，常用刀杆安装。刀杆的一端为锥体，装入机床主轴锥孔中，由拉杆拉紧。主轴旋转，并通过其前端的端面键带动刀具旋转，刀具的轴向位置由套筒来定位。为了提高刀杆的刚度，刀杆另一端由机床横梁上的吊架支撑，如图 6-8 所示。

（2）带柄铣刀的安装。带柄铣刀多用于立式铣床上，按刀柄的形状不同可分为直柄和锥柄两种。锥柄铣刀安装首先选用过渡锥套，再用拉杆将铣刀及过渡锥套一起拉紧在立轴端部的锥孔内，如图 6-9（a）所示；直柄铣刀一般直径较小，多用弹簧夹头进行安装，如图 6-9（b）所示。

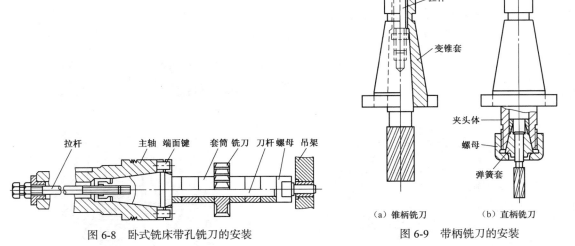

图 6-8　卧式铣床带孔铣刀的安装

（a）锥柄铣刀　　（b）直柄铣刀

图 6-9　带柄铣刀的安装

2. 铣床

铣床的种类很多，最常用的是卧式铣床、立式铣床和龙门铣床。

（1）卧式万能铣床。图 6-10 所示为卧式万能升降台式铣床的外形及其组成，其主轴轴线与工作台平面平行，呈水平位置。工作台可沿纵、横、垂直3 个方向移动，并可在水平面内回转一定的角度。

卧式万能铣床的主要结构单元的功能如下。

铣床和铣削加工

177

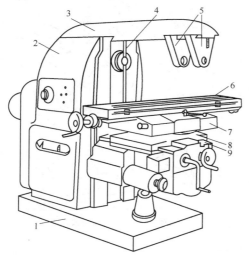

图 6-10　卧式万能铣床

1—底座；2—床身；3—悬梁；4—主轴；5—刀轴支架；
6—工作台；7—回转盘；8—床鞍；9—升降台

① 底座：用来支撑铣床的全部重量和盛放冷却润滑液，其上装有冷却润滑电动机。

② 床身：用来安装和连接机床其他部件。床身的前面有燕尾形的垂直导轨，供升降台上、下移动时使用。床身的后面装有电动机。

③ 悬梁：用以支撑安装铣刀和心轴，以加强刀杆的刚度。横梁可在床身顶部的水平导轨中移动，以调整其伸出长度。

④ 主轴：用来安装铣刀。铣刀主轴一端是锥柄，以便装入主轴的锥孔中，另一端可安装在横梁的刀轴支架上来支撑，由主轴带动铣刀刀杆旋转。

⑤ 刀轴支架：支撑刀轴，以便安装和固定刀具。

⑥ 工作台：用来安装机床附件或工件，并带动它们做纵向移动。台面上有 3 个 T 形槽，用来安装 T 形螺钉或定位键。3 个 T 形槽中，中间一条的精度较高。

⑦ 床鞍与回转盘：床鞍装在升降台的水平导轨上，可带动纵向工作台做横向（前、后）移动，回转盘能使纵向工作台绕回转盘轴线正负各转动 45°，以便铣削螺旋表面。

⑧ 升降台：用来支撑工作台，并带动工作台上下移动。

（2）立式铣床。立式铣床如图 6-11 所示，其主轴与工作台面相互垂直。立式铣床的头架还可在垂直面内旋转一定角度，以铣削斜面。立式铣床可加工平面、斜面、键槽、T 形槽及燕尾槽等。

（3）龙门铣床。图 6-12 所示为龙门铣床外形。龙门铣床的框架两侧各有垂直导轨，其上安装有两个侧铣头；框架上面是横梁，其上又安装有两个铣头。

 要点提示　　龙门铣床有 4 个独立的主轴，均可安装一把刀具，通过工作台的移动，几把刀具同时对几个表面进行加工，生产效率较高。

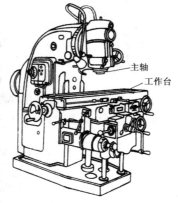

图 6-11　立式铣床

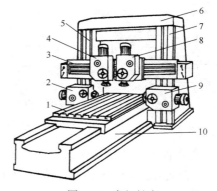

图 6-12　龙门铣床

1—工作台；2、4、8、9—铣头；3—横梁；5、7—立柱；
6—横梁；10—床身

3. 铣床夹具

铣床夹具用于对工件进行定位和装夹，其质量将对加工精度和生产效率有直接影响。

（1）铣床夹具的基本要求。

① 铣床夹具应具有足够的夹紧力、刚度和强度。要满足此项基本要求，夹具的夹紧装置尽可能采用增力机构；夹紧装置的自锁性要好；着力点和施力方向要恰当。

② 为了保持夹具相对于机床的准确位置，铣床夹具底面应设置定位键。

③ 为了找正工件与刀具的相对位置，通常均设置对刀块。

（2）平口虎钳。平口虎钳是铣床的常用夹具。

① 种类。平口虎钳的规格以钳口的宽度表示，常用的有 100mm、125mm 和 150mm 3 种。其种类有固定式、回转式、自定心以及手动液压等。固定式和回转式应用最为广泛，适用于装夹形状规则的小型工件。钳口可以制成多种形式，更换不同形式的钳口可扩大其使用范围，如图 6-13 所示。

② 使用要领。机用虎钳装夹的最大优点是快捷方便，但夹持范围不大。正确而合理地使用机用虎钳，不仅能保证加工工件具有较高的精度和表面质量，而且可以保持虎钳本身的精度，延长其使用寿命。

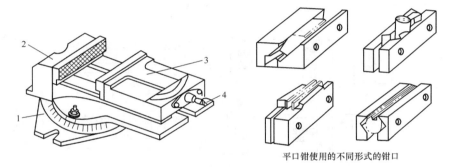

平口钳使用的不同形式的钳口

图 6-13　平口钳及不同钳口

1—底座；2—固定钳口；3—活动钳口；4—螺杆

- 将工件的基准面紧贴固定钳口或钳体的导轨面上，并用固定钳口承受铣削力，如图 6-14 所示。
- 工件的装夹高度以铣尺寸高出钳口平面 3～5 mm 为宜，如果装夹位置不合适，应在工件下面垫上适当厚度的平行垫铁。
- 为使工件基准面紧贴固定钳口，可在活动钳口与工件之间垫一圆棒，如图 6-15 所示。

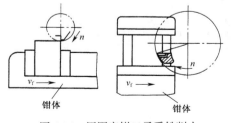

图 6-14　用固定钳口承受铣削力

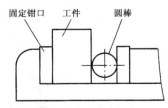

图 6-15　垫圆棒夹紧工件

- 维护好固定钳口。在工作台上安装机用虎钳时，要保证机用虎钳的正确位置。当机用虎钳底面没有定位键时，应该使用百分表找正固定钳口面。

- 为使夹紧可靠，尽量使工件与钳口工作面接触面积大些，夹持短于钳口宽度的工件尽量应用中间均等部位。
- 要根据工件的材料、几何轮廓确定适当的夹紧力，不可过小，也不能过大。不允许任意加长虎钳手柄。
- 在加工相互平行或相互垂直的工件表面时，如果使用中的虎钳精度不够，可在工件与固定钳口之间，或工件与虎钳的水平导轨间垫上适当厚度的纸片或薄铜片，以提高工件的安装精度。
- 在铣削时，应尽量使切削中水平分力的方向指向固定钳口，并随时清理切屑及油污，保持虎钳导轨面的润滑与清洁。
- 应注意选择工件在虎钳上安装的位置，避免在夹紧时虎钳单边受力，必要时还要辅加支撑垫铁。
- 夹持表面光洁的工件时，应在工件与钳口间加垫片以防止划伤工件表面。夹持粗糙毛坯表面时，也应在工件与钳口间加垫片，既可以保护钳口，又能提高工件的装夹刚性。垫片可用铜或铝等软质材料制作。
- 装夹工件时，应将工件向固定钳口方向轻轻推压，工件轻轻夹紧后可用铜锤等轻轻敲击工件，使工件紧贴于底部垫铁上，最后将工件夹紧。

图 6-16 所示为使用机用平口虎钳装夹工件的几种情况。

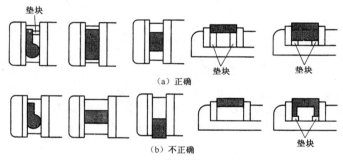

图 6-16　机用平口虎钳装夹工件方法

（3）用压板装夹工件。尺寸较大的工件可用螺栓、压板直接将工件装夹于工作台上，为确定工件与铣刀的正确位置，一般需找正工件。压板的使用方法如图 6-17 所示。

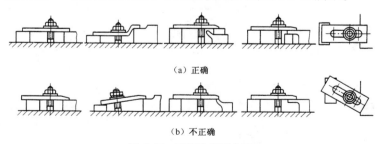

图 6-17　压板的使用方法

6.1.3　平面铣削工艺

在不同类型的铣床上使用各种铣刀可以完成的工作有平面铣削（如水平面、垂直面和斜面）、沟槽铣削（如直角沟槽、键槽、燕尾槽和 T 形槽）、各种成形表面铣削（如齿轮、凸轮和花键）、球面铣削等。

1. 平面铣削

平面铣削应用广泛，主要应用于以下场合。

（1）图 6-18 所示为面铣刀铣削平面，刀杆刚度好，铣削厚度变化小，同时参加工作的刀齿数较多，切削平稳，加工表面质量高，生产效率高。

（2）图 6-19 所示为立铣刀铣削凸台平面（或侧面），当铣削宽度较大时，应选用较大直径的立铣刀，以提高铣削效率。

（3）图 6-20 所示为三面刃铣刀铣削凸台平面（或侧面），在满足工件的铣削要求及不碰刀杆套筒的条件下，应选用较小直径的铣刀。

（4）图 6-21 所示为螺旋齿圆柱形铣刀，用于铣削宽度不大的平面。当选用较大螺旋角的铣刀时，可以适当提高进给量。

2. 沟槽铣削

沟槽铣削方法形式多样，主要有以下应用场合。

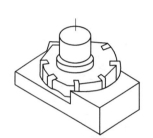

图 6-18　面铣刀铣削平面

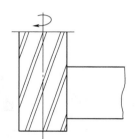

图 6-19　立铣刀铣削凸台平面

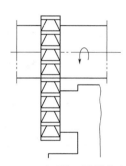

图 6-20　三面刃铣刀铣削凸台平面

（1）图 6-22 所示为立铣刀铣削各种凹坑平面或各种形状的孔。先在任一边钻一个比铣刀直径略小的孔，以便于轴向进刀。

 要点提示　　如果铣削一端不通的槽，铣刀装夹要牢固，避免因轴向铣削分力大而产生"掉刀"现象。

（2）图 6-23 所示为键槽铣刀铣削各种键槽。先在任一端钻一个直径略小于键宽的孔，铣削时铣刀轴线应与工件轴线垂直。

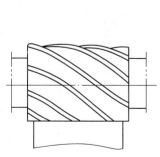

图 6-21　螺旋齿圆柱形铣刀
　　　　　铣削宽度不大的平面

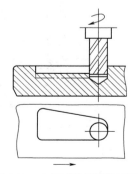

图 6-22　立铣刀铣削凹坑平面

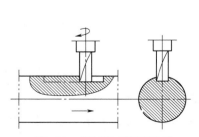

图 6-23　键槽铣刀铣削键槽

（3）图 6-24 所示为半圆键铣刀铣削半圆键槽，铣刀宽度方向的对称平面应通过工件轴线。

（4）图 6-25 所示为 T 形槽铣刀铣削各种 T 形槽。先用立铣刀或三面刃铣刀铣垂直槽至全槽深，如图 6-25（a）所示，再用 T 形槽铣刀铣削 T 形槽，如图 6-25（b）所示。

（5）图 6-26（a）所示为燕尾槽铣刀铣削燕尾槽，先根据燕尾槽口宽用立铣刀铣出直槽，再用燕尾槽铣刀铣出左右两侧燕尾；图 6-26（b）所示为燕尾槽铣刀铣削燕尾块，先用立铣刀铣出两侧凸台，再用燕尾槽铣刀铣出左右两侧燕尾。

（6）图 6-27 所示为锯片铣刀切断板料或型材。被切断部分底面应支撑好，避免切断时因弹落而引起打刀。

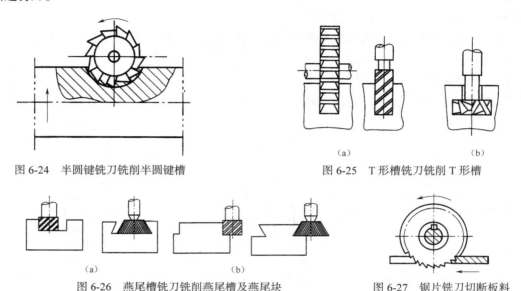

（a） （b）

图 6-24　半圆键铣刀铣削半圆键槽　　　　图 6-25　T 形槽铣刀铣削 T 形槽

（a） （b）

图 6-26　燕尾槽铣刀铣削燕尾槽及燕尾块　　　图 6-27　锯片铣刀切断板料

3．成形面铣削

对于花键等成形面，可以采用以下铣削方式。

（1）图 6-28 所示为成形花键铣刀铣削直边花键轴，铣刀宽度的对称平面应通过工件轴线。

（2）图 6-29 所示为凸半圆铣刀铣削各种半径的凹形面或半圆槽及各种半径的凸形面。

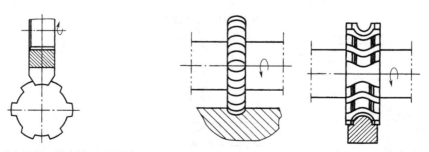

图 6-28　成形花键铣刀铣削直边花键轴　　　图 6-29　凸半圆铣刀铣削各种半径的凹形面、凸形面

4．球面铣削

球面的铣削方法主要有以下两种。

（1）图 6-30 所示为铣刀盘铣削外球面，刀尖旋转运动轨迹与球的截形圆重合，铣削时手摇分度头手柄使工件绕自身轴线旋转。

（2）图 6-31 所示为铣刀盘或立铣刀铣削内球面。先确定刀具直径及工件倾斜角，工件夹持在分度头上，与分度头主轴一起旋转。

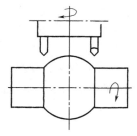

图 6-30　铣刀盘铣削外球面

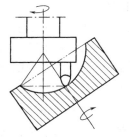

图 6-31　铣刀盘铣削内球面

6.1.4　平面铣削加工实例

下面介绍两个铣削加工实例。

【练习 6-1】：铣削平面，零件图如图 6-32 所示。

1．目的

（1）掌握用手动进给铣削平面和垂直面的方法。

（2）掌握基准面的选择方法及零件的加工顺序。

（3）掌握检验平面的方法。

2．机床、刀具、夹具、量具

（1）机床：X62W 型（或 X52K 型）。

（2）刀具：圆柱铣刀、端铣刀或立铣刀。

（3）夹具：机用虎钳、平行垫铁。

（4）量具：钢尺、游标卡尺、角尺、外卡尺及百分表。

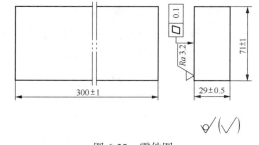

图 6-32　零件图

3．加工分析

（1）影响平面度的因素。

① 圆周铣削时圆柱形铣刀的圆柱度误差；端铣时铣床主轴轴线与进给方向的垂直度。

② 工件在夹紧力和铣削刀作用下的形变；工件存在内应力，使铣削后零件变形；铣削热引起工件的热变形。

③ 铣床工作台进给运动的直线度误差；铣床主轴轴承的轴向和径向间隙大。

④ 铣削时，圆柱铣刀的宽度或面铣刀的直径小于被加工面的宽度而接刀，产生接刀痕。

（2）影响表面粗糙度的因素。

① 铣刀磨损，刀具刃口变钝。

② 进给量、切削厚度太大。

③ 铣刀的几何参数选择不当；铣削时震动过大；铣削时有拖刀现象。

④ 铣削时，切削液选择不当；铣削时有积屑瘤产生或切屑粘刀现象。

⑤ 铣削中进给停顿，使铣刀下沉，在工件加工面上切出凹坑（俗称为"深啃"）。

4．操作步骤

（1）安装平口钳，校正固定钳口与铣床主轴线垂直度（立铣）。

（2）选用 YG8，ϕ80mm 的普通机械夹固式面铣刀，安装并校正零件。

（3）选择铣削用量：n=118r/min、v_f=47.5mm/min、α_p=2mm。

（4）对刀试切。

① 用手转动刀盘，使刀头处在工件正上方。

② 上升工作台，目测刀尖与工件的距离 2mm 左右。

③ 启动机床，慢慢上升工作台使刀尖与工件轻轻擦上，停车待铣刀停稳后，用手转动刀盘，使刀头在工件的外面，退出工作台，使刀盘的最大直径与工件的端面有 5～10mm 的距离。

（5）上升工作台 1.5～2mm，启动机床，打自动走刀，进行铣削。

（6）铣削完毕后，停车、降落工作台并退出工件。

（7）卸下工件并检测加工平面的平面度。

5．操作要领

（1）铣削前先检查铣刀盘、铣刀头、工件装夹是否牢固，安装位置是否正确。

（2）开机前应注意铣刀盘和刀头是否与工件、平口钳相撞。

（3）铣刀旋转后，应检查铣刀旋转方向是否正确。

（4）应开机对刀调整背吃刀量；若手柄摇过头，要消除丝杠和螺母间隙，以免铣错尺寸。

（5）铣削中不准用手摸工件和铣刀，不准测量工件，不准变换进给量。

（6）铣削中不准停止铣刀旋转和工作台自动进给，以免损坏刀具、啃伤工件。

（7）进给结束，工件不能立即在旋转的铣刀下面退回，应先降落工作台，然后再退出工件。

（8）平口钳装夹工件时，平口钳扳手取下后再自动进给铣削工件。

（9）切削应飞向床身一侧，以免烫伤操作者。

（10）对刀试切，调整安装铣刀头时，注意不要损伤刀片刃口。

【练习 6-2】：铣 T 形槽。

1．目的

（1）进一步掌握在铣床上铣直角沟槽的方法。

（2）掌握在铣床上铣 T 形槽的方法。

2．机床、刀具、夹具、量具

（1）机床：X62W 型（或 X52K 型）。

（2）刀具：圆柱铣刀、端铣刀、三面刃铣刀、立铣刀及 T 形槽铣刀。

（3）夹具：机用虎钳。

（4）量具：游标卡尺、百分尺、百分表、角尺及钢尺。

3．加工步骤

（1）读图。图 6-33 所示为 V 形铁铣 T 形槽工序图。

（2）对照图纸检查毛坯尺寸。

（3）安装找正平口钳，使固定钳口与 X62W 型铣床的主轴轴线垂直。

（4）装夹找正工件。

（5）铣六面体至图纸要求。

（6）划线。

（7）用立铣刀铣直角沟槽至宽 $16^{+0.058}_{0}$ mm、深 23 mm，并达到对称度要求。

（8）下工件。

（9）在 X62W 型铣床工作台上安装及校正平口钳。

（10）校正并加紧工件。

（11）用 T 形槽铣刀铣 T 形槽至尺寸 29 mm、$13^{+0.18}_{0}$ mm、$23^{+0.22}_{0}$ mm，并达到对称度要求。

（12）去毛刺，检查各项要求。

（13）换角度铣刀对槽口倒角。

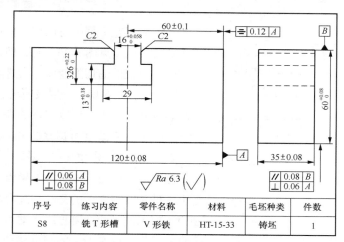

图 6-33　V 形铁铣 T 形槽工序

4．安全及注意事项

（1）由于 T 形槽的刚性差，所以应选较小进给量。

（2）在铣削过程中不得进行测量。

（3）为达到配合尺寸及表面粗糙度要求，应选择小于槽宽的立铣刀（或三面刃铣刀）。

6.2　平面刨削工艺与装备

刨削是平面加工的主要方法之一。刨削可在牛头刨床或龙门刨床上进行，下面将对其相关知识进行详细介绍。

6.2.1　平面刨削概述

刨削是以刨刀相对工件的往复直线运动与工作台（或刀架）的间歇进给运动实现切削加工的，如图 6-34 所示。

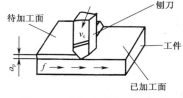

图 6-34　牛头刨床的刨削要素

1．刨削的工艺特点

刨削的精度可达 IT8～IT9，表面粗糙度 Ra 值为 1.6～3.2 μm。刨削加工工艺的主要特点如下。

（1）通用性好。刨床的结构比车床、铣床简单，价格低，调整和操作也较方便，所用的单刃刨刀与车刀基本相同，形状简单，制造、刃磨和安装皆较方便。

185

（2）生产率较低。刨削的主运动为往复直线运动，反向时受惯性力的影响，加之刀具切入和切出时有冲击，限制了切削速度的提高。单刃刨刀实际参加切削的切削刃长度有限，一个表面往往要经过多次行程才能加工出来，基本工艺时间较长。

> **要点提示**　刨刀返回行程时不进行切削，加工不连续，增加了辅助时间，因此，刨削的生产效率低于铣削。但是对于狭长表面（如导轨、长槽等）的加工，以及在龙门刨床上进行多件或多刀加工时，刨削的生产效率可能高于铣削。

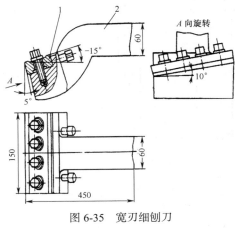

图 6-35　宽刃细刨刀

1—刀片；2—刀体

（3）采用宽刃精刨可以获得理想的加工质量。当采用宽刃精刨（见图6-35）时，即在龙门刨床上用宽刃细刨刀以很低的切削速度、大进给量和小的切削深度，从零件表面上切去一层极薄的金属，因切削力小、切削热少和变形小，所以零件的表面粗糙度 Ra 值可0.4～1.6 μm，直线度可达 0.02 mm/m。

2. 刨削的分类和应用

刨削时，刨刀（或工件）做直线往复移动，工作台上工件（或刨刀）的移动相配合来进行切削加工。刨刀（或工件）的往复直线运动为主运动，方向与之垂直的工件（或刨刀）的间歇移动为进给运动。

（1）刨削的分类。按照刨削时主运动方向的不同，刨削可分为水平刨削和垂直刨削两种。水平刨削通常称为刨削，如图 6-36（a）、图 6-36（b）所示，垂直刨削则称为插削，如图6-36（c）所示。

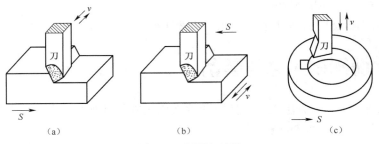

（a）　　　　　　（b）　　　　　　（c）

图 6-36　刨削与插削

（2）刨削的应用。刨削可以对各类平面、垂直面、台阶面、斜面、直槽、T形槽及曲面等进行加工，如图6-37所示。插削常用于加工工件的内表面，如孔内的键槽、花键槽、方孔及特形孔等。

6.2.2　平面刨削工艺装备

刨削方法必须针对不同的表面加以制订，不同的表面使用刨刀、刨床以及夹具也不相同，所以学习刨削这 3 个因素是非常必要的。

1. 刨刀

常用的刨刀有平面刨刀、偏刀、角度刀及成形刀等，如图 6-38 所示。

（1）刨刀的结构特点。刨刀的几何参数与车刀相似。由于刨刀切入和切出工件时，冲击大，容易发生"崩刀"或"扎刀"现象，因而刀杆截面较粗大，以增加刀杆刚性、防止折断，并做成弯头状，这样刀刃碰到工件上的硬点时，容易弯曲变形，而不会像直头刨刀那样使刀尖扎入工件，破坏工件表面和损坏刀具，如图 6-39 所示。

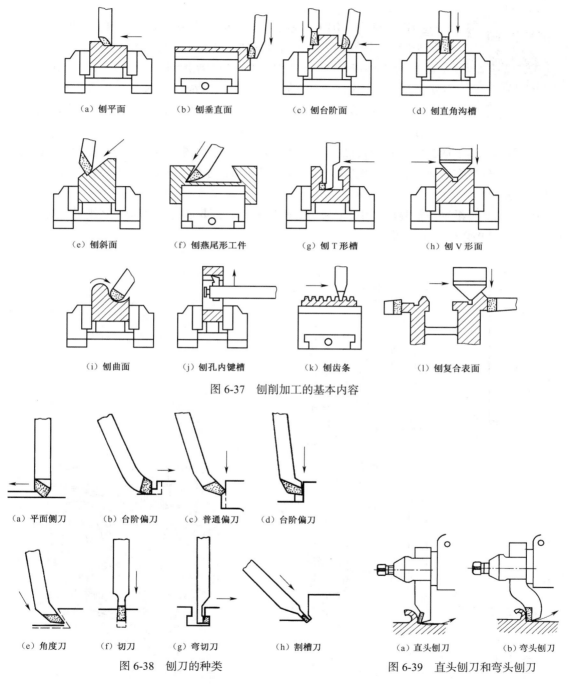

（a）刨平面　　　（b）刨垂直面　　　（c）刨台阶面　　　（d）刨直角沟槽

（e）刨斜面　　　（f）刨燕尾形工件　　　（g）刨 T 形槽　　　（h）刨 V 形面

（i）刨曲面　　　（j）刨孔内键槽　　　（k）刨齿条　　　（l）刨复合表面

图 6-37　刨削加工的基本内容

（a）平面侧刀　　　（b）台阶偏刀　　　（c）普通偏刀　　　（d）台阶偏刀

（e）角度刀　　　（f）切刀　　　（g）弯切刀　　　（h）割槽刀

图 6-38　刨刀的种类

（a）直头刨刀　　　（b）弯头刨刀

图 6-39　直头刨刀和弯头刨刀

（2）插刀。图 6-40 所示为常用插刀的形状。为了避免插刀的刀杆与工件相碰，插刀刀刃应该凸出于刀杆。

要点提示
当插削长度较长、刀杆刚性较差时，水平方向的切削分力会使刀杆弯曲，产生"让刀"现象，因此应适当减小插刀的前角与后角，并降低进给量的大小，以减少水平切削分力。

2. 刨床

刨床和刨削加工

刨床主要有牛头刨床、龙门刨床和插床。牛头刨床多用于单件小批量生产的中小型狭长零件的加工。龙门刨床可以加工大型工件或同时加工多个中小型工件。

（1）牛头刨床。牛头刨床因其滑枕和刀架形似牛头而得名，主要由床身、滑枕、刀架、工作台横梁等部件组成，如图 6-41 所示。

① 工作时,装有刀架的滑枕 3 沿床身顶部的导轨做直线往复运动作为主运动，带动刀具实现切削过程。

② 调整变速手柄5可以改变滑枕的运动速度,调节滑枕行程调节柄6可以改变滑枕行程长度。

③ 刀具安装在刀架 2 前端的抬刀板上，转动刀架上方的手轮，可使刀架沿滑枕前端的垂直导轨上下移动。

④ 刀架还可沿水平轴偏转，用以刨削侧面和斜面。滑枕回程时，抬刀板可将刨刀朝前上方抬起，以免刀具擦伤已加工表面。

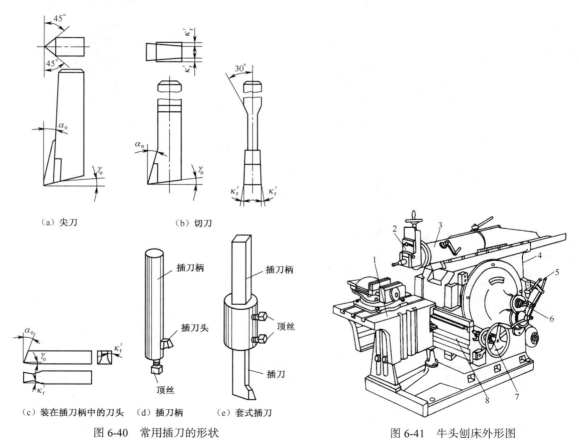

（a）尖刀　　　（b）切刀

（c）装在插刀柄中的刀头　（d）插刀柄　（e）套式插刀

图 6-40　常用插刀的形状

图 6-41　牛头刨床外形图

1—工作台；2—刀架；3—滑枕；4—床身；5—变速手柄；

6—滑枕行程调节柄；7—横向进给手柄；8—横梁

⑤ 夹具或工件安装在工作台 1 上，可沿横梁 8 上的导轨做间歇的横向移动，实现进给运动。横梁 8 还可沿床身的竖直导轨上、下移动来调整工件与刨刀的相对位置。

（2）龙门刨床。龙门刨床因其具有一个"龙门"式框架而得名，其结构如图 6-42 所示。

① 工作时，工件装夹在工作台 9 上，随工作台沿床身导轨做直线往复运动，以实现切削过程的主运动。

② 装在横梁 2 上的立刀架 5、6 可沿横梁导轨做间歇的横向进给运动，用以刨削工件的水平面，立刀架上的溜板还可使刨刀上下移动，做切入运动或刨竖直平面。

③ 刀架溜板还能绕水平轴调整至一定的角度，以加工斜面。装在左、右立柱上的侧刀架 1 和 8 可沿立柱导轨做垂直方向的间歇进给运动，以刨削工件的竖直平面。

④ 横梁还可沿立柱导轨升降，以便根据工件的高度调整刀具的位置。

（3）插床。插床实质上是立式刨床，其结构如图 6-43 所示。

① 加工时，滑枕 5 带动刀具沿立柱导轨做直线往复运动，以实现切削过程的主运动。

② 工件安装在圆工作台 4 上，工作台可实现纵向、横向和圆周方向的间歇进给运动。工作台的旋转运动，除了做圆周进给外，还可进行圆周分度。

③ 滑枕还可以在垂直平面内相对立柱倾斜 $0° \sim 8°$，以便加工斜槽和斜面。

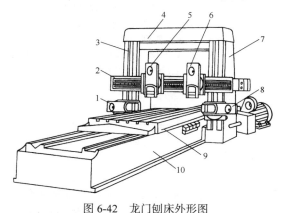

图 6-42　龙门刨床外形图

1、8—侧刀架；2—横梁；3、7—立柱；4—顶梁；

5、6—立刀架；9—工作台；10—床身

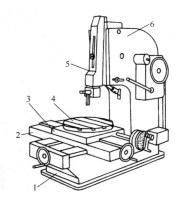

图 6-43　插床外形图

1—床身；2—横滑板；3—纵滑板；

4—圆工作台；5—滑枕；6—立柱

3. 刨床夹具

刨削加工主要用于单件及小批量生产，常用的夹具有压板、虎钳及挡块等。根据不同的工件，还经常利用千斤顶等其他工具作为支撑。刨削时常用的夹具及工件装夹方法如表 6-3 所示。

表 6-3　　　　　　　　　刨削时常用的夹具及工件装夹方法

名　　称	简　　图	说　　明
压板装夹	正确　　　错误	这是常用压板及其装夹方法。装夹时应注意位置的正确性，使工件装夹牢固

续表

名　称	简　图	说　明
虎钳装夹	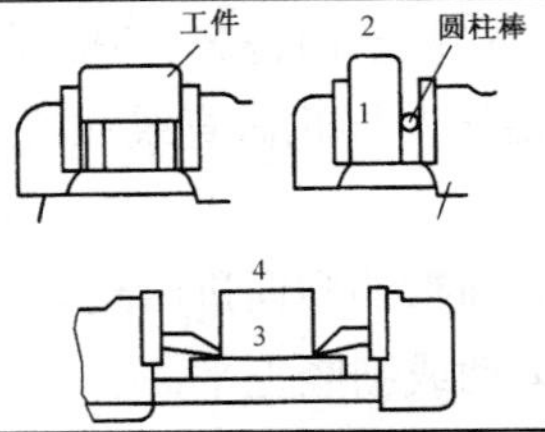	牛头刨床工作台上常用的虎钳装夹方法。左上图适用一般粗加工；右上图适用于工件面 1、2 有垂直度要求时；下图适用于工件面 3、4 有平行度要求时
挡块装夹	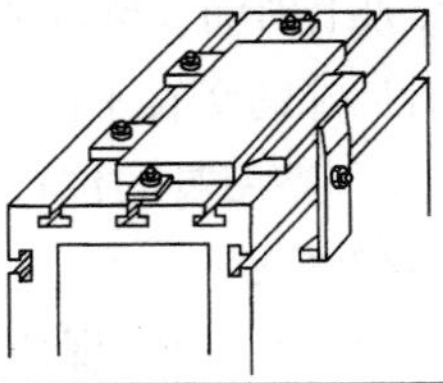	当刨削较薄的工件时，工件的三边用挡块挡住，一边用薄钢板撑压，并用手锤轻敲工件待加工面四周，使工件贴平、夹持牢固
圆柱体工件装夹	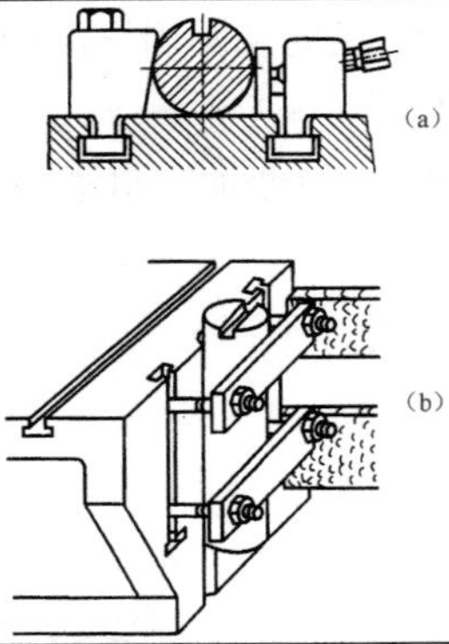	刨削圆柱体时，可以用虎钳装夹工具，也可以利用工作台上的 T 形槽、斜铁和撑块装夹，如图（a）所示；刨削圆柱体端面槽时，可利用工作台侧面的 V 形槽、压板装夹，如图（b）所示
薄壁件装夹	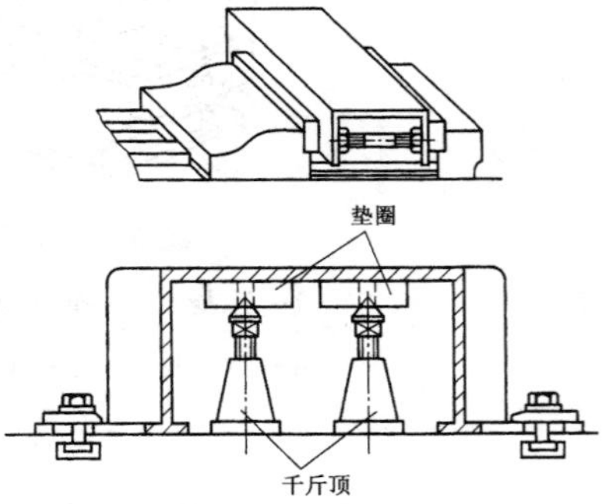	刨削薄壁工件时，由于工件的刚性不足，会使工件产生夹紧变形或产生震动，可利用千斤顶在切削受力处支撑工件

6.2.3　平面刨削工艺

下面主要介绍刨削用来加工平面（如水平面、垂直面和斜面）、加工直槽（如直角槽、燕尾槽和 T 形槽等）的相关知识。

1. 刨平面

刨平面的基本步骤如下。

（1）正确安装工件和刨刀；将工作台调整到使刨刀刀尖略高于工件待加工面的位置；调整滑枕的行程长度和起始位置。

（2）转动工作台横向走刀手柄，将工作台移到刨刀下面。开动机床，摇动刀架手柄，使刨刀尖轻微接触工件表面。

（3）转动工件台横向走刀手柄，使工件移至一侧离刀尖 3～5 mm 处。

（4）摇动刀架手柄，按选定的背吃刀量，使刨刀向下进刀。转动棘轮罩和棘爪，调整好工作台的进给量和进给方向。

（5）开动机床，刨削工件宽 1～1.5 mm 时停车，用钢直尺或游标卡尺测量背吃刀量是否正确，确认无误后，开车将整个平面刨完。

2. 刨垂直面

刨垂直面就是用刀架垂直进给来加工平面的方法，主要用于加工狭长工件的两端面或其他不能在水平位置加工的平面。加工垂直面应注意以下两点。

（1）应使刀架转盘的刻线对准零线。如果刻线不准，可按图 6-44 所示的方法找正刀架垂直。

（2）刀座应按上端偏离加工面的方向偏转 10°～15°，如图 6-45 所示。其目的是使刨刀在回程抬刀时离开加工表面，以减少刀具磨损。

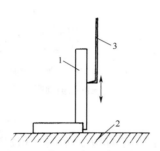

图 6-44   找正刀架垂直的方法

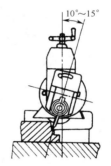

图 6-45   刨垂直面刀座偏离加工面的方向

1—90°角尺；2—工作台；3—装在刀夹中的弯头划针

3. 刨斜面

刨削斜面最常用方法是倾斜刀架法。刀架的倾斜角度等于工件待加工斜面与机床纵向垂直面的夹角，刀座倾斜的方向与刨垂直面时刀座倾斜的方向相同，如图 6-46 所示。

4. 刨正六面体零件

正六面体零件要求对面平行且相邻面垂直，其刨削顺序如图 6-47 所示。

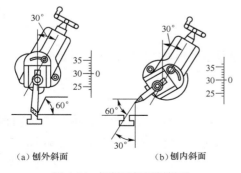

（a）刨外斜面   （b）刨内斜面

图 6-46   倾斜刀架刨削斜面

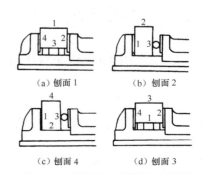

（a）刨面 1   （b）刨面 2

（c）刨面 4   （d）刨面 3

图 6-47   刨削正六面体的加工顺序

（1）以较为平整和较大的毛坯平面作为粗基准，刨面 1。

（2）将面 1 贴紧固定钳口，在活动钳口与工件中部之间垫一圆棒，然后夹紧，刨面 2。

（3）将面 1 贴紧固定钳口，面 2 贴紧钳底刨面 4。

（4）将面 1 朝下放在平行垫铁上，工件夹在两钳口之间。夹紧时，用手锤轻轻敲打，以求面 1 与垫铁贴实，刨面 3。

5. 刨 T 形槽

刨 T 形槽前，应先将工件各个关联平面加工完毕，并在工件前、后端面及平面划出加工线，如图 6-48 所示，然后按线找正加工，刨削顺序如图 6-49 所示。

（a）用切槽刀刨出直槽　（b）用弯切刀刨出右凹槽

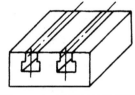

（c）用弯切刀刨左凹槽　（d）用 45°刨刀刨倒角

图 6-48　T 形槽工件的划线　　　　图 6-49　T 形槽的刨削顺序

6. 刨燕尾槽

燕尾槽的燕尾部分是两个对称的内斜面。其刨削方法是刨直槽和刨内斜面的综合，但需要专门刨燕尾槽的左、右偏刀。在各面刨好的基础上可按下列步骤刨燕尾槽，如图 6-50 所示。

（a）刨平面　　　　（b）刨直槽　　　　（c）刨左燕尾槽　　　　（d）刨右燕尾槽

图 6-50　刨燕尾槽的步骤

6.2.4　平面刨削加工实例

【练习 6-3】：图 6-51、图 6-52 所示分别为某轴承盖和轴承座的零件图。下面分析其刨削加工过程。

1. 零件图分析

这两个零件材料均为 HT200，切削性能较好，主要加工表面有平面和轴承支撑。零件表面加工精度最高为 7 级，表面粗糙度 Ra 为 1.6 μm。轴承支撑孔需两零件合装后同时加工。由于零件尺寸较小，主要平面的加工可在牛头刨床上进行。

2. 零件的主要加工过程

这两个零件的机械加工过程分别如表 6-4、表 6-5 所示。

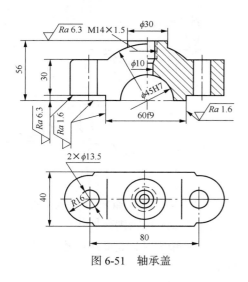

图 6-51　轴承盖

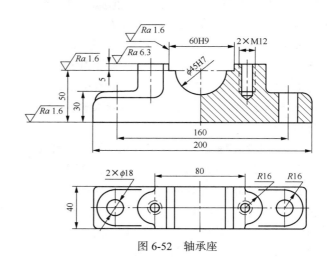

图 6-52　轴承座

表 6-4　　　　　　　　　　　　　　　轴承盖机械加工工艺过程

序　号	工　种	工　步	加 工 内 容
1	钳		划出刨削工序各表面加工线
2	刨	1	刨 A 面到加工线，表面粗糙度为 $Ra6.3\mu m$
		2	粗刨底面，留精刨余量 0.3～0.5 mm，表面粗糙度为 $Ra6.3\mu m$
		3	精刨止口 60f9 达图纸尺寸要求，表面粗糙度为 $Ra1.6\mu m$
3	钳		划出 $2\times\phi13.5$ 和 M14×1.5 螺纹孔中心线
4	钻		钻攻 $2\times\phi13.5$ 和 M14×1.5
5	钳		与轴承座合装
6	镗		镗 $\phi45H7$ 轴承支撑孔及端面达图纸要求

表 6-5　　　　　　　　　　　　　　　轴承座机械加工工艺过程

序　号	工　种	工　步	加 工 内 容
1	钳		划出刨削工序各表面加工线
2	刨	1	刨 A 面到加工线，表面粗糙度为 $Ra6.3\mu m$
		2	粗刨底面，留精刨余量 0.3～0.5 mm，表面粗糙度为 $Ra6.3\mu m$
		3	精刨止口 60f9 达图纸尺寸要求，表面粗糙度为 $Ra1.6\mu m$
3	钳		划出 $2\times\phi13.5$ 和 M14×1.5 螺纹孔中心线
4	钻		钻攻 $2\times\phi13.5$ 和 M14×1.5
5	钳		与轴承盖合装
6	镗		镗 $\phi45H7$ 轴承支撑孔及端面达图纸要求

3．刨削加工分析

从工艺过程中可以看出，对以上两零件的刨削加工主要是在牛头刨床上进行。

（1）零件的装夹及夹具的选择。刨削时可采用平面定位，利用虎钳夹紧。

（2）刀具的选择。刀具选择材料为 W18Cr4V 的正切刀，是在普通切刀的两个副切削刃靠近刀尖处分别磨出 1～2 mm 长的修光刃，修光刃与主切削刃成 90° 夹角，如图 6-53 所示。

（3）走刀路线的确定：先把止口右面台阶的垂直面刨到尺寸线，表面粗糙度 Ra 为 1.6，如图 6-53（a）所示；然后摇起刀架，再重新对刀，刨止口的左面台阶垂直面，严格控制止口配合尺寸 60H9/f9，如图 6-53（b）所示；再按图 6-53（c）、图 6-53（d）所示精刨左、右两台阶水平面，保证图纸尺寸。

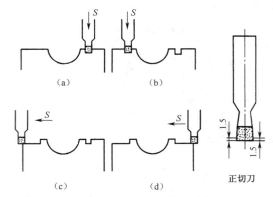

图 6-53　正切刀及用正切刀精刨止口的进刀方法

（4）切削用量的选择。影响切削用量的因素很多，工件上的材料和硬度、加工的精度要求、刀具的材料和耐用度等都直接影响到切削用量的大小。在以上两零件止口的刨削中，加工分为粗加工和精加工。粗刨时，留精刨余量 0.3～0.5 mm，进给量 f 为 0.33～0.66/双行程，刨削速度 v_c 为 0.25～0.41 m/min；精刨时，表面达尺寸要求，进给量 f 为 0.33～2.33/双行程，刨削速度 v_c 为 0.08～0.13 m/min。

6.3　其他平面加工工艺与装备

平面加工工艺除了上述的加工方法外，还包括平面拉削、平面磨削、平面车削等。

6.3.1　平面拉削

平面拉削可以认为是刨削的演化形式，如图 6-54 所示，是利用多齿的拉刀，逐齿依次从零件上切下很薄的金属层，使表面达到较高的精度和较小的粗糙度。当拉削面积较大的平面时，为减少拉削力，可采用渐进式拉刀进行拉削，如图 6-55 所示。

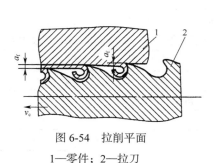

图 6-54　拉削平面

1—零件；2—拉刀

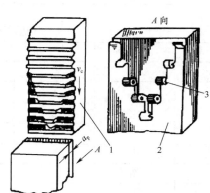

图 6-55　渐进式拉刀拉削平面

1—拉刀；2—零件；3—切屑

6.3.2　平面磨削

平面磨削可作为车、铣、刨削平面之后的精加工，也可代替铣削和刨削。

1．平面磨削方法

平面磨削与铣削相似，可分为周磨和端磨两种形式，前者利用砂轮的外圆面进行磨削，后者利用砂轮端面进行磨削，如图 6-56 所示。

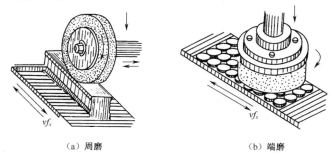

（a）周磨　　　　　　　　　　　　　（b）端磨

图 6-56　平面磨削的方法

周磨时，砂轮和工件之间接触面积小，散热、冷却和排屑效果好，加工质量高；端磨时，磨头伸出长度小，系统刚性好，可以选用较大的磨削用量，从而提高生产效率。但端磨时，砂轮和工件之间接触面积大，发热大，加工质量较低，因此常用作精磨前的预加工。

2．平面磨削的工艺特点

平面磨削的工艺特点如下。

（1）平面磨床的结构简单，机床、砂轮和工件系统刚性较好，故加工质量和生产率比内、外圆磨削高。

（2）平面磨削利用电磁吸盘装夹工件，有利于保证工件的平行度。

 要点提示　　电磁吸盘装卸工件方便迅速，可同时装夹多个工件，生产率高。但电磁吸盘只能适用于安装钢、铸铁等铁磁性材料制成的零件，对于铜、铜合金、铝等非铁磁性材料制成的零件应在电磁吸盘上安放一精密虎钳或简易夹具来装夹。

（3）大批大量生产中，可用磨削来代替铣、刨削加工，精确毛坯表面上的硬皮，既可提高生产效率，又可有效地保证加工质量。

6.3.3　平面车削

平面车削一般用于加工盘套、轴和其他需要加工孔或外圆的零件的端面，单件小批生产的中小型零件在普通车床上进行，重型零件可在立式车床上进行。平面车削的粗糙度 Ra 值为 $1.6 \sim 12.5 \ \mu m$，精车的平面度误差在直径为 $\phi 100 \ mm$ 的端面上可达 $\phi 0.005 \sim \phi 0.008 \ mm$。

使用车削方法可以加工轴、套、盘以及环类零件的端面，常用的刀具类型主要有右偏刀、左偏刀以及 45°弯头车刀等，如图 6-57 所示。

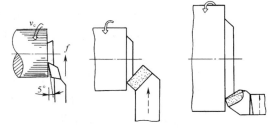

（a）右偏刀车端面　　（b）45°弯头刀车端面　　（c）左偏刀车端面

图 6-57　使用车刀车端面

6.4 平面光整加工工艺与装备

光整加工是指不切除或从零件上切除极薄材料层，以减小零件表面粗糙度为目的的加工方法，如平面刮削和平面研磨。

6.4.1 平面刮削

刮削是一种光整加工，常在精刨和精铣的基础上进行。刮削平面的直线度可达 0.01 mm/m，甚至为 0.002 5～0.005 mm/m，粗糙度 Ra 值可达 0.4～0.8 μm。在某些情况下，也可修正表面之间的平行度和垂直度。

1. 平面刮削的方法

刮削时，在工件上均匀涂抹红丹油（极细的氧化铁或氧化铝与机油的调和剂），用标准平板或平尺贴紧推磨，然后用刮刀将工件上显示出的高点逐一刮去。重复多次即可使工件表面的接触点增多，并均匀分布，从而获得较高的形状精度和较低的粗糙度。

2. 平面刮削的工艺特点

平面刮削的工艺特点如下。

（1）刮削精度高，方法简单，不需要复杂的设备和工具，常用来加工各种设备的导轨面（平面、V 形槽和燕尾槽）、检验平板等。

（2）刮削劳动强度大，操作技术要求高，生产效率低，故多用于单件小批生产及修理车间。

要点提示

在大批量生产中，刮削多用专用磨床或宽刀细刨所代替，但对于难以用磨削或细刨达到的高精度平面，如精密机床导轨和标准平板、平尺等，仍需采用刮削。

（3）刮削还常用于修饰加工，在外露的加工表面上刮出斜向方块花纹、鱼鳞花纹、半月花纹及燕子花纹等，以增加机械设备的美观。

6.4.2 平面研磨

研磨也是平面的光整加工方法之一，一般在磨削之后进行。研磨后两平面之间的尺寸公差等级可达 IT3～IT5，粗糙度 Ra 值可达 0.008～0.1 μm，直线度可达 0.005 mm/m。小型平面研磨可减小平行度误差。

平面研磨主要用来加工小型精密平板、平尺、块规以及其他精密零件的平面。

单件小批生产中常用手工研磨，如图 6-58 所示，研磨剂涂在研磨板上，手持工件以"8"字形或直线往复运动。研磨一定时间后应将工件调转 90° 或 180°，以防止工件倾斜。

对于两面平行度要求较高的零件，可在较厚的部位加大压力，加

图 6-58 小件的平面研磨

长研磨时间，以求磨去较多的金属，直至合格为止。如果工件较大而被研的平面较小或如方孔、狭缝等表面无法在平板上研磨时，可手持研磨工具进行研磨。

6.5　平面加工方案的确定

平面是盘形零件、板形零件以及箱体零件上的重要表面，高精度的平面可以作为配合面和导轨面，甚至需要达到镜面要求。

6.5.1　平面的类型

根据平面在零件中所起的作用不同，可将平面分为以下类型。

（1）非结合面。这类平面没有较高的形状和位置精度要求，表面也并不要求特别光洁，通常只要求外观基本平整并具有一定的防腐蚀性能即可。

（2）结合面和重要结合面。零件表面的重要连接平面和装配面，要求具有一定的形状和位置精度要求，同时要求表面质量较高。

（3）导向平面。例如，机床的导轨面，对表面的形状位置精度和表面质量要求都很高。

（4）精密测量工具的工作面。这种表面位于工具和量具上，对形状、位置精度以及表面质量要求都极高。

6.5.2　平面的技术要求

平面一般对尺寸精度要求并不高，主要技术要求包括以下 3 个方面。

（1）形状精度：如平面度、直线度等。

（2）位置精度：如平面的尺寸精度以及平行度、垂直度等。

（3）表面质量：如表面粗糙度、表层硬度、表面残余应力及表面的显微组织等。

6.5.3　平面加工方案及选择

由于平面作用不同，其技术要求也不同，故应采用不同的加工方案。根据零件的形状、尺寸、材料和毛坯种类的不同，可以分别采用车削、铣削、刨削、磨削和拉削进行加工。对于要求较高的精密平面，还可以使用刮削和研磨进行精整加工。平面加工方案框图如图 6-59 所示，图中数字为表面粗糙度数值（单位 μm，下同）。

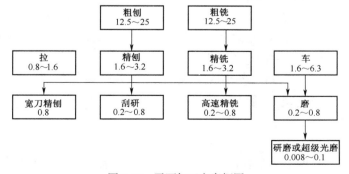

图 6-59　平面加工方案框图

6.5.4 常用加工路线

总结图 6-59 所示的加工方案框图，可以得到以下主要加工路线。

（1）粗刨或粗铣：主要用于精度较低的平面的加工。

（2）粗铣（或粗刨）—精铣（或精刨）—刮研：用于精度要求较高且不淬硬的表面。

（3）粗铣（或粗刨）—精铣（或精刨）—磨削：用于加工精度要求较高且淬硬的平面。

（4）粗铣—半精铣—高速精铣：用于高精度有色金属零件的加工。

（5）粗车—精车：用于加工轴、套以及盘类零件的端面。

表 6-6 中完整地列出了平面加工的常用加工方案。

表 6-6　　　　　　　　　　　平面加工的常用加工方案

序号	加工方案	经济精度	表面粗糙度/μm	使用范围
1	粗车—半精车	IT9	3.2～6.3	回转体零件的端面
2	粗车—半精车—精车	IT7～IT8	0.8～1.6	
3	粗车—半精车—磨削	IT6～IT8	0.2～0.8	
4	粗刨（或粗铣）—精刨（或精铣）	IT8～IT10	1.6～6.3	精度要求不太高的不淬硬平面
5	粗刨（或粗铣）—精刨（或精铣）—刮研	IT6～IT7	0.1～0.8	精度要求较高的不淬硬平面
6	粗刨（或粗铣）—精刨（或精铣）—磨削	IT7	0.2～0.8	精度要求高的淬硬平面或不淬硬平面
7	粗刨（或粗铣）—精刨（或精铣）—粗磨—精磨	IT6～IT7	0.02～0.4	
8	粗铣—拉	IT7～IT9	0.2～0.8	大量生产，较小的平面（精度视拉刀精度而定）
9	粗铣—精铣—磨削—研磨	IT5 以上	0.006～0.1	高精度平面

6.6　实训——直齿圆柱齿轮的铣削

齿轮加工的基本要求是保证齿形准确和分齿均匀。在铣床上加工齿轮属成形法加工，齿轮的齿形由铣刀的截形保证，分齿的均匀性由分度头和工件的装夹精度保证。这种加工方法仅适用于齿轮精度要求不高、单件生产或没有专用机床和刀具的情况下的齿轮加工。

1．目的

（1）了解直齿圆柱齿轮各部分的名称、公称尺寸计算，掌握齿轮铣刀的选择方法。

（2）掌握在铣床上铣削圆柱齿轮的方法。

（3）掌握用公法线百分尺测量直齿圆柱齿轮的测量方法。

2．机床、刀具、夹具、量具

（1）机床：X62W。

（2）刀具：齿轮铣刀。

（3）夹具：分度头、尾架、前顶尖、鸡心夹头及专用心轴。

（4）量具：公法线百分尺、百分表、标准圆棒及游标卡尺。

3．加工步骤

（1）读图。图 6-60 所示为铣直齿圆柱齿轮工序图。

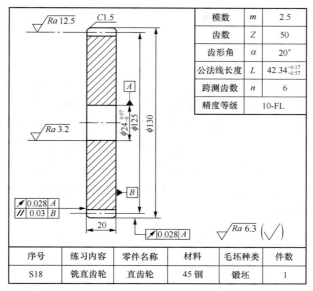

模数	m	2.5
齿数	Z	50
齿形角	α	20°
公法线长度	L	$42.34^{-0.17}_{-0.57}$
跨测齿数	n	6
精度等级		10-FL

序号	练习内容	零件名称	材料	毛坯种类	件数
S18	铣直齿轮	直齿轮	45 钢	锻坯	1

图 6-60　铣直齿圆柱齿轮工序

（2）对照图线，检查齿坯各部分尺寸及各项精度要求。

（3）安装并找正分度头和尾架。

（4）进行分度计算。

（5）将工件安装在专用心轴上，用两端尖装夹并找正（见图 6-61 和图 6-62）。

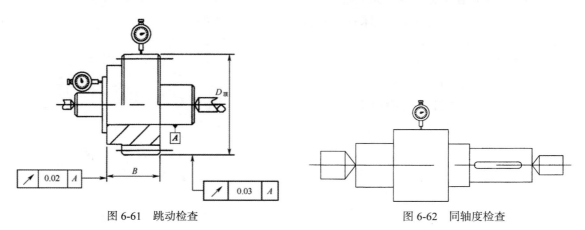

图 6-61　跳动检查　　　　　　　　　　图 6-62　同轴度检查

（6）选择模数为 2.5 mm、压力角为 20° 的 6 号直齿轮铣刀。

（7）对刀。

（8）调整铣削深度，铣削至要求尺寸，然后依次铣完各齿。

（9）去毛刺，检查各项要求。

4．安全及注意事项

（1）分度要准确。

（2）工件要装夹牢固。

（3）必须认真找正上母线、侧母线与工作台面和纵向进给方向平行，并找出工件的圆跳动度。

（4）要正确选择铣刀。

小结

　　本章主要介绍了平面加工工艺中的铣削、刨削、拉削、磨削及车削等加工工艺方法的工艺特点和应用。平面是盘形和板形零件的主要表面，也是箱体和支架类零件的主要表面之一，包括回转体类零件上的端面，板形、箱体和支架类零件上的各种平面、斜面、沟槽及型槽等。

　　铣削方式主要分为周铣和端铣。刨削也是平面加工的主要方法之一，由于刨削的特点，刨削主要用在单件小批量生产中，在维修车间和模具车间应用较多。同时拉、磨、车削等也是机械加工中重要的组成部分，本章内容比较基础，读者应掌握里面的基本内容，理论联系实际，多做练习，以取得良好的学习效果。

习题

　　（1）铣削的主要加工范围是什么？

　　（2）什么是铣削的主运动和进给运动？

　　（3）用周铣法铣平面，从理论上分析，顺铣比逆铣有哪些优点？实际生产中，目前多采用哪种铣削方式？为什么？

　　（4）列举铣削沟槽时最常用的几种铣刀。

　　（5）卧式万能铣床有哪些主要组成部分？

　　（6）牛头刨床、龙门刨床、插床有哪些相同之处和不同之处？

　　（7）简述铣削的工艺特点。

　　（8）简述平面加工方案的选择。

　　（9）简述平面拉削的工艺特点。

　　（10）简述平面磨削的分类和工艺特点。

第7章
螺纹与齿轮加工工艺与装备

在各种机械产品中，带有螺纹的零件应用十分广泛。螺纹的加工方法主要有车削、铣削、磨削及滚压等，而螺纹的车削加工是最常用的方法之一。齿轮是机械传动中的重要零件，具有平均传动比较精准、传动力大、效率高、结构紧凑及可靠性好等优点。随着科学技术的发展，对齿轮的传动精度和圆周速度等方面的要求越来越高，主要的齿轮加工方法有铣齿、插齿和滚齿等。

※【学习目标】※

- 熟悉螺纹的主要参数和加工原理。
- 掌握三角形螺纹的车削方法。
- 掌握攻、套螺纹的方法。
- 了解圆柱齿轮加工的工艺流程。
- 掌握铣齿工艺、插齿工艺以及滚齿工艺的主要要领。

7.1　螺纹加工综述

螺纹加工可以在车床、钻床、螺纹铣床及螺纹磨床等机床上利用不同的工具进行。在加工螺纹之前，必须掌握螺纹的基本知识及螺纹的检测方法等。

7.1.1　螺纹的种类、特点与应用

螺纹是机器零件上的一种常用结构。本小节主要介绍螺纹的种类、特点及应用，如表 7-1 所示。

螺纹的种类及其应用

表 7-1　　　　　　　　　　　　　　螺纹的种类、特点及应用

螺纹种类		符号	牙型简图	特　点	应　用
普通螺纹		M		牙型角为60°，螺纹副的小径处有间隙，外螺纹牙根允许有较大的圆角，以减小应力集中。同一直径处，按螺距大小分为粗牙和细牙。细牙的自锁性能较好，螺纹零件的强度削弱小，但易滑扣	应用最广。一般连接多用粗牙，细牙用于薄壁或用粗牙对强度有较大削弱的零件，也常用于受冲击、震动或变载的连接，还可用于微调机构的调整
管螺纹	非螺纹密封的55°圆柱管螺纹	G		牙型角为55°，公称直径近似为管子内径。内、外螺纹公称牙型间没有间隙，密封简单	多用于压力为1.568MPa以下的水、煤气管路，润滑和电线管路系统
	螺纹密封的55°圆锥管螺纹	ZG		牙型角为55°，公称直径近似为管子内径。螺纹分布在1∶16的圆锥管壁上。内、外螺纹公称牙型间没有间隙，不用填料而依靠螺纹的紧配合即可保证密封性	用于高温、高压系统和润滑系统
管螺纹	60°英制圆锥螺纹	Z		牙型角为60°英制圆锥螺纹的特点与55°圆锥管螺纹相似	用于蒸气、液压管路系统，依靠螺纹密封的管连接
	60°米制锥螺纹	ZM			用于汽车、拖拉机、机床的油、水、气输送系统管连接
方形螺纹				牙型为正方形，牙厚为螺距的一半，传动效率较高。但工艺性差，螺纹副对中性差，牙根强度低，磨损后间隙难以补偿	用于传导或力的传递的螺旋副
梯形螺纹		Tr		牙型角为30°，螺纹副的小径和大径处有相等的间隙。但传动效率较方形螺纹低，但工艺性好，牙根强度高，螺纹副对中性好，磨损后用剖分螺母可以调整补偿间隙	用于力的传递或传导螺旋副
30°锯齿形螺纹		S		工作面牙型斜角为3°，非工作面的牙型斜角为30°，具有方形螺纹的传动效率和梯形螺纹牙根强度高的特点。外螺纹的牙根有相当大的圆角，以减小应力集中。螺纹副的大外径处无间隙，便于对中	用于单向受力的传递力螺旋副
英（英寸）制螺纹				牙型角为55°，螺纹副的小径和大径处有不同的间隙。公称直径以英寸为标准	用于机械维修的连接件的修配

7.1.2　螺纹的要素

螺纹的主要参数如图 7-1 所示，各参数的意义如下。

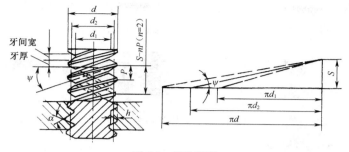

图 7-1　螺纹要素

螺纹的主要参数

（1）大径 d：与外螺纹牙顶或内螺纹牙底相重合的假想圆柱面的直径，也称公称直径（管外螺纹除外）。

（2）小径 d_1：与外螺纹牙底或内螺纹牙顶相重合的假想圆柱面的直径。在强度计算中经常作为危险剖面的计算直径。

（3）中径 d_2：螺纹牙厚和牙间相等处的圆柱面的直径。

（4）线数 n：螺纹的螺旋线数。为了便于制造，一般情况下 $n \leqslant 4$。

（5）螺距 P：螺纹相邻牙型上对应点间的轴向距离。

（6）导程 S：在同一螺旋线上相邻两牙型上对应点间的轴向距离，$S=nP$。

（7）螺纹升角 ψ：在中径圆柱面上螺旋线的切线和垂直于螺纹轴线的平面间的夹角，计算公式如下：

$$\psi = \arctan \frac{nP}{\pi d_2}$$

（8）牙型角 α：轴向剖面内，螺纹牙型两侧边的夹角。螺纹牙的侧边和螺纹的轴线的垂线间的夹角称为牙型半角 β。对于三角形、梯形等对称牙型，$\beta = \dfrac{\alpha}{2}$。

（9）螺纹接触高度 h：内外螺纹旋合后接触面的径向高度。

7.1.3　螺纹的检测

螺纹作为标准件在机件连接和传动中有着重要地位，螺纹的精度对其连接和传动有直接影响，因此螺纹检测也是必须进行的。

1. 用螺纹环规和塞规测量

对于一般标准螺纹，都采用螺纹环规或塞规来测量，如图 7-2 所示。在测量外螺纹时，如果螺纹"通端"环规正好旋进，而"止端"环规旋不进，则说明所加工的螺纹符合要求，反之就不合格。测量内螺纹时，采用螺纹塞规，以相同的方法进行测量。

2. 用螺纹千分尺测量

螺纹千分尺是用来测量螺纹中径的，如图 7-3 所示。测量时，螺纹千分尺的两个触头正好卡在螺纹的牙型面上，所得的读数就是该螺纹中径的实际尺寸。

3. 用齿厚游标卡尺测量

齿厚游标卡尺由互相垂直的齿高卡尺和齿厚卡尺组成，如图 7-4 所示，它可用来测量梯形螺纹中径牙厚和蜗杆节径齿厚。

测量时，将齿高卡尺读数调整至齿顶高，随后使齿厚卡尺和蜗杆轴线大致相交成一螺纹升角 ψ，并作少量摆动。这时所测量的最小尺寸即为蜗杆螺纹分度圆上的法向齿厚 S_n。

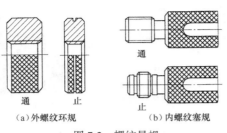

（a）外螺纹环规　　　（b）内螺纹塞规

图 7-2　螺纹量规

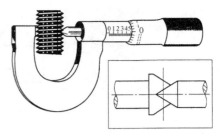

图 7-3　螺纹千分尺

4．三针测量法测量

用三根针测量螺纹中径的方法称三针测量法，测量时，在螺纹凹槽内放置具有同样直径 D 的 3 根量针，如图 7-5 所示，然后用适当的量具（如千分尺等）来测量尺寸 M 的大小，以验证所加工的螺纹中径是否正确。

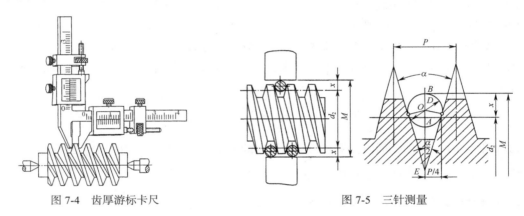

图 7-4　齿厚游标卡尺　　　　　　　　　图 7-5　三针测量

7.2　螺纹的车削加工

车螺纹是加工螺纹最常用的基本方法，其加工范围广，适合车大直径、大螺距的螺纹。车螺纹不仅可以车外螺纹也可以车内螺纹，既可以车三角形螺纹，又可以车梯形、方牙、锯齿形、平面等螺纹。

螺纹加工的原理

7.2.1　螺纹车刀

螺纹车刀结构简单，制造容易，通用性强，可在各类车床上车削螺纹，且加工范围十分广泛。

1．螺纹车刀的种类、特点及应用

螺纹车刀类型众多，结构各异，各类主要螺纹车刀如表 7-2 所示。

2．螺纹车刀几何参数

条形螺纹车刀的几何参数主要有螺纹车刀的径向前角和螺纹车刀的后角，如图 7-6 所示。

表 7-2　　　　　　　　　　　　　　螺纹车刀的种类、特点及应用

刀具材料	结 构 特 点			应 用
高速钢	条形螺纹车刀	单齿		其结构简单，制造容易，刃磨方便，用于单件小批生产中车削 4～6 级精度的内螺纹和外螺纹
		多齿		用于大批生产中车削 6 级精度的单头外螺纹和多头外螺纹
高速钢	棱体螺纹车刀	单齿		其重磨简单，重磨次数较多，用于成批生产中车削 4～6 级精度的外螺纹
		多齿		其重磨简单，重磨次数较多，用于成批生产中车削 6 级精度的外螺纹
	圆体螺纹车刀	单齿		其刃磨简单，重磨次数比棱形螺纹车刀还要多，用于大批生产中车削 4～6 级精度的内螺纹和外螺纹
		多齿		其刃磨简单，用于大批生产中车削 6 级精度的内螺纹和外螺纹
硬质合金	条形螺纹车刀	焊接式		其制造简单，重磨方便，用于高速车削和强力车削普通螺纹和梯形螺纹
		夹固式		其刀片未经加热焊接，寿命长，刀杆可多次使用，可重磨，但不能转位，用于高速车削螺纹
		可转位车刀		其刀具制造复杂，但刀具寿命长，且换刀方便，不需要对刀，生产效率高，用于大批生产中高速车削普通螺纹

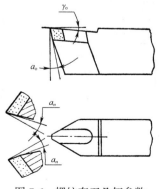

图 7-6　螺纹车刀几何参数

（1）螺纹车刀的径向前角γ_0：在螺纹精车刀中范围为 0°～5°。在螺纹粗车刀中又分为车一般结构钢、车有色金属和软钢、车硬材料和高强度材料 3 种情况，它们分别为 10°～15°、15°～25°、$-10°～-5°$。

> **要点提示**　硬质合金螺纹车刀刃口应有 0.3～0.5 mm 宽、$-5°～-3°$ 的倒棱。

（2）螺纹车刀的顶刃后角α_0及侧刃后角α_n：因螺纹车刀材料不同而不同，就高速钢螺纹车刀而言α_0、α_n范围分别为 4°～6°、3°～5°，对于硬质合金螺纹车刀而言α_0、α_n的范围分别为 3°～5°、2°～4°。

> **要点提示**
> （1）轴向安装的车刀在车削右螺纹时，α_n应比推荐值加大一个螺纹升角。
> （2）车削内螺纹的车刀α_0应比α_n加大 2°。

7.2.2　三角形螺纹的车削

车削是三角形螺纹的常用加工方法之一。车削三角形螺纹时，中径尺寸应符合相应的精度要求；牙型角必须准确，两牙型半角应相等；牙型两侧面的表面粗糙度值要小；螺纹轴线与工件轴线应保持同轴。

1. 三角形螺纹车刀及其刃磨

螺纹车刀属于成形车刀的几何角度，它的形状和螺纹牙形的轴向剖面形状相同，即车刀的刀尖角与螺纹的牙型角相同。

（1）三角形螺纹车刀的选择。三角形外螺纹车刀常采用高速钢外螺纹车刀和硬质合金外螺纹车刀。

① 高速钢外螺纹车刀。高速钢外螺纹车刀（见图 7-7）刃磨方便，切削刃锋利，韧性好，车削时刀尖不易崩裂，车出螺纹的表面粗糙度值小。但其热稳定性差，不宜高速车削，常用在低速切削，加工塑性材料的螺纹或作为螺纹的精车刀。

② 硬质合金外螺纹车刀。硬质合金外螺纹车刀（见图 7-8）硬度高，耐磨性好，耐高温，热稳定性好，常用在高速切削、加工脆性材料螺纹。其缺点是抗冲击能力差。

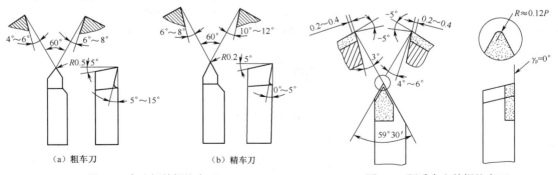

（a）粗车刀　　　　　　（b）精车刀

图 7-7　高速钢外螺纹车刀　　　　　　图 7-8　硬质合金外螺纹车刀

（2）刃磨要求。

① 车刀的左右切削刃必须是直线，无崩刃。

② 刀头不歪斜，牙型半角相等。

③ 螺纹车刀的前面与两个主后面的表面粗糙度值要小。

④ 刃磨硬质合金螺纹车刀时，应防止压力过大而震碎刀片。

⑤ 刃磨高速钢螺纹车刀时，若感到发热烫手，应及时用水冷却，否则容易引起刀尖退火。

（3）刃磨步骤。

① 粗磨左、右后刀面，初步形成刀尖角、进刀后角，用对刀样板检查刀尖角。

② 粗、精磨前刀面，形成前角。

③ 精磨左、右后刀面，形成左、右后角，刀尖角和进刀角。检测两侧后角并修正。

④ 刃磨刀尖倒棱。

⑤ 用油石研磨前、后刀面，如图 7-9 所示。

2. 螺纹车刀的装夹

在进行螺纹的车削加工前，必须将车刀正确安装在车床上才能顺利地进行加工，车刀的装夹要点如下。

（1）装夹车刀时，刀尖位置一般应对准工件轴线中心。

（2）螺纹车刀的两刀尖角半角的对称中心线应与工件轴线垂直，装刀时可用样板对刀，如图 7-10（a）所示。如果把刀装歪，会使车出的螺纹两牙型半角不相等，产生图 7-10（b）所示的歪斜牙型（俗称倒牙）。

（3）螺纹车刀不宜伸出刀架过长，一般伸出长度为刀柄厚度的 1.5 倍。

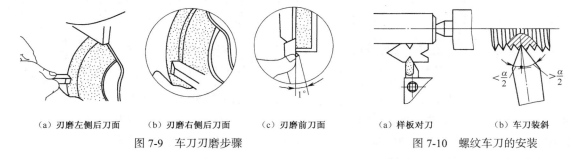

（a）刃磨左侧后刀面　（b）刃磨右侧后刀面　（c）刃磨前刀面

图 7-9　车刀刃磨步骤

（a）样板对刀　　（b）车刀装斜

图 7-10　螺纹车刀的安装

3. 三角形螺纹的车削方法

根据三角形螺纹的尺寸规格、精度与表面粗糙度以及刀具材料等要求，选择一种或几种进刀方式组合，并结合刀具廓形的改变，组成不同的车削方法。

（1）车有退刀槽螺纹。车有退刀槽螺纹常采用提开合螺母法和开倒顺车法。

① 提开合螺母法车螺纹。

- 选择较低的主轴转速（100～160 r/min），开车并移动螺纹车刀，使刀尖与工件外圆轻微接触，将床鞍向右移动退出工件端面，记住中滑板刻度计数或将滑板刻度盘调零。

- 使中滑板径向进给 0.05 mm 左右，左手握中滑板手柄，右手握开合螺母手柄。右手压下开合螺母，使车刀刀尖在工件表面车出一螺旋线痕，当车刀刀尖移动到退刀槽位置时，右手迅速提起开合螺母，然后横向退刀，停车。

- 用钢直尺或游标卡尺检查螺距，如图 7-11 所示。确认无误后，开始车螺纹。车螺纹时，第一次进刀的背吃刀量可适当大些，以后每次车削时，背吃刀量逐渐减少，经多次车削后使切削深度等于牙型深度，然后停车检查是否合格。

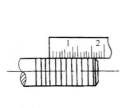
（a）用钢直尺测螺距

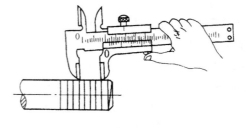
（b）用游标卡尺测螺距

图 7-11　螺距检查

② 开倒顺车法车螺纹。车削方法基本上与提开合螺母法相同，只是在螺纹的车削过程中，不提起开合螺母，而是当螺纹车刀车削至退刀槽内时，快速退出中滑板，同时压下操纵杆，使车床主轴反转，机动退回床鞍、溜板箱至起始位置。

（2）车无退刀槽螺纹。车削无退刀槽螺纹时，先在螺纹的有效长度处用车刀刻划一道刻线。当螺纹车刀移动到螺纹终止线刻线处时，横向迅速退刀并提起开合螺母或压下操纵杆开倒车，使螺纹收尾在 2/3 圈之内，如图 7-12 所示。

（3）车螺纹的进给方法。低速车削普通螺纹，一般选用高速钢车刀，分别用粗、精车刀对螺纹进行粗、精车。低速车削螺纹精度高，表面粗糙度值小，但车削效率低。低速车时，应根据机床和工件的刚性、螺距的大小，选择不同的进刀方法。

① 直进法车削螺纹。车削时，在每次往复行程后，车刀沿横向进给，通过多次行程，把螺纹车成如图 7-13（a）所示。采用这种切削方法操作简单，容易得到比较正确的牙型。

> **要点提示**　由于车削时是两切削刃同时参加切削，切削力较大，容易产生"扎刀"现象。这种方法适合车削螺距小于 3 mm 的三角形螺纹和脆性材料的螺纹。

② 左、右切削法车螺纹。左、右切削法一般在精车螺纹时使用，如图 7-13（b）所示。它是将车刀移到螺纹的一个侧面进行车削，待将其车光以后，再移动车刀，车削螺纹的另一侧面。待两侧面均车光后，将车刀移到中间，把牙底部车光（用直进法），保证牙底尺寸和清角。

③ 斜进法车螺纹。车削螺距较大的螺纹时，为了避免两侧切削刃同时参加切削，采用斜进法车螺纹，如图 7-13（c）所示。

图 7-12　螺纹终止退刀标记

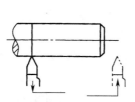
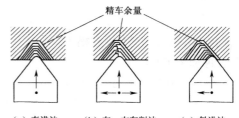
（a）直进法　（b）左、右车削法　（c）斜进法

图 7-13　低速车削螺纹的进刀方法

（4）低速车螺纹的步骤。

① 装夹车刀与工件中心等高，并用样板对刀。

② 按螺纹规格车螺纹外圆和倒角，并按要求刻出螺纹长度终止线或先车出退刀槽。同时调整好中滑板刻度零位，以便确定车螺纹背吃刀量的起始位置。

③ 按螺距调整交换齿轮和进给箱手柄位置。主轴转速取 12～150 r/min。

④ 将螺纹车刀移至离工件端面 8～10 牙处，横向进刀 0.05 mm 左右。开机，合上开合螺母，在工件表面上试切第一条螺旋线。提起开螺母，用钢直尺或螺距量规检查螺距是否正确，如图 7-14 所示。若螺距不对，必须检查并调整好交换齿轮和进给箱的手柄位置后方可车削。

⑤ 小螺距螺纹可用直进法车削；大螺距螺纹车削时，则用斜进法和左、右切削法进行车削。车螺纹时，必须加注切削液。为了防止产生乱牙，一般采用开倒顺车法加工。

（5）切削用量的选择。低速车削螺纹时，要选择粗、精车用量，并在一定进给次数内完成车削。

① 切削速度：粗车时 v_c=10～15 m/min；精车时 v_c<6 m/min。

② 背吃刀量：车螺纹时，总背吃刀量 a_p 与螺距的关系是 a_p≈0.65P。

③ 进给次数：第一次进刀 a_p/4，第二次进刀 a_p/5，逐次递减，最后留 0.2 mm 的精车余量。

4．三角形螺纹车削实例

【练习 7-1】：车有退刀槽的三角形外螺纹。

（1）分析图 7-15 所示工件的形状和技术要求。

（2）夹持毛坯外圆，伸出长度 65～70 mm，校正并夹紧。

（3）车平端面；粗、精车外圆（螺纹大径）至 ϕ55.8 mm，长 50 mm 至尺寸要求。

（4）切槽 6 mm×2 mm。

（5）倒角 C1.5。

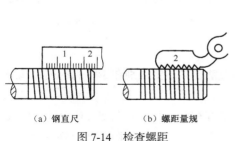

（a）钢直尺　　　　（b）螺距量规

图 7-14　检查螺距

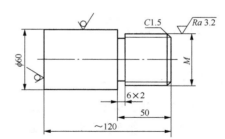

次数	M
1	M56×2
2	M52×2
3	M48×2

材料：45 钢 ϕ60mm×120mm 1 件

图 7-15　车有退刀槽螺纹

（6）粗、精车螺纹 M56×2 至要求。

（7）检测合格后卸下工件。

7.2.3　内螺纹的加工

内螺纹有通孔内螺纹、不通孔内螺纹和台阶孔内螺纹 3 种形式，如图 7-16 所示。车三角形内螺纹的方法与车三角形外螺纹的方法基本相同，但进刀与退刀的方向正好相反。梯形内螺纹的车削方法与三角形内螺纹的车削方法基本相同。下面主要介绍三角形内螺纹的车削方法。

（a）通孔内螺纹　　　（b）不通孔内螺纹　　　（c）台阶孔内螺纹

图 7-16　内螺纹的形式

1．内螺纹车刀的选择及装夹

车内螺纹时，应根据不同的螺纹形式选择用不同的内螺纹车刀。装夹螺纹车刀时，刀尖正对工件中心，再用对刀样板对刀装夹。

（1）内螺纹车刀的选择。

① 内螺纹车刀刀柄受螺纹孔径尺寸的限制，刀柄应在保证顺利车削的前提下尽量选择截面积大些，一般选用车刀切削部分径向尺寸比孔径小 3～5 mm 的螺纹车刀。

② 刀柄太细车削时容易震动；刀柄太粗退刀时会碰伤内螺纹牙顶，甚至不能车削。

③ 常见的内螺纹车刀如图 7-17 所示。其中图 7-17（a）和图 7-17（b）所示为通孔内螺纹车刀，图 7-17（c）和图 7-17（d）所示为不通孔和台阶孔内螺纹车刀。

（2）内螺纹车刀的装夹。

① 刀柄伸出的长度应大于内螺纹长度 10～20 mm。

② 调整车刀的高低位置，使刀尖对准工件回转中心，并轻轻压住。

③ 将螺纹对刀样板侧面靠平工件端平面，刀尖部分进入样板的槽内进行对刀，调整并夹紧车刀，如图 7-18 所示。

④ 装夹好的螺纹车刀在底孔内试走一次（手动），防止刀柄与内孔相碰影响车削，如图 7-19 所示。

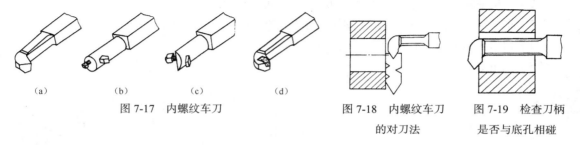

(a)	(b)	(c)	(d)
图 7-17　内螺纹车刀		图 7-18　内螺纹车刀的对刀法	图 7-19　检查刀柄是否与底孔相碰

2. 三角形内螺纹的车削方法

三角形内螺纹的车削方法类似于三角形外螺纹的车削方法，其主要区别在于它们的进刀和退刀方向正好相反。下面简要介绍车削三角形内螺纹的方法。

（1）车内螺纹前，先把工件的端平面、螺纹底孔及倒角等车好。车不通孔螺纹或台阶孔螺纹时，还需车好退刀槽，退刀槽直径应大于内螺纹大径，槽宽为（2～3）P，并与台阶平面切平。

（2）选择合理的切削速度，并根据螺纹的螺距调整进给箱各手柄的位置。

（3）内螺纹车刀装夹好后，开车对刀，记住中滑板刻度或将中滑板刻度盘调零。

（4）在车刀刀柄上做标记或用溜板手轮刻度控制螺纹车刀在孔内车削的长度。

（5）用中滑板进刀，控制每次车削的切削深度（即背吃刀量），进刀方向与车削外螺纹时的进刀方向相反。

（6）压下开合螺母手柄车削内螺纹。当车刀移动到标记位置或溜板箱手轮刻度显示到达螺纹长度位置时，快速退刀，同时提起开合螺母或压下操纵杆使主轴反转，将车刀退到起始位置。

（7）经数次进刀、车削后，使总切削深度等于螺纹牙型深度。

螺距 $P \leqslant 2$ mm 的内螺纹一般采用直进法车削。$P > 2$ mm 的内螺纹一般先用斜进法粗车，并向走刀相反方向一侧进刀，以改善内螺纹车刀的受力状况，使粗车能顺利进行；精车时采用左、右进刀法精车两侧面，以减小牙型侧面的表面粗糙度，最后采用直进法车至螺纹大径。

3. 内螺纹车削实例

【练习 7-2】：车通孔三角形内螺纹。

（1）分析图 7-20 所示工件的形状和技术要求。

（2）夹持外圆长 10～15 mm，校正并夹紧，车端平面，车外圆至 ϕ48 mm，锐边倒角。

（3）钻孔、车内孔至 $\phi18.40^{+0.18}_{0}$ mm。

（4）孔口倒角 C2。

（5）调头夹持外圆 ϕ48 mm，找正并夹紧，车端平面，车接外圆 ϕ48 mm，孔口倒角 C2。

（6）粗、精车内螺纹 M20×1.5 达图样要求。

（7）检查。

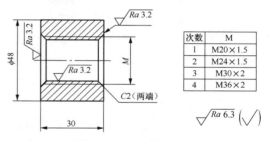

次数	M
1	M20×1.5
2	M24×1.5
3	M30×2
4	M36×2

材料：45 钢　ϕ50mm×33mm　1 件

图 7-20　通孔内螺纹

7.3　使用丝锥和板牙加工螺纹

攻螺纹和套螺纹一般用于加工普通螺纹。攻螺纹和套螺纹所用工具简单，操作方便，但生产效率不高，主要用于单件或小批量、小直径螺纹加工。

7.3.1　攻螺纹

攻螺纹是用丝锥在圆柱孔内或圆锥孔内切削内螺纹。

1．丝锥的结构和形状

丝锥是用高速钢制成的一种多刃刀具，可以加工车刀无法车削的小直径内螺纹，操作方便，生产效率高。丝锥的结构形状如图 7-21 所示。

2．攻螺纹的工艺要求

攻螺纹前，螺纹孔径应稍大于螺纹小径，孔深要大于规定的螺纹深度并且车孔口倒角。

（1）攻螺纹前孔径应比螺纹小径稍大，以减小攻螺纹时的切削抗力和防止丝锥折断。

（2）攻制不通孔螺纹时，由于丝锥前端的切削刃不能攻制出完整的牙型，所以钻孔时的孔深要大于规定的螺纹深度。通常钻孔深度应大于或等于螺纹有效长度加上螺纹公称直径的 0.7 倍。

（3）孔口倒角 30°（见图 7-22），可用 60° 锪钻加工，也可用车刀倒角，倒角后的直径应大于螺纹大径。

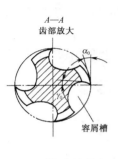

（a）切削部分齿部放大图

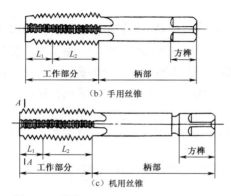

图 7-21　丝锥

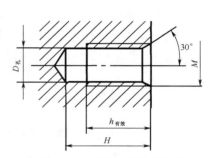

图 7-22　攻螺纹前的工艺要求

3. 攻螺纹的加工方法

攻螺纹是加工小尺寸内螺纹的有效方法，其加工方法如下。

（1）钻孔后，孔口须倒角，且倒角处的直径应该略大于螺纹的大径，这样可以使丝锥开始切削时容易切入材料，并可防止孔口被挤压出凸边。

（2）工件的装夹位置应尽量使螺纹中心线置于垂直或水平位置，使攻螺纹时易于判断丝锥是否垂直于工件平面。

（3）起攻时，要把丝锥放正，然后用手压住丝锥转动铰杠，如图 7-23（a）所示。当丝锥切入 1～2 圈后，应及时检查并校正丝锥的位置，如图 7-23（b）所示。检查应在丝锥前后和左右方向进行。

为了使丝锥起攻时保持正确位置，可在丝锥上旋上同样直径的螺母，如图 7-24（a）所示，或将丝锥插入导向套中，如图 7-24（b）所示，使得丝锥按正确的位置切入工件孔中。

（4）当丝锥切入 3～4 圈螺纹时，只需要转动铰杠就可完成，应停止对丝锥施加压力，不然，螺纹牙型会被损坏。攻螺纹的时候，每旋转铰杠 1/2～1 圈，就要倒转铰杠 1/4～1/2 圈，这样就使得切屑容易排除，以免因切屑堵塞而使得丝锥卡死。

（5）攻不通孔螺纹时，要经常退出丝锥，以清除孔内的切屑，避免丝锥折断或卡住。当工件不便倒向时，可用磁性物体吸出切屑。

（6）攻韧性材料的螺孔时，需要加注切削液，以减小切削时的阻力，减小螺孔表面的粗糙度，也可延长丝锥的寿命，攻钢件时需要加机油；攻铸件时需要加煤油；螺纹质量要求比较高时就需要加工业植物油。

(a) 起攻　　　　　　　　　（b）检查攻螺纹垂直度　　　（a）用螺母　　（b）用导向套

图 7-23　攻螺纹的方法　　　　　　　　图 7-24　保证丝锥正确位置的工具

（7）攻螺纹时，必须以头锥、二锥、三锥的顺序攻削至标准尺寸。在较硬的材料上攻螺纹时，可用各种丝锥轮换交替进行切削，以减小切削刃部位的负荷，避免丝锥折断。

（8）丝锥退出时，先用铰杠平稳反方向旋转，当能用手旋动丝锥时，便停止使用铰杠，避免铰杠带动丝锥退出，以防产生晃动、摇摆、震动和损坏螺纹表面粗糙度。

7.3.2　套螺纹

套螺纹是用板牙或螺纹切头在外圆柱面或外圆锥面上切削外螺纹。

1. 板牙的结构和形状

板牙是一种标准的多刃螺纹加工工具，其结构形状如图 7-25 所示。它像一个圆螺母，其两端的锥角是切削部分，因此正、反都可以使用，中间有完整齿深的一段是校正部分。使用板牙切制螺纹，操作方便，生产效率高。

2．套螺纹的工艺要求

要使用板牙套螺纹，待加工工件必须满足下面条件。

（1）用板牙套螺纹，通常适用于公称直径小于 16 mm 或螺距小于 2 mm 的外螺纹。

（2）由于套螺纹时工件材料受板牙的挤压而产生变形，牙顶将被挤高，所以套螺纹前工件外圆应车削至略小于螺纹大径。

（3）外圆车好后，端面必须倒角，倒角后端面直径应小于螺纹小径，以便于板牙切入工件。

（4）板牙端面应与主轴轴线垂直。

3．套螺纹的方法

使用板牙或螺纹切头加工螺纹的方法如下。

（1）为了使得板牙容易切入材料，圆杆端部要倒成锥角，如图 7-26 所示。

（2）套螺纹时切削力矩比较大，圆杆类工件要用 V 形钳口或用厚铜板作衬垫，才能牢固地夹持，如图 7-27 所示。

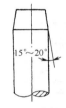
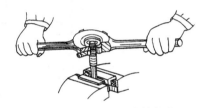

图 7-25　板牙　　　　　图 7-26　套螺纹时　　　图 7-27　圆杆的夹持方法

圆杆的倒锥角

（3）起套的时候，须使板牙的端面与圆杆垂直。要在转动板牙时施加轴向压力，转动时要慢，压力要大。当板牙切入材料 2～3 圈时，要及时检查、校正螺牙端面和圆杆是否垂直，否则切出的螺纹牙型一面深一面浅，不均匀，甚至出现乱牙。

（4）进入正常套螺纹状态时，和攻螺纹类似不需要再加压力，让板牙自然引进，避免损坏螺纹和板牙，并要经常倒转断屑。

（5）在钢件上套螺纹与攻螺纹类似，要加切削液，来提高螺纹表面的质量和延长板牙的寿命。切削液一般选用较浓的乳化液或机械油。

7.4　圆柱齿轮加工流程综述

完整的圆柱齿轮加工是一个相当复杂的过程。从一块坯料到一个合格的齿轮产品，要经历齿轮加工的全部工艺流程。本节将对圆柱齿轮加工的工艺流程进行综述。

7.4.1　圆柱齿轮加工综述

齿轮传动常应用于机器和仪表中，按规定的速比传递运动和动力。齿轮均由轮齿和轮体两部分组成。按轮体的机构可分为盘形齿轮、套筒齿轮、轴齿轮和齿条等。

1. 齿轮的材料与毛坯

齿轮的材料一般为中碳钢、中碳合金钢或渗碳钢，轻载的齿轮也有用铸铁、工程塑料或夹布胶木等材料。钢材齿轮的毛坯常用锻件，不太重要的齿轮可用棒料，大型齿轮则用铸件。铸钢件的切削性能不好，故在加工前应安排正火处理。

盘形齿轮应用最广，如图7-28所示；按齿圈上轮齿的分布形式又可分为直齿、斜齿和人字齿等。

齿轮的主要加工面是轮齿，内孔（或支撑轴颈）为设计基准和装配基准，基准孔常带键槽或花键孔。

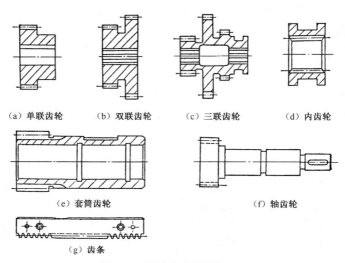

| (a) 单联齿轮 | (b) 双联齿轮 | (c) 三联齿轮 | (d) 内齿轮 |

(e) 套筒齿轮　　　　　　　　　　(f) 轴齿轮

(g) 齿条

图7-28　圆柱齿轮的结构形式

2. 齿轮的技术要求

在生产中，每个生产环节都应根据相应的要求，达到一定的加工指标。下面介绍齿轮的精度和齿坯的精度。

（1）齿轮的精度，如表7-3所示。轮齿的各组精度项目中，有的是单项公差，有的是综合公差。不同的使用要求规定不同的项目组合：小批量生产时多选用几个单项公差组合，大批量生产时多规定综合公差项目。

表7-3　　　　　　　　　　　　　　　齿轮精度等级

精度水平	齿轮情况	精度等级	精度水平	齿轮情况	精度等级
特高精度	检验用的齿轮、高速齿轮或者在重载下要求特别安全可靠的齿轮，需用特殊工艺方法制造	2～3	中等精度	用于一般交通运输设备的齿轮和电机工业的速度较低的齿轮。通常用滚、插工艺，或剃齿加工	8～9
高精度	主要用于透平齿轮和航空齿轮、高精度传动链以及某些危险场合下工作的工业齿轮，需用磨齿机加工	4～5	低精度	用于低速动力传动用齿轮。用一般的滚、插工艺制造，也可以在比较旧的机床上加工，操作水平要求不高	10～11
比较高的精度	主要用于中等速度的工业齿轮和要求安全可靠工作的车辆齿轮。一般须用磨齿或剃齿工艺，或者用精度高的滚齿机加工	6～7	最低精度	用于一些不重要的低速齿轮、低硬度的动力齿轮、配件齿轮以及玩具齿轮。一般是铸造齿轮，或者是小尺寸的模锻成形齿轮等	12

一般齿轮多为 7 级精度，精密齿轮则为 5～6 级精度。热处理要求则多为齿面高频淬火。

（2）齿坯的精度。齿坯的形状多为盘、套类，技术要求主要是基准孔的尺寸精度和基准端面对基准孔的垂直度要求。

3. 圆柱齿轮的定位基准和装夹方法

为使基准重合和基准统一，齿轮加工时常选内孔和端面作精基准加工外圆和齿轮，用心轴装夹，如图 7-29 所示。用作基准的端面最好与内孔在一次装夹中加工出来，以确保两者互相垂直。当批量较小或加工大型齿轮时，也可用外圆找正基准，但此时应保证内孔与外圆同轴。

对整体淬火的齿轮，淬火后孔的精加工常用粗加工后的齿形的分度圆作定位基准，用专用夹具装夹，如图 7-30 所示。

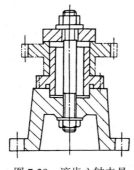

图 7-29　滚齿心轴夹具

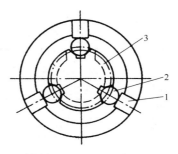

图 7-30　以齿面定位加工内孔

4. 圆柱齿轮的加工工艺过程

圆柱齿轮的加工工艺随其结构、精度、热处理要求和生产批量、生产条件的不同而不同，但也有其共同之处，下面举两个例子来分析比较。

图 7-31 所示为 7 级精度的双联齿轮，其成批生产时的工艺过程如表 7-4 所示。

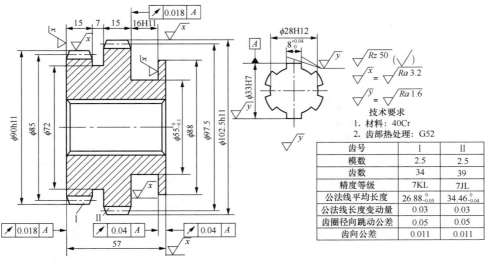

技术要求
1. 材料：40Cr
2. 齿部热处理：G52

齿号	I	II
模数	2.5	2.5
齿数	34	39
精度等级	7KL	7JL
公法线平均长度	$26.88_{-0.05}^{0}$	$34.46_{-0.04}^{0}$
公法线长度变动量	0.03	0.03
齿圈径向跳动公差	0.05	0.05
齿向公差	0.011	0.011

图 7-31　双联齿轮

表 7-4　　　　　　　　　　　　　　　　双联齿轮加工工艺过程

序　号	工 序 名 称	工 序 内 容	定 位 基 准
1	锻造	毛坯锻造	
2	热处理	正火	
3	粗车	粗车外圆和端面（留余量 1～1.5mm），钻花键底孔至尺寸 f28H11	外圆和端面
4	拉	拉花键孔	f28H11 和端面
5	精车	精车外圆、端面和槽至图样要求	花键孔和端面
6	检验	检验齿坯各精度	
7	插	插齿（$z=39$），留剃量 0.06～0.08mm	花键孔和端面
8	插	插齿（$z=34$），留剃量 0.03～0.05mm	花键孔和端面
9	倒角	倒角（Ⅰ、Ⅱ齿圆 12° 牙角）	花键孔和端面
10	去毛刺	钳工去毛刺	
11	剃大齿轮	剃齿（$z=39$），公法线长度至尺寸上限	花键孔和端面
12	剃小齿轮	剃齿（$z=34$），用螺旋角为 5° 的剃齿刀，公法线长度至尺寸上限	花键孔和端面
13	热处理	齿部高频淬火：G52	
14	推孔	推孔	花键孔和端面
15	珩	珩齿	花键孔和端面
16	检验	按图样要求检验	

图 7-32 所示为一高精度齿轮，精度要求为 6-5-5 级。小批生产时的工艺过程如表 7-5 所示。

 要点提示　　　精度 6-5-5 表示齿轮在 3 个方面的精度，分别是传递运动的准确性、传动准确性、载荷分布均匀性，因此是 3 种指标的综合精度。

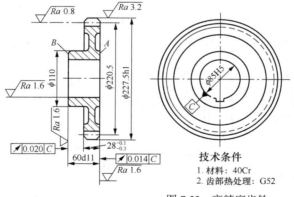

模数	3.5
齿数	63
压力角	20°
精度等级	6-5-5
基节极限偏差	±0.0065
周节累积公差	0.045
公法线平均长度	$80.58^{-0.14}_{-0.22}$
跨齿数	8
齿向公差	0.007
齿形公差	0.007

技术条件
1. 材料：40Cr
2. 齿部热处理：G52

图 7-32　高精度齿轮

表 7-5　　　　　　　　　　　　　　　　高精度齿轮加工工艺过程

序　号	工 序 名 称	工 序 内 容	定 位 基 准
1	锻造	毛坯锻造	
2	热处理	正火	
3	粗车	粗车外形，各部分留余量 2mm	外圆和端面
4	精车	精车各部，内孔至 f84.8H7，总长留余量 0.2mm，其余至尺寸	外圆和端面

续表

序　号	工序名称	工序内容	定位基准
5	滚	滚齿（齿厚留余量 0.25～0.35mm）	内孔和端面 A
6	倒角	倒角	内孔和端面 A
7	钳	钳工去毛刺	
8	热处理	热处理：齿部 G52	
9	插	插键槽	内孔（找正用）和端面 A
10	磨大端	靠磨大端面 A	内孔
11	磨小端	平面磨削 B 面，总长至尺寸	端面 A
12	磨孔	磨内孔 $\phi85H6$	内孔和端面 A（找正用）
13	磨齿	磨齿	内孔和端面 A
14	检验	终结检验	内孔和端面 A

注：因带键槽的孔在齿面热处理时易变形成椭圆，故键槽应放在热处理后再加工。

从以上两个工艺过程看出，齿轮的工艺路线大致可归纳为：毛坯制造和热处理→齿坯加工→齿形加工→齿端加工→齿轮热处理→精基准修正→齿形精加工→终结检验。

7.4.2　铣齿工艺

铣齿加工是成形法加工工艺的重要组成部分，应用广泛、加工精度低，特别是在小模数齿轮加工中应用较为广泛。在大批量生产中常用作粗加工，在单件小批量生产和修理工作中作为最后工序。

1.　铣齿原理

铣齿是按成形法原理加工齿轮，齿轮的齿形主要由铣刀廓形保证，齿距精度由齿坯安装精度和分度头精度来保证。由于铣刀的形状不同又可分为盘状铣刀加工和指状铣刀加工。

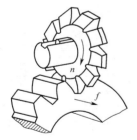

如图 7-33 所示，无论是盘状铣刀还是指状铣刀，铣齿加工运动都由铣刀回转主运动 n 和垂直运动 f 组成。

2.　铣齿加工特点

加工直齿圆柱齿轮是按成形法加工；加工斜齿圆柱齿轮是按无瞬心包络法加工。铣齿加工时铣刀铣完一个齿槽后，分度机构将工件转过一个齿再铣另一个齿槽。

铣齿加工的加工精度：9 级。

（a）盘状成形铣刀铣齿　　　（b）指状成形铣刀铣齿

图 7-33　铣齿加工

铣齿加工的表面粗糙度 Ra（μm）：2.5～10。

要点提示　　铣齿加工能完成一些展成法加工不能完成的齿轮加工工作，例如，圆盘齿轮和锥齿轮的加工，如图 7-34 所示。

（a）圆盘齿轮　　　　　　　　　　　（b）锥齿轮

图 7-34　展成法不能完成加工的齿轮

3. 直齿圆柱齿轮的铣削加工

成形法铣圆柱齿轮的加工关键是选择铣齿刀。铣齿刀选择要根据所加工齿轮对象的类型不同而采用不同的原则。这里主要介绍直齿圆柱齿轮和斜齿圆柱齿轮加工的铣刀选择原理。

根据渐开线性质可知，渐开线形状与基圆直径有关，同一模数、不同齿数的齿轮，其基圆直径不同，渐开线形状也不同。

 要点提示　从理论上讲，相同模数、不同齿数的齿轮都应当设计专用成形齿轮铣刀，但这样既不经济，也无必要。在实际生产中，将齿轮的常用齿数进行分组，当模数 $m=1\sim8$mm 时，每种模数分成 8 组（即 8 把刀）；当模数 $m=9\sim16$mm 时，每种模数分成 15 组（即 15 把刀）。

每把铣刀的齿形是根据该铣刀所加工最小齿数的齿轮齿槽形状设计的，所以，加工该范围内的其他齿数的齿轮时，会有一定的齿形误差。在实际使用时，需要根据被加工齿轮的齿数按表 7-6 所示选择铣刀的刀号。

表 7-6　　　　　　　　　　每号铣刀适于铣削的齿轮齿数范围

铣刀号数	铣削齿轮齿数	
	8 件一套	15 件一套
1	12～13	12
1½		13
2	14～16	14
2½		14～16
3	17～20	17～18
3½		19～20
4	21～25	21～22
4½		23～25
5	26～34	26～29
5½		30～34
6	35～54	35～41
6½		42～54
7	55～134	55～79
7½		80～134
8	≥135	≥135

4. 斜齿圆柱齿轮的铣削加工

成形齿轮铣刀铣斜齿圆柱齿轮的工艺比加工直齿圆柱齿轮复杂，以下是详细的讲述。

（1）成形齿轮铣刀铣斜齿圆柱齿轮原理。在万能铣床上用成形齿轮铣刀铣斜齿圆柱齿轮时，不是按成形法原理，而是按无瞬心包络法原理。齿轮齿形表面的形成，是当铣刀相对齿轮做螺旋运动时，铣刀切削刃所形成的回转表面在空间形成的包络面。

> 铣刀齿形求法比较复杂，平时在小批或单件生产中，常用加工直齿圆柱齿轮的标准成形齿轮铣刀来加工斜齿圆柱齿轮，但这样铣出来的齿形是近似的，当齿形精度要求较高时，应当设计专用成形齿轮铣刀。

（2）成形齿轮铣刀刀号的选择方法。

① 一般计算法。根据斜齿圆柱齿轮的齿数和螺旋角 β 计算出当量齿数 z_v，再根据 z_v 来选择刀号。z_v 可按下式计算：

$$z_v = z/\cos^3\beta$$

式中，z——斜齿圆柱齿轮的齿数；

　　　β——斜齿圆柱齿轮的螺旋角。

② 图表法。铣斜齿圆柱齿轮也可以直接按图 7-35 所示来选择铣刀刀号。

③ 精确计算法。在万能铣床上用成形齿轮铣刀铣削斜齿圆柱齿轮时，其齿形是近似的，齿面在靠近齿顶及齿根处要产生一定的干涉过切量。螺旋角越大，齿顶和齿根过切量就越大，从而减小齿轮啮合时齿高方向的接触区宽度。为了改善这种情况，当 $\beta>20°$ 时，可采用下面较精确的计算公式来计算当量齿数 z_v：

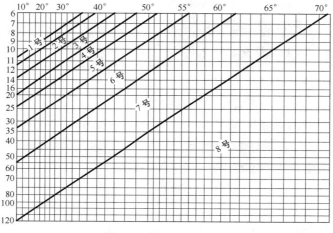

图 7-35　铣刀刀号的选择

$$z_v = \frac{z}{\cos^3\beta} + \frac{D_{0m}}{m_n}\tan^2\beta$$

$$D_{0m} = D_{0e} - 2.5m_n$$

式中，z——被加工齿轮齿数；

m_n——被加工齿轮法向量，mm；

β——被加工齿轮螺旋角；

D_{0m}——成形齿轮铣刀中径，mm；

D_{0e}——成形齿轮铣刀外径，mm。

5. 铣齿加工实例

加工模数 $m=4$mm、齿数 $z=21$ 和齿数 $z=25$ 的两齿轮，在切削条件相同时，应选用何种刀号盘形齿轮铣刀？分析哪个齿轮的加工精度高，为什么？

解：

根据加工齿轮齿数查表7-6得，应该选用的铣刀号数为4。

但是齿数 $z=21$ 的齿轮加工精度更高。因为每种刀号的齿轮铣刀刀齿形状均按所加工齿数范围中的最小齿数设计，所以，加工该范围内的其他齿数的齿轮时，会有一定的齿形误差。

7.4.3　插齿工艺

插齿是展成法齿轮加工的重要组成部分，广泛用于加工直齿圆柱齿轮、斜齿轮、内齿轮、双联或三联齿轮、人字齿轮和齿条等，也可以用于加工齿扇及特殊齿形的零件。

1. 插齿加工综述

插齿加工

插齿加工如同两个齿轮做无间隙的啮合运动，一个是插齿刀，另一个是被加工齿轮。

插齿刀是由高速钢等刀具材料制成，在齿轮上刃磨出前角和后角，形成切削刃。插齿时，插齿刀做上下往复的切削运动，同时要求插齿刀和齿坯之间严格保持一对渐开线齿轮啮合关系，如图7-36所示。

> **要点提示**　由于一个渐开线齿轮可以和模数相同而齿数不同的齿轮啮合，所以一把插齿刀可以加工模数相同而齿数不同的齿轮。

2. 直齿圆柱齿轮的插削

在插削直齿轮时，机床和刀具应具有下列运动。

（1）切削主运动。刀具主轴做快速往复运动 v_1，如图7-37所示，以完成切削任务。它以每分钟往复次数 n 来表示。由电动机 M 带动变速交换齿轮或变速箱1来实现变速。这一运动与其他运动无关，可以单独进行调整。插削刀每分钟双行程数 n 可按下式确定：

$$n = \frac{1\,000v_1}{2l}$$

式中，v_1——平均切削速度，m/min；

l——插齿刀行程长度，mm。

插齿刀行程长度等于齿坯宽度与切出、切入长度之和，行程未知可由偏心机构7来调整。

（2）圆周进给运动。插齿刀主轴2绕自己的轴线做慢速回转运动 n_0，同时与被加工齿轮作无间隙啮合，其转速为 n_ω，插齿刀转速的快慢影响加工齿轮的快慢，它是以每一往复行程在插齿刀与齿轮啮合时的节圆上转过的弧长计算的，通常称为圆周进给量 f_c，由圆周进给箱或交换齿轮5来调整。

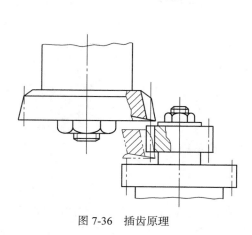

图 7-36　插齿原理

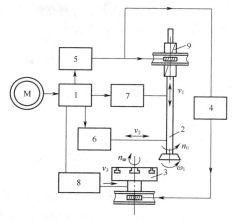

图 7-37　插齿机原理

（3）滚切分度运动。工作台 3 的主轴带动齿坯绕自身轴线转动，同时与刀具主轴保持着一对齿轮的啮合关系，以实现展成运动，它们之间必须遵守以下关系：

$$\frac{n_\omega}{n_0} = \frac{z_0}{z}$$

式中，n_ω、n_0——齿坯与插齿刀转速；

　　　　z、z_0——齿坯与插齿刀齿数。

这一关系是依靠分度交换齿轮 4 来保证的。

（4）径向进给运动。为了切至全齿深，插齿刀在圆周进给的同时，必须向齿坯做径向进给，或齿坯向插齿刀做径向进给 v_3，当进刀到一定深度时停止，而圆周进给继续进行，直至齿坯转一周时，齿轮加工完毕。

径向进给量 f_r 是指插齿刀每往复一次进程，径向移动多少毫米，它是靠凸轮、液压或径向进给交换齿轮 8 来实现的。

（5）让刀运动。插齿刀在工作行程时插削齿坯，在返回行程时，应和齿坯脱离接触，以免擦伤已加工齿和刀齿磨损，这种运动叫作让刀运动。有些机床是由工作台让刀，小型和大型机床是由插齿刀让刀 v_2。这一运动是靠让刀机构 6 来完成的。

3．斜齿圆柱齿轮的插削

在插齿机上需用斜齿插齿刀插削斜齿轮，其加工原理相当于一对轴线平行的斜齿轮啮合。

插齿刀除有展成运动外，在上下往复运动的同时，还要有附加运动 ω_1，如图 7-38 所示。附加运动与齿坯的轮齿螺旋角相适应，以便插齿刀切削刃运动时所产生的表面相当于斜齿轮的侧表面，这个附加运动是由机床上的旋转导轨副 9 来实现的，如图 7-37 所示。螺旋导轨、斜齿插齿刀和被切齿轮的螺旋方向如表 7-7 所示。

表 7-7　　　　　　　　　　螺旋导轨、斜齿插齿刀和被切齿轮的螺旋方向

被切齿轮	外齿轮		内齿轮	
齿轮方向	左	右	左	右
斜齿插齿刀	右	左	左	右
螺旋导轨	右	左	左	右

常用的斜齿插齿刀的螺旋角有 15° 和 23° 两种，两者均有左、右之分。旋转导轨的导程应该等于插齿刀的导程，其计算公式为

$$P_z = P_{z0} = \frac{\pi m z_0}{\sin\beta} = \frac{\pi m_t z_0}{\tan\beta}$$

式中，P_z——螺旋导轨的导程；

$\quad$ P_{z0}——插齿刀的导程；

$\quad$ z_0——斜齿插齿刀齿数；

$\quad$ β——斜齿轮分度圆螺旋角，其值与插齿刀刀齿螺旋角相等。

4. 插齿机

插齿机类型按工作轴线分布情况分为两类。

（1）立式插齿机。立式插齿机的刀具轴线与工件轴线都是垂直分布的，这类插齿机按刀齿形式又可分为圆盘刀插齿机和齿条刀插齿机。前者多用于加工内、外啮合的直齿轮、斜齿轮以及多联齿轮、齿条、齿扇等。后者加工时，齿条刀只做上下往复运动，在向下的行程中切削齿坯，在向上的行程中，齿坯一面旋转一面沿齿条刀中线移动，但在切削过程中，齿坯是静止的，工作台的运动是间歇的。当加工几个齿后，工作台返回原位再进行上述运动，直至整个齿轮加工完毕。

图 7-39 所示为 Y5132 型插齿机外形图。

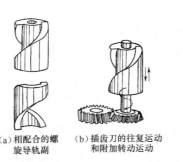

（a）相配合的螺旋导轨副　（b）插齿刀的往复运动和附加转动运动

图 7-38　插削斜齿轮的螺旋导轨副和附加运动

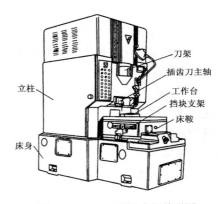

刀架
插齿刀主轴
工作台
挡块支架
床鞍
立柱
床身

图 7-39　Y5132 型插齿机外形图

（2）卧式插齿机。卧式插齿机的刀具轴线与工件轴线水平安装，它多用于加工无空刀槽人字齿轮、内人字齿轮以及各种轴齿轮。

此外，在大量的生产中也采用"插齿刀头"的专用插齿机，其工作原理是仿形法。

 要点提示　在实际生产和设计中，选用插齿机时需要查询有关手册或阅读插齿机的性能参数表。

5. 插齿刀

插齿刀是插齿加工工艺中的关键部件，是直接与被加工齿轮接触的，所以插齿刀会直接影响被加工齿轮的精度和表面粗糙度，在工作中起到了至关重要的作用。

（1）插齿刀概述。插齿刀实质上是一个变位齿轮，其不同点是在插齿刀上有前角和后角，以便切削工件。为了获得后角以及刃磨后不影响齿形，所以把它设计成连续变位直齿（或斜齿）齿形的形式。

因各截面上顶圆直径不同，使插齿刀顶刃产生了后角；由于各截面上的齿厚不同，所以齿侧刃也产生了后角，在接近前端面的截面中变位系数大，接近后端面的截面中变位系数小，在某截面中变位系数为零。

标准插齿刀的顶刃前角为 5°、顶刃后角为 6°、侧刃后角约为 2°。标准直齿插齿刀（GB/T 6081—2001）分为以下两种类型。

① 盘形直齿插齿刀。盘形直齿插齿刀主要用于加工外齿轮、大直径的内齿轮以及齿条等。其公称分圆直径有 75mm、100mm、125mm、160mm 和 200mm 五种，精度等级分 AA、A 和 B 三种。盘形直齿插齿刀形式如图 7-40 所示。

② 锥柄直齿插齿刀。锥柄直齿插齿刀主要用于加工内齿轮，其公称分度圆直径有 25mm 和 38mm 两种，精度等级分为 A、B 两种，其形式如图 7-41 所示。

（2）插齿刀精度等级。插齿刀精度等级及其相应的齿轮加工精度如表 7-8 所示。

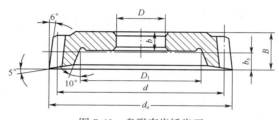

图 7-40 盘形直齿插齿刀

表 7-8　　　　　　　　　　插齿刀精度等级及其相应的齿轮加工精度

插齿刀形式	直齿插齿刀（GB/T 6081—2001）		
	盘形（Ⅰ型）	碗形（Ⅱ型）	锥形（Ⅲ型）
插齿刀精度	AA、A、B	AA、A、B	A、B
被切齿轮精度	6、7、8	6、7、8	7、8

（3）插齿刀的磨损。插齿刀用钝后，需要刃磨刀面。刀齿磨损情况如图 7-42 所示。粗切时，磨损量 VB 不得超过 1mm；精切时，VB 不得超过 0.4mm。

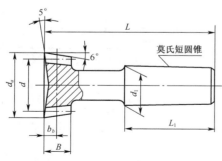 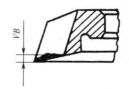

图 7-41 锥柄直齿插齿刀　　　图 7-42 插齿刀的磨损

6. 插齿夹具

插齿夹具在插齿加工中起到了固定工件位置的作用，对齿轮的加工精度影响是很大的，插齿所用夹具的典型结构及工件的装夹如表 7-9 所示。

表 7-9　　　　　　　　　　　　常用插齿夹具结构及装夹方法

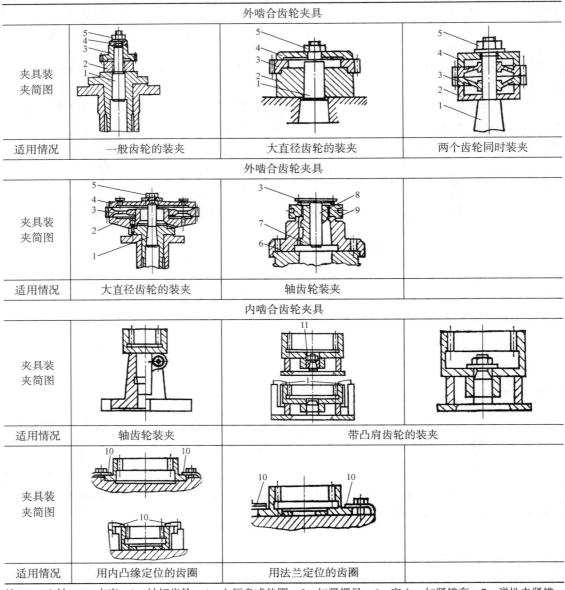

	外啮合齿轮夹具		
夹具装夹简图			
适用情况	一般齿轮的装夹	大直径齿轮的装夹	两个齿轮同时装夹
	外啮合齿轮夹具		
夹具装夹简图			
适用情况	大直径齿轮的装夹	轴齿轮装夹	
	内啮合齿轮夹具		
夹具装夹简图			
适用情况	轴齿轮装夹	带凸肩齿轮的装夹	
夹具装夹简图			
适用情况	用内凸缘定位的齿圈	用法兰定位的齿圈	

注：1—心轴；2—支座；3—被切齿轮；4—上压盘或垫圈；5—加紧螺母；6—定心、加紧锥套；7—弹性夹紧锥；8—齿轮柄部；9—夹紧圆螺母；10—压板；11—弹性夹头。

　　加工轴齿轮用塑料夹具如图 7-43 所示，该夹具用在插齿机上加工轴齿轮，工件以外圆柱面及轴肩为基准，安装在薄壁套筒 1 内，拧动螺钉 2，套筒薄壁产生均匀的弹性变形，将工件定心并夹紧。

7.　插齿工艺设计

　　要充分掌握插齿加工的精髓，还需要通过大量的加工实例分析才能达到。这里对插齿加工中的实际运算进行讲解。

　　切削用量可按下列公式和表格依次确定。

① 插齿刀行程长度，如图 7-44 所示，按下式计算：

$$L=b+l$$

式中，b——被切齿轮宽度，mm；

l——插齿刀的行程超越量，$l=l_1+l_2$，一般取 $l_1=l_2=2\sim10$mm，$l\approx2\sim25$mm。

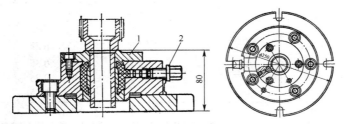

图 7-43　加工轴齿轮用塑料夹具

1—套筒；2—螺钉

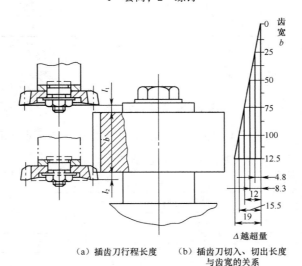

（a）插齿刀行程长度　（b）插齿刀切入、切出长度
　　　　　　　　　　　　　与齿宽的关系

图 7-44　插齿刀行程长度

② 插削（走刀）次数，按表 7-10 所示选取。

表 7-10　　　　　　　　　　插削钢制（≤220HB）齿轮时的走刀次数

模数 m/mm	走刀次数			
	粗切	半精切	精切	总计
2～3	—	—	1	1
4～6	1	—		2
8～12	1	1		3
14～20	2	1		4
20～30	3	1		5
32～40	4	1		6

注：① 插削 $m>12$mm 的齿轮，第一次粗走刀时，切削深度为 1～1.5mm，对各种模数的齿轮，精走刀时，切削深度均取为 0.5～0.6mm，当半精走刀时，取 2～5mm（模数越大，则切深也越大）。

② 当用盘状铣刀或指状铣刀粗铣时，插齿刀只是完成半精加工和精加工。

③ 圆周进给量推荐用表 7-11 所示的数值。

表 7-11　　　　　插齿工艺圆周进给量推荐用值（被加工材料：碳钢≤190HB，灰铸铁 170～207HB）

加工性质	模数 m/mm	机床传动功率/kW			
		< 1.5	1.5～2.5	2.6～5.0	> 5.0
		圆周进给量 f_c/（mm/d·str）			
粗加工	2～4	0.35	0.45	—	—
	5	0.25	0.40	—	—
	6	0.20	0.35		
	8	—	—	0.45	
	10	—	—	0.35	0.45
	12			0.25	0.35
				0.15	0.25
精加工	2～12	0.25～0.30			

注：钢材硬度改变时，圆周进给量的修正系数如下：

硬度（HB）	< 190	19～220	22～240	240～290
修正系数	1	0.9	0.8	0.7

注：当粗、精加工 f_c 不同时，应取其中的小值。

④ 径向进给量按下列经验公式确定：

$$f_r = (0.1～0.3) f_e（mm/d·str）$$

⑤ 切削速度。在立式插齿机上切齿时的切削速度可按表 7-12 所示选取。

表 7-12　　　　　立式插齿机切齿时的切削速度（m/min）

圆周进给量 f_c/（mm/d·str）	切削速度 v/（m·min^{-1}）						开槽后精加工
	实体材料精加工及粗加工						
	模数 m/mm						2～12
	2	4	6	8	10	12	
0.10	41	33	28	25	23	21	—
0.13	36	29	24	22	20	19	—
0.16	32	26	22	20	18	17	44
0.20	29	23	20	18	17	16	39
0.26	25	21	17	16	15	14	34
0.32	23	18	15	14	13	13	31
0.42	20	16	14	13	13	12	25
0.52	18	14	12	11	10	10	—
耐用度（h） 粗加工	5			7			5
耐用度（h） 精加工	4						

注：① 修正系数与粗滚时相同。

② 插削铝制齿轮：v=60m/min；青铜齿轮：v=24m/min；灰铸铁齿轮：v=18m/min。

⑥ 插齿机往复运动行程数。插齿刀每分钟的往复行程数 n_0 是根据插齿刀行程长度 L 和切削速度 v 决定的，其值可按下式计算：

$$n_0 = \frac{1000v}{2L} d·str/min$$

7.4.4　滚齿工艺

滚齿加工也是展成法齿轮加工方法，由于其具有适应性好、生产效率比较高、被加工齿轮的一齿精度比插齿要低等工艺特点，所以滚齿加工在现代齿轮加工中应用广泛。本节将对滚齿加工进行较详细介绍。

滚齿加工

1. 滚齿原理

滚齿加工原理相当于交错轴斜齿轮副的啮合过程。滚齿加工过程中，滚刀相当于一个螺旋角很大的斜齿圆柱齿轮和被切齿轮作空间啮合。滚刀头数即相当于斜齿轮的齿数。

要点提示

> 这种齿数极少、螺旋角很大且轮齿能绕轴线很多圈的特殊斜齿圆柱齿轮，其实质就是一个蜗杆，滚刀切削刃位于该蜗杆的螺纹表面上。滚刀与工件在一定速比的关系下进行展成运动，完成渐开线、摆线等各种齿形加工。

在滚切渐开线齿轮时，可改变两轴间中心距及轴交角。其相对共轭运动仍将获得同样性质的渐开线齿形曲面，只是齿厚和齿根圆相应地改变了，所以可加工变位齿轮、斜齿轮和短齿轮等。

2. 滚齿加工过程分析

滚齿过程如图 7-45 所示。从机床运动的角度出发，工件渐开线齿面由一个复合成形运动（由两个单元运动——B_{11} 切削运动和 B_{12} 分度运动所组成）和一个简单成形运动 A_1 的组合形成。B_{11} 和 B_{12} 之间应有严格的速比关系，即当滚刀转过一转时，工件相应地转过 k/z 转（k 为滚刀的线数，z 为工件齿数）。

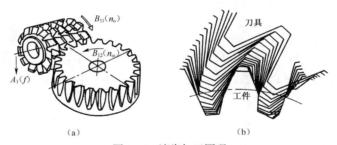

（a）　　　　　　　　　　　　　（b）

图 7-45　滚齿加工原理

从切削加工的角度考虑，滚刀的回转（B_{11}）为主运动，用 n_0 表示；工件的回转（B_{12}）为圆周给进运动，即展成运动，用 n_ω 表示；滚刀的直线移动（A_1）是为了沿齿轮宽方向切出完整的齿槽，称为垂直进给运动，用进给量 f 表示。当滚刀与工件按图 7-45（b）所示完成所规定的连续的相对运动，即可依次切出齿坯上的全部齿槽。

滚齿加工的加工精度为：6～9 级。

滚齿加工的表面粗糙度 Ra（μm）：1.25～5。

3. 滚齿机

滚齿机是滚齿加工的机械设备，可以说是滚齿加工的基础。而滚齿机的选择需要注意滚齿机的型号和参数，所以选择者需要具备一定的滚齿机知识。

滚齿机是加工圆柱齿轮、蜗轮等零件的主要工艺设备。加工齿轮的直径在 200mm 以下属于仪表滚齿机、直径 200～2 000mm 为中型滚齿机，直径 2 000mm 以上为大型滚齿机。

图 7-46 所示分别为国产 Y38-1 型滚齿机和 Y3150 型滚齿机。通常在了解滚齿机的时候，都是根据滚齿机的型号查相关参数表或手册来获得详细的机器参数。

（a）Y38-1 滚齿机

（b）Y3150 滚齿机

图 7-46　滚齿机

在选购滚齿机时，一定要注意是国产滚齿机还是进口滚齿机。国产滚齿机和国外滚齿机的型号判断是不同的，所以滚齿机的参数判定标准要以生产该机器的国家标准为依据。

滚齿机的精度主要是指几何精度和传动精度。由于机床存在几何精度和传动精度，因此将影响滚齿机的工作精度。

4．滚刀

滚刀是滚齿加工中的重要部件，滚刀的质量直接关系到加工齿轮质量的好坏。所以滚刀相关知识的学习和正确选择是滚齿加工的关键。

齿轮滚刀按结构不同可分为整体滚刀和镶片滚刀；按模数大小不同可分为小模数滚刀、中模数滚刀和大模数滚刀；按加工用途不同可分为初加工滚刀和精加工滚刀；按滚刀基本蜗杆齿形不同可分为阿基米德滚刀和法向直廓滚刀。

（1）滚刀类型。

① 整体齿轮滚刀，可以分为刀体与刀齿两大部分，如图 7-47 所示。

② 镶片齿轮滚刀。大模数和中模数滚刀可做成镶片结构，一方面节省高速钢，同时还可保证刀片的热处理性能，使滚刀耐用度提高，如图 7-48 所示。这种结构的滚刀可更换刀片，但对刀体矩形槽的精度要求较高。此外还有镶片圆磨齿轮滚刀、错齿组装滚刀、硬质合金滚刀等。

（2）滚刀精度等级。齿轮滚刀精度等级如表 7-13 所示。

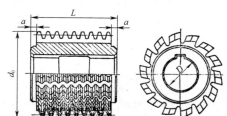
（a）整体齿轮滚刀示意图

（b）整体齿轮滚刀实物图

图 7-47　整体齿轮滚刀

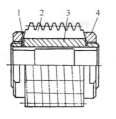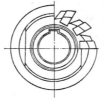

（a）镶片滚齿滚刀示意图 　　　（b）镶片滚齿滚刀实物图

图7-48　镶片滚齿滚刀

1—紫铜垫片；2—刀片；3—刀体；4—压紧螺母

表7-13　　　　　　　　　　　　　齿轮滚刀精度等级

齿轮滚刀精度等级	被加工齿轮精度（JB179—83）
AAA	6
AA	7
A	8
B	9
C	10

（3）滚刀的磨损和耐用度。滚刀的磨损和耐用度将直接关系到被加工零件的精度以及滚刀的使用寿命。下面对其进行介绍。

① 滚刀的磨损。滚齿时若发现齿面粗糙度参数值增大，有光斑，出现毛刺或声音不正常，应及时刃磨滚刀。滚刀沿后刀面的磨损情况如图7-49所示。

为了避免大量消耗刀具材料和加重刃磨劳动量，也是为了保证被加工齿轮的精确度，滚刀的磨损不应超过其许用值，如表7-14所示。

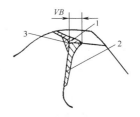

图7-49　滚刀刀齿的磨损

1—后刀面；2—侧面；

3—剪刀面；VB—最大磨损量

表7-14　　　　　　　　　　　　　滚刀磨损许用值

模数 m/mm	粗切/mm	精切/mm
2～4	0.3	0.1
5～8	0.5	0.2
9～16	0.7	0.3
18～30	1.0	0.4

② 滚刀耐用度。滚刀在两次磨刀之间的滚切时间叫作滚刀耐用度，它与被加工材料和切削用量有关。由于耐用度太大或太小都将使生产效率下降，所以这里给出滚刀耐用度推荐表，如表7-15所示。

表7-15　　　　　　　　　　　　　滚刀耐用度推荐表

模数/mm	≤4	5～6	7～8	10～12	≥16
耐用度/min	240	360	480	720	900

 要点提示　在精切时中途不能换刀，因此在精加工时，滚刀的耐用度应不小于精加工的滚切时间。

一般情况下，滚刀在实际使用中，往往由于沿滚刀长度方向的磨损不均匀，因此中部刀齿磨损严重，而两端刀齿磨损较轻，严重影响滚刀耐用度，如图 7-50（a）所示。为了提高滚刀的耐用度，在滚刀进给的同时，沿滚刀轴线连续位移，从而使滚刀磨损均匀，如图 7-50（b）所示。

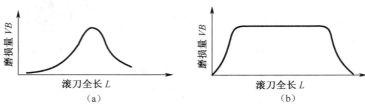

图 7-50　滚刀磨损情况

5. 滚齿夹具

滚齿夹具是滚齿加工中的重要部件，对被加工零件起直接固定的作用，将直接影响加工的精度和质量。

（1）夹具的典型结构。夹具的结构形式与被切齿轮的大小、结构和所需精度有关。常用的滚齿夹具及轮齿的安装如表 7-16 所示。

表 7-16　　　　　　　　　　　　常用滚齿夹具及齿轮的安装

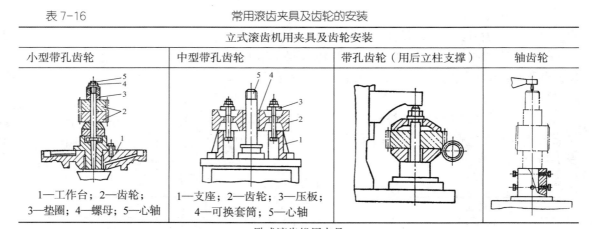

立式滚齿机用夹具及齿轮安装			
小型带孔齿轮	中型带孔齿轮	带孔齿轮（用后立柱支撑）	轴齿轮
1—工作台；2—齿轮；3—垫圈；4—螺母；5—心轴	1—支座；2—齿轮；3—压板；4—可换套筒；5—心轴		
卧式滚齿机用夹具			
带孔齿轮	轴齿轮		人字齿轮
1—心轴；2—法兰盘	1—主轴；2—后顶尖；3—卡盘		1—主轴；2—支架；3—卡盘

（2）夹具设计的一般原则。滚齿加工中夹具的设计一般应满足以下几点。

① 定位基准要精确可靠，心轴与齿坯孔配合间隙要适宜。

② 齿坯轴心线应与工作台的旋转轴线重合。

③ 工作台的旋转轴线应与支撑面垂直。

④ 齿坯的支撑面与切削力着力点之间的距离为最小，过渡法兰盘的直径应略小于齿轮根圆直径。

⑤ 要有足够的刚性和夹紧力。

⑥ 结构简单，便于制造，并能保证安装时易于校正和更换。

6. 滚齿加工实例

插削硬齿面双联齿轮的小轮，其硬度为 HRC52、精度等级为 6 级、模数 $m=3mm$、齿数 $z=36$、齿宽 $b=20mm$、工件材料为 45 钢。试确定插齿刀参数、切削用量和机床的交换齿轮。

解：

根据加工要求，选用碗形硬质合金插齿刀。其公称分度圆直径为 100mm、齿数 $z_0=34$、顶刃前角 $Y_a=-5°$、刀片材料为"材 22"、插齿刀精度等级为 AA 级。

选用 Y54 型插齿机。

切削用量的选取和交换齿轮计算如下。

（1）插齿刀的行程长度 $L=b+l=20mm+15mm=35mm$。

（2）插削次数：因齿轮精度等级为 6 级，故选取两次加工（粗切和精切各一次）。所用凸轮为二次进给凸轮。

（3）圆周进给量和圆周进给交换齿轮：取 0.17mm/d·str。

$$i_2 = \frac{a_1}{b_1} = 366\frac{f_e}{d_0} = \frac{366 \times 0.17}{100} = 0.622 \approx \frac{34}{55}$$

取 $a_1=34$，$b_1=55$。

（4）径向进给量和径向进给交换齿轮：取 $f_r=0.15f_c$，即 0.0255mm/d·str。

计算径向进给交换齿轮。径向进给量 f_r 取 0.025mm/d·str。

$$i_2 = \frac{a_2}{b_2} = 21f_r = 21 \times 0.024 = 0.5 = \frac{25}{50}$$

取 $a_2=25$，$b_2=50$。

（5）分度交换齿轮计算：

$$i_1 = \frac{a}{b} \times \frac{c}{d} = 2.4\frac{z_0}{z}$$

已知：$z_0=34$，$z=36$，导入上式：

$$i_1 = 2.4 \times \frac{34}{36} = \frac{85}{30} \times \frac{20}{25}$$

取 $a=85$、$b=30$、$c=20$、$d=25$。

（6）切削速度的确定：根据 Y54 型插齿机的技术参数，取 $n_0=179d·str/min$。所以

$$v = \frac{2Ln_0}{1\,000} = \frac{2 \times 35 \times 179}{1\,000} = 12.53m/min$$

插削后经检查，齿轮精度达到 6 级，齿面粗糙度 Ra 可达 0.7～0.8μm。全部符合技术要求。

小结

本章首先介绍了螺纹加工工艺与装备，然后重点介绍了螺纹的车削加工工艺以及攻、套螺纹的方法，最后配合实例介绍，进一步巩固所学的知识。

在螺纹的车削加工部分，重点介绍三角形螺纹与梯形螺纹的加工方法。车削螺纹时，不但要合理选择车刀，还应按照正确的操作要领进行加工，否则会显著影响螺纹的加工质量。螺纹作为

标准件在机件连结和传动中有着重要地位，螺纹的精度对其连结和传动有直接影响。对于单件或小批量、小直径螺纹加工，攻套螺纹加工是行之有效的生产手段。除此之外，螺纹加工还有磨削、铣削以及滚压等生产方法，这些方法兼顾了效率和质量。

　　本章先从圆柱齿轮加工的宏观流程入手，讲述了齿轮从一块坯料加工成一个合格的齿轮的全部流程，再对齿轮加工中最重要的齿形加工环节进行详细的讲解，其中对成形法齿轮加工方法的铣齿加工、展成法的插齿加工和滚齿加工做了详尽的讲解，包括加工原理、加工装配以及加工实例。通过这种从宏观到细节、从知识点到具体实训的方式，让读者更好地掌握齿轮加工的各种知识。

习题

　　（1）螺纹的结构要素有哪些？

　　（2）螺纹车刀的材料有哪些？它们的特点有哪些？在加工时有什么不同的要求？

　　（3）车削的螺纹车刀在车削不同螺纹时对刃磨的要求有何异同？以车三角形螺纹和梯形螺纹为例谈一下。

　　（4）低速车螺纹的步骤有哪些？

　　（5）以车三角形、梯形螺纹为例说明车内螺纹与车外螺纹的方法异同。

　　（6）丝锥加工螺纹的进刀要求有哪些？

　　（7）丝锥加工螺纹与板牙加工螺纹在用刀方面的最大区别是什么？

　　（8）成形法与展成法加工齿轮，其根本区别在哪里？

　　（9）滚齿时，为了加工的稳定性，对夹具安装提出了哪些要求？

　　（10）试述插齿加工的工作原理，插齿加工需要有几种基本运动？各自有何特点？

　　（11）与滚齿和插齿相比，剃齿有何优点和缺点？

　　（12）磨齿有哪些方法？各有什么特点？

　　（13）齿轮滚刀的实质是什么？何谓滚刀的基本蜗杆？基本蜗杆应满足什么要求？

　　（14）试述齿轮滚刀加工齿轮的工作原理及滚齿时的运动。

第8章

机械制造工艺

　　机械制造工艺是指使用各种制造方法和制造过程将各种原材料、半成品加工为成品的生产过程。优良的制造工艺不但能够保证并提高产品的质量，还能提高劳动生产效率，进而降低产品的成本。本章将介绍机械制造工艺的基本知识以及机械装配的一般知识。

※【学习目标】※

- 了解机械加工工艺中常用基本术语的含义。
- 了解定位的概念，理解"六点定位"原则的含义。
- 了解夹具的种类和用途。
- 掌握零件结构工艺性的含义及其对加工的影响。
- 明确机械加工工艺规程的主要内容。
- 了解轴类零件和箱体类零件的加工工艺特点。

8.1　机械加工工艺基础

　　一个机械零件上有很多重要加工表面，而这些表面需要使用不同的加工设备进行加工，我们应该怎样合理组织整个生产过程，以最终获得高质量高效率的生产效果呢？

　　同一种零件，生产两件、生产 1 000 件和生产 10 万件时，采用的生产方法和流程是否应该有所区别？这时应该依据哪些因素来组织生产过程呢？

8.1.1　机械加工工艺过程的组成

　　为保证被加工零件的精度和生产效率，便于工艺过程的执行和生产组织管理，通常把机械加工工艺过程划分为不同层次的单元。要很好地掌握机械制造系统的理论，必须明确以下两个概念。

　　1.　生产过程

　　制造机器时，由原材料制成各种零件并装配成机器的全过程，称为生产过程。机械产品的生产过程相当复杂，主要内容如下。

（1）原材料、半成品以及成品的运输和保管。

（2）产品的开发、加工工艺的制订、工艺装配的选择以及各种生产资料的准备等。

（3）毛坯的制造。具体可以采用铸造、锻压和焊接等。

（4）零件的切削加工以及热处理。

（5）部件和整机的装配、调试、检验和包装等。

2. 工艺过程

工艺过程是指改变生产对象的形状、尺寸以及表面质量等，使之成为成品或半成品的过程。工艺过程的设计和规划，对保证产品质量、生产效率以及经济性都具有重要意义。

采用机械加工的方法，直接改变毛坯状态，使其成为合格零件的过程称为机械加工工艺过程。为便于生产的组织和管理，常将工艺过程划分为不同层次的单元。

组成机械加工工艺过程的基本单元是工序，工序又由安装、工位、工步及走刀组成。在一个工序中可能包含有一个或几个安装，每一个安装可能包含一个或几个工位，每一个工位可能包含一个或几个工步，每一个工步可能包括一次或几次走刀。

（1）工序。一名或一组工人，在一个工作地点或一台机床上，对一个或同时对几个工件连续完成的工艺过程称为工序。其划分依据是工作地点是否变化和工作过程是否连续。

图 8-1 端盖零件

图 8-1 所示端盖零件上边缘的小孔需要先使用钻削进行粗加工，再使用铰孔进行精加工。在一批工件中，如果每个工件都是在同一台机床上依次先钻孔，接着铰孔，则为一道工序。如果全批工件先钻孔完毕，再对全批钻孔后的工件进行铰孔，则为两道工序。

 要点提示　生产中，把负担切削任务的工序称为基本工序，把工件的装夹、工件的测量等工序称为辅助工序。

（2）安装。使工件在机床上或在夹具中占据某一正确位置并被夹紧的过程，称为装夹。有时，工件在机床上需经过多次装夹才能完成一个工序的工作内容。安装是指工件经过一次装夹后所完成的那部分工序内容。

 要点提示　在车床上加工轴，先从一端加工出部分表面，然后调头再加工另一端，这时的工序内容就包括两个安装。

（3）工位。采用转位（或移位）夹具、回转工作台或在多轴机床上加工时，工件在机床上一次装夹后，要经过若干个位置依次进行加工，工件在机床上所占据的每一个位置上所完成的那一部分工序就称为工位。

 要点提示　为了减少因多次装夹而带来的装夹误差和时间损失，生产中常使用各种回转工作台、回转夹具或移动夹具，使工件在一次装夹中，先后处于几个不同的位置进行加工。

在图 8-2 中，通过立轴式回转工作台使工件变换加工位置。该例中有 4 个工位，可在一次安装中实现钻孔、扩孔和绞孔加工。这样既减少了装夹次数，又因各工位的加工与装卸是同时进行的，从而节约安装时间并提高生产效率。

（4）工步。工步是指在加工表面不变、切削刀具以及切削用量均保持不变的情况下所连续完成的那部分工序内容。图 8-1 所示零件上的中心大孔需要依次经过钻孔和镗孔加工，这道工序中包括钻孔工步和镗孔工步。

在一个工步内，若有几把刀具同时加工几个不同表面，称此工步为复合工步，如图 8-3 所示，采用复合工步可以提高生产效率。

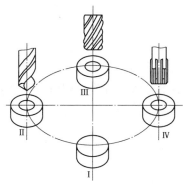

图 8-2　多工位加工

工位 I —装卸工件；工位 II —钻孔；

工位 III —扩孔；工位 IV —铰孔

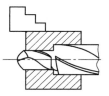

（a）立轴转塔车床的一个复合工步　　（b）钻孔、扩孔复合工步

图 8-3　复合工步

（5）行程。一个工步又可分为若干个行程来完成，每次工作进给所完成的工步称为一个行程。

行程有工作行程和空行程之分，前者以设定的切削用量完成加工任务，后者以非加工速度完成刀具的重定位工作，这在刨削加工时体现得非常明显。

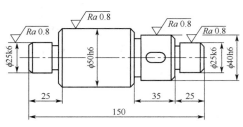

图 8-4　阶梯轴零件

 问题思考

图 8-4 所示的阶梯轴零件，当生产量较小时，工序划分如表 8-1 所示；当生产量较大时，工序划分如表 8-2 所示。阅读这两个表，理解工序的概念，并对比两种工序划分的差异及其划分依据。

表 8-1　　　　　　　　　单件小批量生产阶梯轴零件时的工艺过程

工 序 编 号	工 序 内 容	设　　备
1	车两个端面，钻中心孔	车床
2	车外圆，车槽，倒角	车床
3	铣键槽，去毛刺	铣床、锉刀等
4	磨外圆	磨床

表 8-2　　　　　　　　　大批量生产阶梯轴零件时的工艺过程

工 序 编 号	工 序 内 容	设　　备
1	同时铣削两端面并钻中心孔	专用机床
2	车一端的外圆，车槽，倒角	车床

续表

工序编号	工序内容	设备
3	车另一端的外圆，车槽，倒角	车床
4	铣键槽	铣床
5	去毛刺	锉刀等
6	磨外圆	磨床

8.1.2 零件的生产类型

在机械加工中，不同生产类型对应的生产策略差别很大，其最终目标是达到质量和效率之间的平衡。

1. 生产纲领

生产纲领指计划期内生产零件的数量，其大小对生产组织形式和零件加工过程有重要影响，决定了各个工序所需专业化和自动化程度，以及生产过程中所选用的工艺方法和工艺装备。

生产纲领可以按照下式计算：

$$N=Qn(1+a\%)(1+b\%)$$

式中，N——零件的年生产量，件/年；

Q——产品的年产量，台/年；

n——每台产品中该零件数量，件/台；

$a\%$——备品率；

$b\%$——废品率。

2. 生产类型

生产类型是指企业（或车间）生产专业化程度的分类。依据产品的生产纲领，并考虑产品的体积、重量和其他特征，可将生产类型分成单件小批量生产、成批生产和大批大量生产。不同的生产类型有着不同的工艺特点，如表8-3所示。

表8-3　　　　　　　　　各种生产类型工艺过程的主要特点

序号	比较项目	单件小批量生产	成批生产	大批大量生产
1	零件互换性	一般配对制造	大部分互换	全部互换
2	装配方法	广泛采用调整法或者修配法	少量钳工修配	某些精度要求较高的配合件用分组选择装配法
3	毛坯制造方法	（1）使用型材，采用锯床或热切割下料 （2）木模手工砂型铸造 （3）自由锻造 （4）电弧焊 （5）冷作成形	（1）使用型材，采用锯床或热切割下料 （2）手工砂型铸造或机器造型 （3）模型锻造 （4）电弧焊、钎焊 （5）板料冲压	（1）型材剪切 （2）金属型机器造型、压铸 （3）模锻生产线 （4）压力焊和电弧焊生产线 （5）冲压生产线
4	加工余量	加工余量大	加工余量中等	加工余量小
5	机床及其布置	通用机床 "机群式"排列布置	部分通用机床和部分专用机床 "机群式"或生产线布置	高生产率的专用机床和自动机床 按照流水线形式排列

续表

序　号	比 较 项 目	单件小批量生产	成 批 生 产	大批大量生产
6	夹具及工件的装夹	通用或组合夹具 找正装夹或夹具装夹	广泛采用夹具 夹具装夹,部分采用划线找正装夹	广泛采用高效、专用夹具 夹具装夹
7	刀具和量具	通用刀具和量具	部分采用通用刀具和量具 部分采用专用刀具和量具	广泛采用高效率专用刀具和量具
8	对工人的技术要求	高	一般	对操作工人的技术要求较低 对调整维护工人技术要求较高
9	工艺规程	简单工艺过程卡	有较详细工艺过程卡及部分关键工序的工序卡	有详细的工艺过程卡和工序卡

生产类型的划分与生产纲领有密切关系,具体如表 8-4 所示。

表 8-4　　　　　　　　　　生产纲领和生产类型的关系

生 产 类 型	零件的年生产纲领/件		
	重型零件（30kg 以上）	中型零件（4～30kg）	轻型零件（4kg 以下）
单件生产	小于 5	小于 10	小于 100
小批量生产	5～100	10～200	100～500
中批量生产	100～300	200～500	500～5 000
大批量生产	300～1 000	500～5 000	5 000～50 000
大量生产	大于 1 000	大于 5 000	大于 50 000

8.1.3　零件的工艺性分析

在制订零件的机械加工工艺规程之前,需要对零件进行工艺分析。首先审查零件图,检查零件结构工艺性是否合理,然后再对零件结构工艺性进行分析。

1. 审查零件图

零件图是制造零件的主要技术文件和资料,通过对零件图的审查,可以了解零件的用途和工作条件,分析零件的精度要求和技术要求,以便掌握制造中必须把握的关键工艺环节。

（1）对零件图的基本要求。工件的零件图上应该包括以下基本要素。

① 完整表达零件结构和形状的视图、剖视图以及断面图等。

② 表达零件大小和位置的定形尺寸、定位尺寸。

③ 合理的精度标注以及技术要求。

④ 零件材料的牌号、热处理和表面处理规范、检验要求等。

（2）零件图的审查内容。审查零件图时,主要注意以下几个方面。

① 明确零件的用途。

② 了解零件在机器中的装配位置和装配方法。

③ 审查零件图上的视图、尺寸、公差、表面粗糙度以及技术要求等标注是否齐全，标注是否合理和准确。

④ 分析零件图上标注的加工质量指标是否合理。

⑤ 分析零件的选材是否恰当。

对零件图审查完毕后，如果发现问题，应该同设计人员讨论修改方案。

2. 零件图上合理标注

零件图上的尺寸、公差和表面粗糙度等的标注必须合理，不合理的标注会影响零件加工工艺规程的拟订。

（1）图样上的尺寸标注既要满足设计要求，又要便于加工。尽量按照加工顺序来标注尺寸，避免同时为重要加工面标注多个尺寸。

 图 8-5 所示为一个齿轮轴零件，其中表面 A 和表面 B 为重要加工面，试分析图 8-5（a）和图 8-5（b）两种方案哪个更为合理。

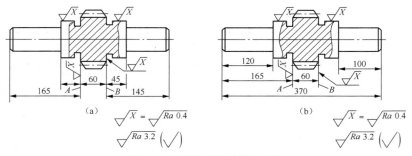

图 8-5　齿轮轴零件的尺寸标注

分析：在方案（a）中，加工 A 面时，同时获得尺寸 45 mm 和 165 mm；加工 B 面时，同时获得尺寸 45 mm、60 mm 和 145 mm。而这些尺寸中，显然只有一个尺寸能直接获得，其余尺寸只能根据尺寸链换算得到，这会增加对零件的精度要求。

在方案（b）中，将两个尺寸 45 mm 分别标为 120 mm 和 100 mm，并标注总长尺寸 370 mm。这样，加工 A 面时，保证尺寸 165 mm 即可；加工 B 面时，保证尺寸 60 mm 即可。这个方案按照加工顺序标注尺寸，避免了尺寸链换算，不会增加加工难度。

（2）零件上的尺寸公差、几何公差以及表面粗糙度的标注应该根据零件的功能，经济合理地确定，过高的要求会增加加工难度，过低的要求会影响零件使用性能。

3. 零件结构工艺性分析的内容

一个结构工艺性良好的零件在满足使用要求的前提下，具有加工的可行性，制造成本低，具有最大的经济效益。

对零件结构工艺性分析的主要内容包括以下几方面。

（1）根据零件材料的种类和性能，确定毛坯类型及加工方法。

（2）根据零件的结构特点，分析零件的表面类型，将其大体划分为轴类、套类、盘环类、叉架类以及箱体类等类型，参考该类零件的工艺经验来制订机械加工工艺规程。

（3）根据零件功能以及加工质量指标分析零件上的哪些表面是主要加工面，初步拟订加工顺序和加工方法。

（4）分析其他技术要求，包括热处理以及其他特殊要求。

4. 零件工艺性对加工质量的影响

保证产品的加工质量是产品具有使用性能的关键，也是生产中必须达到的目标。

（1）合理确定零件的加工精度与表面质量。加工精度若定得过高会增加工序数量，增加制造成本，过低会影响产品的使用性能，故必须根据零件在整个机器中的作用和工作条件合理地确定，尽可能使零件加工方便，制造成本低。

（2）保证位置精度的可能性。图 8-6（a）所示的结构不能保证外圆 $\phi 80\,\text{mm}$ 与内孔 $\phi 60\,\text{mm}$ 的同轴度，如果改成图 8-6（b）所示的结构，就能在一次安装中加工出外圆与内孔，保证两者的同轴度。

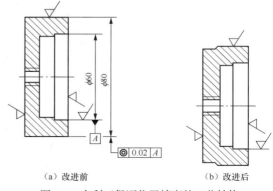

（a）改进前　　　　　　（b）改进后

图 8-6　有利于保证位置精度的工艺结构

 要点提示　为保证零件的位置精度，最好使零件能在一次安装中加工出所有的相关表面，这样就能依靠机床本身的精度来达到所要求的位置精度。

5. 零件工艺性对加工劳动量的影响

在确保零件能使用的条件下，要尽量减少加工量，降低产品的生产成本。

（1）尽量减少不必要的加工面积。这不仅可以减少机械加工的劳动量，而且还可以减少刀具的损耗，提高装配质量。图 8-7（b）所示的轴承座减少了底面的加工面积，降低了修配的工作量，保证配合面的接触。图 8-8（b）所示既减少了精加工的面积，又避免了深孔加工。

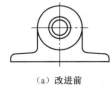

（a）改进前　　　（b）改进后

图 8-7　减少轴承座底面加工面积

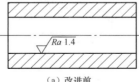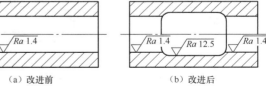

（a）改进前　　　　　　（b）改进后

图 8-8　避免深孔加工的方法

（2）尽量避免或简化内表面的加工。加工内表面时，操作空间狭小，不便于工具和生产工艺的使用，其加工难度要比外表面大，在零件设计时应力求避免在零件内腔进行加工，而外表面的加工要比内表面加工方便经济，又便于测量。

如图 8-9 所示，将图 8-9（a）中件 2 上的内沟槽 a 加工改成图 8-9（b）中件 1 的外沟槽加工，这样加工与测量都很方便。

6. 零件工艺性对生产效率的影响

在确定设计的正确性和必要性之后，还要考虑其合理性，设计合理的重要标志就是能够提高加工效率，降低生产成本。

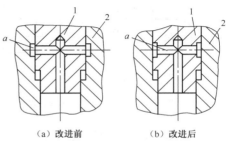

（a）改进前　　　　　　（b）改进后

图 8-9　将内沟槽转化为外沟槽加工

（1）零件的尺寸应力求一致，并能用标准刀具加工。图 8-10（b）所示退刀槽尺寸一致，减少了刀具的种类，节省了换刀时间。图 8-11（b）所示凸台高度一致，减少了加工过程中刀具的调整。图 8-12（b）所示的结构能采用标准钻头钻孔，加工方便。

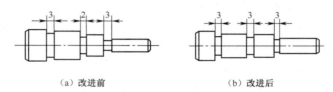

（a）改进前　　　　　　（b）改进后

图 8-10　退刀槽尺寸一致

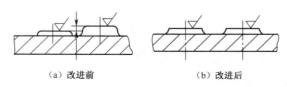

（a）改进前　　　　　　（b）改进后

图 8-11　凸台高度相等

（2）减少零件的安装次数。零件的加工表面应尽量分布在同一方向，或互相平行或互相垂直的表面上；次要表面应尽可能与主要表面分布在同一方向上，以便在加工主要表面时，同时将次要表面加工出来；孔端的加工表面应为圆形凸台或沉孔，以便在加工孔时同时将凸台或沉孔锪出来。

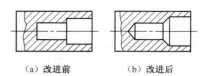

（a）改进前　　（b）改进后

图 8-12　便于采用标准钻头

图 8-13（b）所示的钻孔方向一致；图 8-14（b）所示的键槽方位一致。

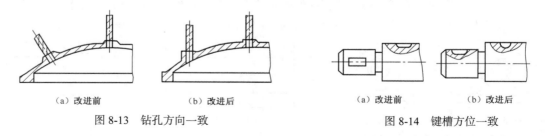

（a）改进前　　　　　　（b）改进后　　　　　　　　　（a）改进前　　（b）改进后

图 8-13　钻孔方向一致　　　　　　　　　　　　图 8-14　键槽方位一致

（3）零件的结构应便于加工。如图 8-15（b）和图 8-16（b）所示，零件上设有越程槽和退刀槽，减少了刀具（砂轮）的磨损。图 8-17（b）所示的结构便于送入刀具，从而保证了加工的可能性。

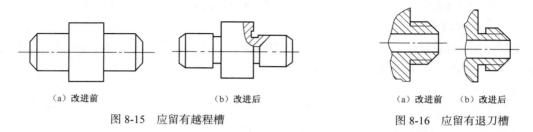

（a）改进前　　　　　　（b）改进后　　　　　　　　　（a）改进前　　（b）改进后

图 8-15　应留有越程槽　　　　　　　　　　　　图 8-16　应留有退刀槽

图 8-18（b）所示避免了因钻头两边切削力不等，从而使钻孔轴线倾斜或折断钻头。

（4）便于多刀或多件加工。如图 8-19（b）所示，为适应多刀加工，阶梯轴各段长度应相似或成整数倍；直径尺寸应沿同一方向递增或递减，以便调整刀具。零件设计的结构要便于多件加工，如图 8-20（b）所示，可将毛坯排列成行便于多件连续加工。

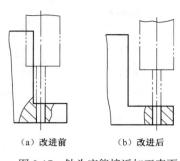

（a）改进前　　　（b）改进后

图 8-17　钻头应能接近加工表面

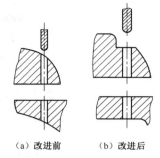

（a）改进前　　　（b）改进后

图 8-18　避免在斜面上钻孔和钻头单刃切削

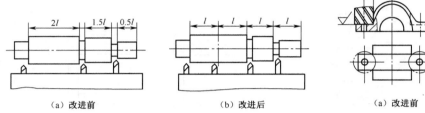

（a）改进前　　　　　　　　　（b）改进后

图 8-19　便于多刀加工

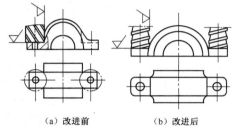

（a）改进前　　　（b）改进后

图 8-20　便于多件连续加工

（5）便于测量。设计零件结构时，还应考虑测量的可能性与方便性。如图 8-21 所示，要求测量孔中心线与基准面 A 的平行度。图 8-21（a）所示的结构由于底面凸台偏置一侧而平行度难于测量，图 8-21（b）中增加一对称的工艺凸台，并使凸台位置居中，此时则测量大为方便。

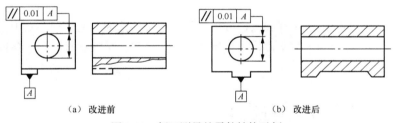

（a）改进前　　　　　　　　　（b）改进后

图 8-21　便于测量的零件结构示例

（6）便于装配和维修。零件的结构应便于装配和维修时的拆装。

图 8-22（a）所示的结构无透气口，销钉孔内的空气难于排出，故销钉不易装入，改进后的结构如图 8-22（b）所示。图 8-23 所示的结构中为保证轴肩与支撑面紧贴，可在轴肩处切槽或孔口处倒角。图 8-24 所示为两个零件配合，由于同一方向只能有一个定位基面，故图 8-24（a）所示不合理。在图 8-25 中，图 8-25（a）螺钉装配空间太小，螺钉装不进，改进后的结构如图 8-25（b）所示。

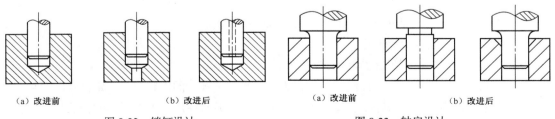

（a）改进前　　　　　（b）改进后

图 8-22　销钉设计

（a）改进前　　　（b）改进后

图 8-23　轴肩设计

241

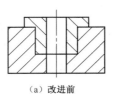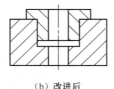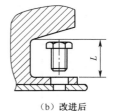

（a）改进前　　　　　　（b）改进后　　　　　　　（a）改进前　　　　　　（b）改进后

图 8-24　零件配合设计　　　　　　　　　　图 8-25　装配空间设计

图 8-26 和图 8-27 所示为便于拆装的零件结构示例。在图 8-26（a）中，由于轴肩超过轴承内圈，故轴承内圈无法拆卸。图 8-27 所示为压入式衬套设计，若在外壳端面设计几个螺孔，如图 8-27（b）所示，则可用螺钉将衬套顶出。

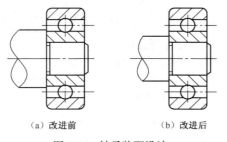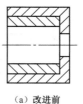

（a）改进前　　　　　　（b）改进后　　　　　（a）改进前　　　　　　（b）改进后

图 8-26　轴承装配设计　　　　　　　　　　图 8-27　压入式衬套设计

8.2　机械加工工艺规程及制订

规定产品或者零部件制造过程和操作方法等的工艺文件称为工艺规程。其中，规定零件机械加工工艺过程和操作方法的工艺文件称为机械加工工艺规程，是根据具体生产条件，按照规定的格式书写的工艺文件。

8.2.1　机械加工工艺规程概述

机械加工工艺规程是在总结已有生产经验的基础上，依靠科学的理论作指导制订的技术文件，在现代生产中具有重要地位。

1. 机械加工工艺规程的用途

机械加工工艺规程的主要用途如下。

（1）用于指导工人操作。

（2）用于生产和工艺管理。

（3）用作新产品投产前进行生产准备和技术准备的依据。

（4）用作技术交流和经验推广。

2. 机械加工工艺规程的主要工艺文件

机械工艺规程通常以工艺文件的形式进行表达，将工艺规程的内容填入一定格式的卡片中。在单件小批量生产中，一般只需要编写简单的工艺规程，通常使用表 8-5 所示的机械加工工艺卡片，以工序为单位简要说明产品或零部件的加工或装配过程。

表 8-5　　　　　　　　　　　　　　　　机械加工工艺卡片

工厂	机械加工工艺卡片	产品名称及型号				零件名称			零件图号				
		材料	名称		毛坯	种类		零件质量/kg		毛重		第　页	
			牌号			尺寸				净重		共　页	
			性能				每台件数			每批件数			

工序	装夹	工步	工序内容	同时加工零件数量	切削用量				设备名称及编号	工艺装备名称及编号			技术等级	工时定额/min	
					切削深度/mm	切削速度/(m/min)	每分钟转数或往复次数	进给量/(mm/r或mm/双行程)		夹具	刀具	量具		单件	准备终结

在大批量生产中通常采用详细的工艺规程规定零部件的制造工艺过程,主要形式有以下两种。

(1)机械加工工艺过程卡。机械加工工艺过程卡主要列出整个零件加工所经过的工艺路线,是制订其他工艺文件的基础,也是生产技术准备、编制作业计划和组织生产的依据。但是,机械加工工艺过程卡对各个工序的说明不够具体,主要适合于生产管理。

机械加工工艺过程卡是工艺过程的总纲,通常装订在工艺规程的最前面,并且在所有工序卡填写完毕后再编写,其具体形式如表 8-6 所示。

表 8-6　　　　　　　　　　　　机械加工工艺过程卡

工厂		机械加工工艺过程卡		零件材料		
		零件名称		零件毛坯		
工序号	工序名称	设备		刀具、量具		夹具
		名称	型号	名称	规格	
更改内容						
编制		校对		审核		会签

(2)工序卡。工序卡用来说明具体工序的详细信息,主要包括毛坯工序卡、机械加工工序卡、热处理工序卡以及特种检验工序卡等形式,其格式如表 8-7 所示。

表 8-7　　　　　　　　　　　　　　　　工序卡

工厂		工序卡		工序名称		工序号
		零件名称				
设备名称		设备型号		硬度		
零件材料		同时加工零件数量				
毛坯简图或工序简图						
序号	工序内容			夹具	刀具	量具
编制		校对		审核		会签

毛坯工序卡是机械加工车间验收毛坯时的技术文件，通常作为第0工序，放在机械加工工序之前，在毛坯简图中要画出验收时必须检验的外形、尺寸和公差，在毛坯尺寸下方用括号注明成品零件尺寸。

 要点提示　热处理工序卡通常用来表明热处理工艺要求，如果对热处理没有特殊要求，可以省去工序简图，否则应当将有特殊要求的表面用符号标出。

3. 制订机械加工工艺规程的基本原则

制订机械加工工艺规程时，要遵循以下基本原则。

（1）在保证产品质量的前提下，能尽量提高生产效率，降低生产成本。

（2）在利用本企业现有生产资源的基础上，尽量采用先进工艺和先进经验，并保证工人有良好安全的劳动条件。

（3）制订工艺规程时，要做到正确、标准和清晰，所用术语、符号、单位等都要符合相关标准，并尽量采用国家标准。

4. 制订机械加工工艺规程的主要依据

制订机械加工工艺规程的主要依据有以下几方面。

（1）技术设计说明书。根据技术设计说明书确定产品结构、工作原理和技术性能等。

（2）产品的装配图和零件图。

（3）产品的生产纲领。

（4）现有生产条件和资料以及其他工艺资料。

8.2.2　制订机械加工工艺规程的步骤

制订机械加工工艺规程时，应该遵循制造出来的零件满足"保证质量、降低成本、提高生产率"的基本原则，不能仅凭个人经验。制订机械加工工艺规程的主要步骤如下。

1. 确定生产类型

生产类型不同，采用的加工工艺可能存在天壤之别，在制订机械加工工艺规程之前应该按照8.1.2小节讲述的方法确定零件的生产类型，根据生产类型的不同选用恰当的工艺路线。

2. 零件工艺分析

阅读零件工作图和产品装配图，以了解产品的用途、性能及工作条件，明确零件在产品中的位置、功用及其主要的技术要求。

然后对零件进行工艺审查，主要审查零件图上的视图、尺寸和技术要求是否完整、正确；分析各项技术要求制订的依据，找出其中的主要技术要求和关键技术问题，以便在设计工艺规程时采取措施予以保证；审查零件的结构工艺性是否良好。

3. 确定毛坯的种类及制造方法

常用的机械零件的毛坯有铸件、锻件、焊接件、型材、冲压件、粉末冶金件以及成形轧制件等。零件的毛坯种类有的已在图纸上明确，如焊接件，有的随着零件材料的选定而确定，如选用铸铁、铸钢、青铜、铸铝等，此时毛坯必为铸件，且除了形状简单的小尺寸零件选用铸造型材外，均选用单件造型铸件。

常用毛坯的特点及适用范围如表8-8所示。

表 8-8　　　　　　　　　　　　　各类毛坯的特点及适用范围

毛坯种类	制造精度	加工余量	原材料	工件尺寸	工件形状	机械性能	适用生产类型
型材	13 级以下	大	各种材料	小型	简单	较好	各种类型
型材焊接件	13 级以下	一般	钢材	大、中型	较复杂	有内应力	单件
砂型铸造	11～15	大	铸铁、铸钢、铜铝合金	各种尺寸	复杂	差	单件、小批
自由锻	10～12	大	钢材为主	各种尺寸	较简单	好	单件、小批
普通模锻	8～11	较小	钢、铸铝、铜	中小型	一般	好	中型、大批
精密锻造	7～10	较小	钢、锻铝	小型	较复杂	较好	大批
压力铸造	8～10	小	铸铁、铸钢、青铜	中、小型	复杂	较好	中批、大批
冲压件	9～11	小	钢	各种尺寸	复杂	好	大批
粉末冶金	—	很小	铁基、铜基、铝基材料	中、小尺寸	较复杂	一般	中批、大批
工程塑料件	—	较小	工程塑料	中、小尺寸	复杂	一般	中批、大批

4. 拟订机械加工工艺路线

零件机械加工工艺路线是指零件生产过程中，由毛坯到成品所经历的工序，是机械加工工艺规程设计的核心部分，其主要内容有选择定位基准、确定加工方法等。

（1）定位基准的选择。选择工件上哪个表面作为定位基准，是制订工艺规程的重点。

（2）加工方法的确定。前面已经详细介绍了外圆面、孔、平面等典型表面的加工方法和典型加工路线。下面说明选择加工方法时需要考虑的主要因素。

① 工件材料的性质。例如，淬火钢的精加工应该使用磨削方法，有色金属的精加工应该使用高速车削或精细镗削。

② 工件的形状和尺寸。对于尺寸较小、精度要求较高的孔，可以采用铰、拉或磨等来实现；套类零件上的中心大孔常采用磨削或拉削；箱体零件上则不宜采用拉削或磨削，通常采用镗削。

③ 生产类型。大批生产时应该选用生产效率高、质量稳定的加工方法，例如，平面和孔可以采用拉削加工，而小批量生产时则采用刨削或铣削加工。

（3）机械加工顺序的安排原则。安排机械加工顺序时，主要遵循以下原则。

① 基面先行：工件的精基准面应该安排在起始工序先加工，以便尽快为后续工序加工提供精基准。对工件上主要表面进行精加工前，还要对精基准进行修整。

② 先粗后精：先安排粗加工，再安排半精加工，最后安排精加工和光整加工。

③ 先主后次：先安排装配面、工作表面等主要表面的加工，后安排键槽、紧固孔等次要表面的加工。

④ 先面后孔：箱体类和支架类零件要先加工平面后加工孔，因为平面的轮廓平整，安放和定位比较稳定可靠，然后以加工好的平面定位来加工孔。

（4）加工阶段的划分。零件加工质量要求较高时，确定零件各个表面加工方法后，不是依次完成各个表面的加工，而是将各个表面的粗、精加工分开。

零件加工工艺过程可以划分为以下几个阶段。

① 粗加工阶段：切除大部分余量，使各表面尽量接近图纸尺寸。重点在于提高生产效率。

② 半精加工阶段：消除主要加工表面上粗加工后留下的加工误差，预留一定精加工余量，为精加工做准备，并完成钻孔、攻丝以及键槽等次要表面的加工。

③ 精加工阶段：确保零件各个主要表面达到图纸规定的精度要求。

④ 光整加工阶段：进一步提高零件的尺寸精度并降低表面粗糙度。

⑤ 超精密加工阶段：根据产品需要，对产品尺寸误差和形位误差进行精密控制。

对零件分阶段加工具有以下意义。

① 保证加工质量：粗加工时由于切削力和切削热引起的变形可以在后续加工中逐步得到纠正，在粗精加工的间隙可以消除零件的内应力。

② 合理使用机床：粗加工时可以使用功率大、切削能力强但是精度不太高的机床，而精加工时则主要采用精度较高的机床。

③ 便于及时发现毛坯缺陷：毛坯中的气孔、砂眼、裂纹以及余量不足等缺陷可以在粗加工中及时发现并修正，以免后期发现后造成工时浪费。

④ 便于安排热处理工序：粗加工前通常安排预备热处理；粗加工后可以安排时效处理或调质处理；半精加工后可以安排淬火处理，这样冷热加工工序交替进行，有利于保证产品质量。

（5）热处理工序的安排。在加工中主要依据零件的材料以及热处理的目的来安排热处理工序，通常使用的热处理工序包括以下类型。

① 预备热处理：安排在加工前，用于改善切削性能，消除毛坯内应力。对于含碳量较高的材料，可以使用退火来降低硬度。对于含碳量较低的材料可以使用正火来提高材料硬度，使切削时切屑不粘刀。

② 去应力热处理：安排在粗加工之后，精加工之前，主要有人工时效，去应力退火等。

③ 最终热处理：用于提高产品的力学性能，主要有调质、退火、渗碳以及碳氮共渗等。

热处理的方法、次数和时间应根据材料和热处理的目的而定，某些表面还需做电镀、涂层、发蓝及氧化等处理。常见的安排如表8-9所示。

表8-9　　　　　　　　　　　　　　热处理工序的安排

热处理种类、名称	预备热处理	表面处理	时效处理	最终热处理	
	退火、正火、调质等	电镀、涂层、发蓝、氧化等	人工时效、自然时效	淬火、回火、渗碳、冰冷等	氮化
目的	改善材料加工性能	提高表面耐磨性、耐腐蚀性、美观	消除内应力	提高材料硬度和耐磨性	
工序安排	机械加工之前	工艺过程最后	粗加工之前或后	半精加工之后、精加工之前	精加工之后

（6）辅助工序的安排。辅助工序是指不直接加工也不改变工件尺寸和性能的工序，包括去毛刺、倒棱、清洗、防锈及检验等。

① 检验工序。下列场合可单独安排检验工序：粗加工全部结束后；重要工序前后；零件从一个车间转到另一个车间时；零件全部加工结束后。用于检验工件表面质量的磁力探伤、荧光检验通常安排在精加工阶段进行。

② 去毛刺及清洗。毛刺对机器装配质量影响很大，切削加工之后，应安排去毛刺工序。装配零件之前，一般都安排清洗工序。

要点提示　　工件内孔、箱体内腔容易存留切屑，研磨、珩磨等光整加工工序之后，微小磨粒易附着在工件表面上，也需要清洗。

③ 特殊需要的工序。在用磁力夹紧工件的工序之后，例如，在平面磨床上用电磁吸盘夹紧工件，要安排去磁工序，不让带有剩磁的工件进入装配线。平衡试验、检查渗漏等工序应安排在精加工之后进行。其他特殊要求应根据设计图样上的规定，安排在相应的位置。

5. 确定各工序所需的机床和工艺装备

工艺装备包括夹具、刀具、量具及辅具等。机床和工艺装备的选择应在满足零件加工工艺的需要和可靠地保证零件加工质量的前提下，与生产批量和生产节拍相适应，并应优先考虑采用标准化的工艺装备和充分利用现有条件，以降低生产准备费用。

（1）机床的选择。选择机床时，需要注意以下几个方面。

① 机床的加工精度与工序要求的精度相适应。

② 机床的规格与工件的尺寸以及本工序的切削用量相适应。

③ 机床的生产效率与被加工零件的生产类型相适应。

（2）夹具的选择。单件小批量生产时应该尽量选用通用夹具，有条件的情况下可以选择组合夹具。中小批量生产时，可选用可调夹具或成组夹具，大批量生产时可以设计专用夹具。

（3）刀具的选择。选择刀具时，主要考虑该工序使用的加工方法、表面尺寸、工件材料、加工精度、生产效率以及表面粗糙度等因素。尽可能选用标准刀具和专用刀具。

（4）量具的选择。选择量具时，主要依据生产类型以及零件的加工精度。单件小批量生产时，通常选用通用量具，大批量生产时，可以选用高效的专用量具。

6. 确定加工余量和工序余量

加工时从零件表面上切除的金属层厚度称为加工余量。在毛坯加工为成品的过程中，从零件表面上切除的金属层总厚度称为总余量。而每道工序切除的金属层厚度称为该表面的工序余量。

 要点提示 加工余量不足时，将不足以切除零件上有缺陷的表面。加工余量过大时，将增加机械加工劳动量，还会增加材料、刀具以及能源的消耗，从而增加制造成本。

确定加工余量和工序余量的主要方法有以下几种。

（1）经验估算法。凭工艺人员的实践经验进行估算，为避免余量不足，通常估算余量较富裕。这种方法通常用于单件小批生产中。

（2）查表修正法。将实践和实验积累的有关数据累积汇编为资料，需要时，从中查阅与加工条件相近的数据并加以修正后使用。

（3）分析计算法。对影响加工过程的各项因素进行综合分析计算后确定余量的大小，经济合理。

7. 确定切削用量和时间定额

切削用量主要根据前面章节介绍的基本原理查阅相关手册来确定。

时间定额是指完成一道工序所需的时间消耗。合理的时间定额能提高生产效率，降低生产成本，具体设计时要防止过松和过紧两种倾向。

时间定额主要包括以下 3 个方面。

（1）基本时间。基本时间是直接用于改变生产对象尺寸、形状以及表面状态的时间，也就是切除工序余量需要的时间，可以根据切削用量大小计算获得。

（2）辅助时间。辅助时间是为了实现加工过程所必需的辅助动作消耗的时间，例如，装卸工件、开停机床、进刀和退刀、试切和测量等所消耗的时间。确定时，可以按照基本时间的百分比进行估算，然后在生产中逐步修正，使之更加合理。

（3）其他时间。其他时间还包括工人维护加工环境所需要的时间，例如，润换机床、清理切屑等，以及工人必要的休息时间和生产准备时间等。这些时间也可以通过估算确定。

8. 评价工艺路线

制订工艺规程时，在同样满足被加工零件加工精度、表面质量以及其他技术要求的情况下，可以拟订出多种工艺方案。对所制订的工艺方案应进行技术经济分析，并应对多种工艺方案进行比较，采用优化方法确定出最优工艺方案。

9. 填写工艺文件

将最后确定的工艺规程按照前面讲述的格式制成工艺过程卡片或者工序卡片，以便在生产中具体采用。

8.2.3　应用实例

下面介绍一个典型轴类零件加工工艺的制订实例。

本例小批量加工的传动轴如图 8-28 所示，它属于典型的回转体零件。零件长度大于直径，典型表面主要有内外圆柱面、内外圆锥面以及孔等。

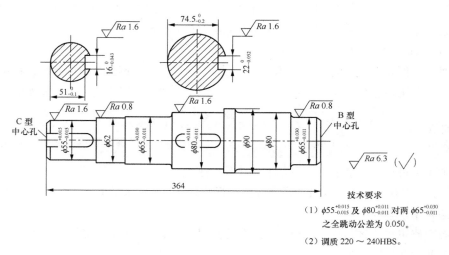

图 8-28　传动轴

1. 零件分析

从零件图可以获得以下信息。

（1）轴上的主要表面直径分别为 $\phi80$、$\phi65$ 和 $\phi55$ 的各段配合轴颈。

（2）轴颈不但有较高的尺寸精度，还有较高的表面质量要求。

（3）轴颈之间还有较高的位置精度要求。

（4）$\phi80$ 和 $\phi55$ 轴颈处各有键槽需要加工。

2. 毛坯的选择

本例中的阶梯轴直径差别较小，又属于小批量生产，故可以采用热轧圆钢作为毛坯。可以选用直径为 95 mm 的 45 钢热轧棒料为毛坯。

为达到机械性能要求，在工艺过程中需要安排调质处理。

当阶梯轴直径差别较大或者要求较高机械性能时，可以采用锻件作为毛坯。

3. 定位基准的选择

轴类零件的定位基准通常选取外圆面和顶尖孔。其中粗加工时，为了保证装夹的可靠性和牢固性，常采用外圆面定位，使用卡盘装夹，另一端采用顶尖支撑。半精加工和精加工时，为保证定位精度要求，通常采用两顶尖支撑。

最后确定的加工工艺过程如表 8-10 所示。

表 8-10　　　　　　　　　　　传动轴的加工工艺过程

工 序 号	工 序 内 容	定 位 基 准	设 备
1	下料：$\phi95 \times 370$ 热轧圆棒		
2	车端面，然后打中心孔，最后粗车各段外圆	外圆、顶尖孔	普通车床
3	热处理：调质		
4	半精车各外圆、端面，然后倒角	顶尖孔	普通车床
5	研磨顶尖孔	外圆	钻床
6	精车$\phi80$ 和$\phi55$ 轴颈到要求	顶尖孔	普通车床
7	铣两端键槽	外圆	立式铣床
8	精磨外圆$\phi65$ 到要求	顶尖孔	外圆磨床
9	按照图样要求检验产品		

8.3　工件的定位与安装

工件在加工前必须正确安装在机床上。图 8-29 所示为车削加工时零件的装夹示意图，轴类零件通过顶尖和卡盘来实现安装操作。

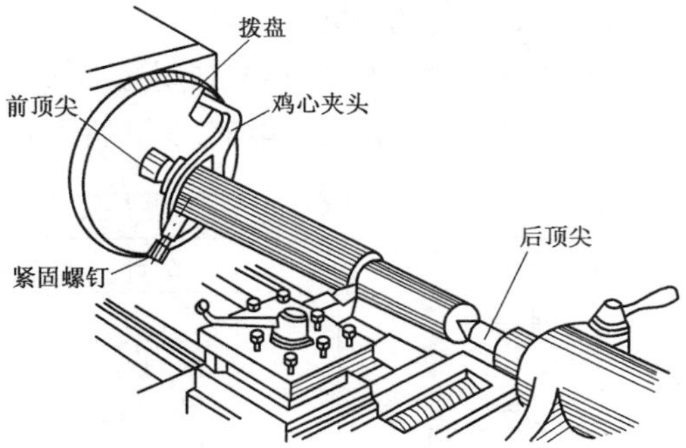

8.3.1　工件的定位

在切削加工中，要使工件各个加工表面的尺寸、形状及位置精度符合规定要求，必须使工件在机床或夹具中占有确定的位置。定位就是确定工件在机床上或夹具中占有正确位置的过程。

图 8-29　零件的装夹

1. "六点定位"原则

物体在空间的任何运动，都可以分解为相互垂直的空间直角坐标系中的 6 种运动。其中 3 个是沿 3 个坐标轴的平行移动，分别以 $\vec{X}$、$\vec{Y}$、$\vec{Z}$ 表示；另 3 个是绕 3 个坐标轴的旋转运动，分别以 $\hat{X}$、$\hat{Y}$、$\hat{Z}$ 表示，如图 8-30 所示。物体的这 6 种运动可能性，称为物体的 6 个自由度。

六点定位原则

在夹具中适当地布置 6 个支撑，使工件与这 6 个支撑接触，就可消除工件的 6 个自由度，使工件的位置完全确定。这种采用布置恰当的 6 个支撑点来消除工件 6 个自由度的方法，称为"六点定位"原则，如图 8-31 所示。

（1）xoy 坐标平面上的 3 个支撑点限制了工件的 $\vec{X}$、$\vec{Y}$、$\hat{Z}$ 三个自由度；

（2）yoz 坐标平面的两个支撑点限制了 $\vec{Z}$ 和 $\hat{X}$ 两个自由度；

（3）*xoz* 坐标平面上的一个支撑点限制了 $\vec{Y}$ 一个自由度。

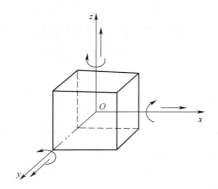

图 8-30　物体的 6 个自由度

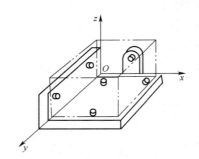

图 8-31　"六点定位"原则

 要点提示　　消除物体全部自由度需要的支撑点数目为 6 个，且按 3：2：1 的数目分布在 3 个相互垂直的坐标平面上，这就是"六点定位"原则的核心思想。

2. 定位元件

典型定位元件的应用

定位元件是与零件定位面直接接触或配合，用于保证零件相对于夹具占有准确几何位置的夹具元件，也是"六点定位"原则在夹具设计中的具体体现。

（1）定位元件的基本要求。定位元件不但要保证零件的准确位置，还要适应零件频繁装卸以及承受各种作用力的需要，因此需要满足以下要求。

① 具有足够的精度：定位元件的精度直接影响到零件在夹具中的定位误差。

② 具有足够的强度和刚度：以减少定位元件本身的变形，抗破坏能力强。

③ 具有一定的耐磨性：具有一定的硬度。

（2）定位元件的分类。根据用途不同可将定位元件分为平面定位元件、圆柱孔定位元件以及外圆柱面定位元件等，其详细分类、特点和用途如表 8-11 所示。

表 8-11　　　　　　　　　常用定位元件的分类、特点和用途

定 位 基 面	定 位 元 件	简　　图	定位元件特点	限制的自由度
平面	支撑钉		平面组合	1、2、3 - $\vec{Z}$ 、$\widehat{X}$ 、$\widehat{Y}$ 4、5 - $\vec{X}$ 、$\widehat{Z}$ 6 - $\vec{Y}$
圆孔	支撑板			1、2 - $\vec{Z}$ 、$\widehat{X}$ 、$\widehat{Y}$ 3 - $\vec{X}$ 、$\widehat{Z}$

续表

定 位 基 面	定 位 元 件	简 图	定位元件特点	限制的自由度
圆孔	定位销（心轴）		短销（短心轴）	$\vec{X}$、$\vec{Y}$
			长销（长心轴）	$\vec{X}$、$\vec{Y}$ $\hat{X}$、$\hat{Y}$
	菱形销		短菱形销	$\vec{Y}$
			长菱形销	$\vec{Y}$、$\hat{X}$
	锥销		单锥销	$\vec{X}$、$\vec{Y}$、$\vec{Z}$
			双锥销 1—固定锥销 2—活动锥销	$\vec{X}$、$\vec{Y}$、$\vec{Z}$ $\hat{X}$、$\hat{Y}$
外圆柱面	支撑板或支撑钉		短支撑板或支撑钉	$\vec{Z}$
			长支撑板或支撑钉	$\vec{Z}$、$\hat{X}$
外圆柱面	V 形块		窄 V 形块	$\vec{X}$、$\vec{Z}$
			宽 V 形块	$\vec{X}$、$\vec{Z}$ $\hat{X}$、$\hat{Z}$
	定位套		短套	$\vec{X}$、$\vec{Z}$

续表

定　位　基　面	定　位　元　件	简　　图	定位元件特点	限制的自由度
外圆柱面	半圆套		长套	$\vec{X}$、$\vec{Z}$ $\widehat{X}$、$\widehat{Z}$
			短半圆套	$\vec{X}$、$\vec{Z}$
			长半圆套	$\vec{X}$、$\vec{Z}$ $\widehat{X}$、$\widehat{Z}$
	锥套		单锥套	$\vec{X}$、$\vec{Y}$、$\vec{Z}$
			双锥套 1－固定锥套 2－活动锥套	$\vec{X}$、$\vec{Y}$、$\vec{Z}$ $\widehat{X}$、$\widehat{Z}$

3. 工件的定位形式

根据定位时工件被消除的自由度的情况不同，可以将定位分为以下 5 种形式。

（1）完全定位。工件在夹具中定位时，如果夹具中的 6 个支撑点恰好限制了工件的全部 6 个自由度，使工件在夹具中占有完全确定的位置，这种定位方式称为完全定位。

图 8-32 所示为在长方体上进行钻孔，工件的 6 个自由度全部被限定，属于完全定位。

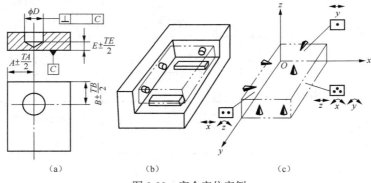

图 8-32　完全定位实例

（2）不完全定位。定位元件的支撑点完全限制了按加工工艺要求需要限制的自由度数目，但却少于 6 个自由度，这种定位方式称为不完全定位。

图 8-33 所示为阶梯形零件，需要在铣床上铣阶梯面。其底面和左侧面为高度和宽度方向的定位基准，阶梯槽是前后贯通的，故只需限制 5 个自由度（底面 3 个支撑点，侧面两个支撑点）。

（3）部分定位。工件在夹具中定位时，6 个自由度没有被全部限制，称为部分定位。图 8-34 所示的零件具有对称性，因此在加工时不必限制所有自由度。

（4）欠定位。工件在夹具中定位时，若定位支撑点数目少于工序加工所要求的数目，则工件定位不足，称为欠定位。图 8-35 所示的铣键槽工序也必须限定工件的 6 个自由度，否则为欠定位。

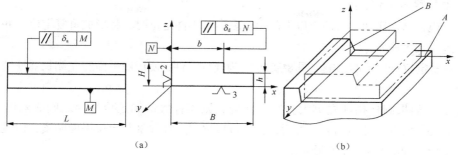

图 8-33　工件在夹具中安装铣阶梯面

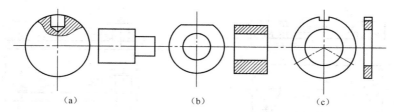

图 8-34　部分定位实例

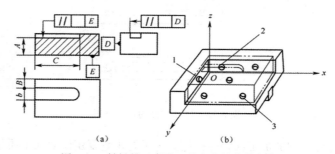

图 8-35　铣键槽工序及工件在夹具中的定位

（5）重复定位。工件在夹具中定位时，若几个定位支撑点重复限制一个或几个自由度，称为重复定位。重复定位对加工有利有弊，要区分使用。

① 当以形状和位置精度较低的毛坯面定位时，不允许重复定位，否则容易出现定位干涉，在夹紧力作用下最终导致零件变形，如图 8-36 所示。

② 为提高定位的稳定性和刚度，在经过精密加工过的表面上可以出现重复定位。在滚、插齿时工件的重复定位有利于提高加工系统的刚度，如图 8-37 所示。

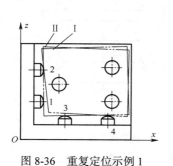

图 8-36　重复定位示例 1

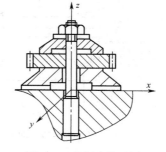

图 8-37　重复定位示例 2

4. 重复定位的防止

通常来说，当使用两个或两个以上的组合表面对零件定位时，将形成重复定位，并会造成不良后果，造成加工误差。

（1）重复定位对加工的影响。图8-38所示为连杆零件，使用底平面和左侧长圆柱销定位时为重复定位。

定位后，如果圆柱销和左侧大孔紧密配合，则连杆底部和定位平面之间必然出现间隙，如图8-38（b）所示。在施加夹紧力后，虽然可以强迫连杆底部与定位平面贴紧，但是这时工件必然发生变形，如图8-38（c）所示。

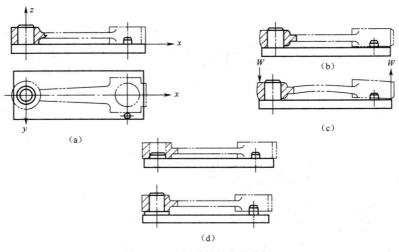

图8-38　连杆零件的定位分析

（2）减少重复定位引起的加工误差的措施。为了防止重复定位对加工质量的影响，可以采用以下措施。

① 改变定位元件结构。图8-39所示的轴承座加工时，采用一个平面和两个短销定位是重复定位，此时可以改变右侧短销的结构，如减小其直径，如图8-39（a）所示，或者使用削边销，如图8-39（b）所示等。

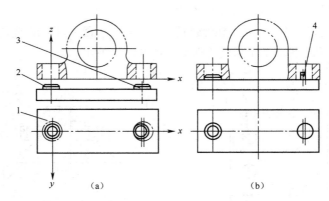

图8-39　轴承座加工时工件在夹具中的定位

1—支承板；2、3—短圆柱销；4—削边销

② 撤销重复定位的定位元件。图 8-40 所示的轴承座加工时，如果采用图 8-40（a）所示的固定支撑定位，容易出现重复定位，这时可以采用图 8-40（b）所示的浮动支撑，右侧的支撑可以根据需要上下调节。

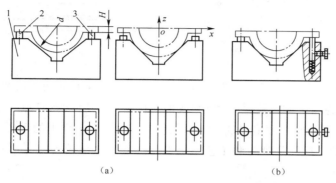

（a）　　　　　　　　　　　（b）

图 8-40　轴承座上盖下平面加工的重复定位及其改进

8.3.2　定位基准的选择

机械零件是由若干个表面组成的，研究零件表面的相对关系，必须确定一个基准，基准是零件上用来确定其他点、线、面的位置所依据的点、线、面。

1. 基准的分类

根据用途不同，基准可分为设计基准和工艺基准两类。

（1）设计基准。在零件图上用以确定其他点、线、面位置的基准称为设计基准。

（2）工艺基准。零件在加工和装配过程中所使用的基准，称为工艺基准。工艺基准按用途不同又分为装配基准、测量基准、工序基准以及定位基准。

基准种类及应用

① 装配基准：装配时用以确定零件在部件或产品中的位置的基准。如图 8-41 所示，齿轮轴的轴肩端面 A 是齿轮的装配基准。

② 测量基准：用以检验已加工表面的尺寸及位置的基准。

③ 工序基准：在工艺文件上用以确定本工序被加工表面加工后的尺寸、形状和位置的基准。

④ 定位基准：加工时工件定位所用的基准。作为定位基准的表面（或线、点）在第一道工序中只能选择未加工的毛坯表面，这种定位表面称粗基准；在以后的各个工序中可采用已加工表面作为定位基准，这种定位表面称精基准。

2. 粗基准的选择原则

粗加工时选择的定位基准称为粗基准，选择粗基准的基本原则如下。

（1）粗基准应该平整光洁、定位可靠。粗基准虽然是毛坯表面，但是应该尽量平整、光洁，没有飞边，不能选取毛坯分型面或分模面所在的平面作为粗基准。

粗基准的选择原则典型案例

（2）保证加工面正确位置。工件上如果有一些不加工的表面，这些表面与加工表面之间应该保持正确的位置关系。例如，零件外形上的对称、孔壁厚的均匀等。

图 8-42 所示的工件，毛坯孔与外圆之间偏心较大，应该选择不加工的外圆为粗基准，将工件装夹在三爪自定心卡盘上镗削内孔，以获得壁厚均匀的工件。

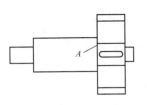

图 9-41　齿轮的装配基准

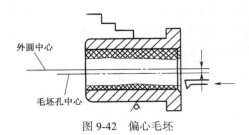

外圆中心

毛坯孔中心

图 9-42　偏心毛坯

（3）粗基准只使用一次。由于粗基准大多是未加工过的毛坯表面，精度和表面粗糙度都比较差，若重复使用粗基准，则不能保证两次装夹时工件与刀具之间的相对位置完全一致。

（4）选择粗基准时要保证重要加工面上余量均匀。对于零件上的重要加工面，希望在加工时切去均匀的余量，这样切削力和工艺系统的弹性变形也比较均匀，不易发生震动，同时表面质量好。

要点提示　通常选择要求加工余量均匀的重要表面作为粗基准，在后续加工该表面时，余量均匀。

图 8-43 所示为机床床身的加工，床身导轨面是最重要的表面，要求较高的表面质量。加工时，希望切除其上薄而均匀的一层余量，以保持导轨良好的耐磨性。所以通常选择导轨面作为粗基准，加工床脚底面，毛坯上不均匀余量在床脚底面上被切除，随后以底平面为精基准加工导轨面，这样就能在其上切除一层薄而均匀的余量。

3. 精基准的选择原则

精基准的选择原则
典型案例

选择精基准的基本原则如下。

（1）基准重合原则。尽可能地选用设计基准作为定位基准，这样可以避免定位基准与设计基准不重合而引起的定位误差。

（2）基准同一原则。对位置精度要求较高的某些表面进行加工时，要尽可能选用同一个定位基准，这样有利于保证各加工表面的位置精度。

要点提示　轴类零件的大多数工序都以中心孔为定位基准，齿轮的齿坯和齿形加工则多采用齿轮内孔及端面为定位基准。

（3）自为基准原则。某些精加工工序要求加工余量小而均匀时，选择加工表面本身作为定位基准称为自为基准原则。如图 8-44 所示，此时床脚平面只是起一个支撑平面的作用，它并非是定位基准面。此外，用浮动铰刀铰孔、用拉刀拉孔、用无心磨床磨外圆等均为自为基准的实例。

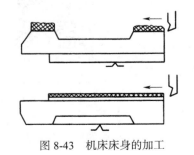

图 8-43　机床床身的加工

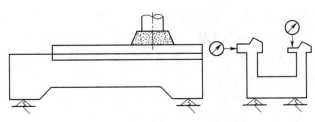

图 8-44　机床导轨面自为基准示例

（4）互为基准原则。当两个表面的相互位置精度要求很高，而表面自身的尺寸和形状精度又很高时，常采用互为基准反复加工的办法来达到位置精度要求。

要点提示　　　在实际生产中，上述基准的选择原则常常不能全部满足，实际应用时往往会出现相互矛盾的情况，这就要求综合考虑，分清主次，着重解决主要矛盾。

8.3.3　认识夹具

夹具用来实现对工件的定位和装夹，从而提高加工质量和效率。

1. 夹具的组成

机床夹具种类丰富，随着现代生产自动化水平的提高，夹具的结构也日趋复杂。夹具中包含的基本结构如下。

机床夹具及应用

（1）定位元件。定位元件用以确定工件在夹具中的正确位置，可按工件定位基准的形状而采用不同的定位元件，如平面基准可用支撑钉、支撑板等；圆孔基准可用心轴、定位销、菱形销等；外圆柱面基准可用 V 形块、套筒等。

（2）夹紧装置。夹紧装置用来紧固工件，以保证定位所得的正确位置在加工过程中不发生变化。常用的夹紧方式有螺旋夹紧、偏心夹紧、斜楔夹紧、铰链夹紧以及与压板组成的复合夹紧、联动夹紧等方式。

（3）对刀—导向元件。对刀—导向元件用以确定刀具与工件的相对位置。在铣床、刨床夹具上使用的称为对刀元件，包括对刀块、塞规等。在钻模、镗模上使用的称为导向元件，包括钻套、钻模板、镗套及镗模架等。

（4）分度装置。分度装置使工件在一次安装中能完成数个工位的加工，有回转分度装置和直线移动分度装置两类。前者主要用于加工有一定角度要求的孔系、槽或多面体等；后者主要用于加工有一定距离要求的孔系、槽等。

（5）传动装置。传动装置是为夹具机动夹紧时提供动力的装置，常用的有气压传动、液压传动、电机传动及电磁传动等。

（6）夹具体。夹具体用以把夹具的各种装置和元件连接成为一个整体的基座或骨架。

（7）其他辅助零件。为满足设计条件及使用方便，夹具上有时设有分度机构、上下料机构等装置。

图 8-45 和图 8-46 所示分别为车床和铣床上使用的夹具。

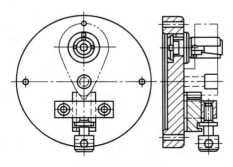
图 8-45　车床夹具

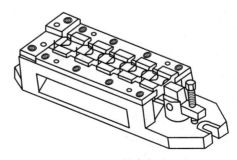
图 8-46　铣床夹具

2. 夹具的分类

根据通用程度的不同，机床夹具可分为以下几种。

（1）通用夹具。通用夹具具有很大的通用性，现已标准化，在一定范围内无须调整或稍加调整就可用于装夹不同的工件，如车床上的三爪自定心卡盘、四爪单调卡盘，铣床上的平口钳、分度头以及回转盘等。

> 这类夹具通常作为机床附件由专业厂家生产，其使用特点是操作费时、生产效率低，主要用于单件小批生产。

（2）专用夹具。专用夹具是针对某一工件的某一固定工序而专门设计的。因为不需要考虑通用性，可以设计得结构紧凑，操作方便、迅速，它比通用夹具的生产效率高。这类夹具在产品变更后就无法利用，因此适用于大批量生产。

（3）成组可调夹具。在多品种小批量生产中，由于通用夹具生产效率低、产品质量也不高，而采用专用夹具又不经济，所以可采用成组加工方法，即将零件按形状、尺寸、工艺特征等进行分组，为每一组设计一套可调整的"专用夹具"，使用时只需稍加调整或更换部分元件，即可加工同一组内的各个零件。

（4）组合夹具。组合夹具是一种由预先制造好的通用标准部件经组装而成的夹具。当产品变更时，夹具可拆卸、清洗，并在短时间内重新组装成另一种形式的夹具。因此，组合夹具既适合于单件小批生产，又可适合于中批生产。

（5）随行夹具。随行夹具是一种在自动线或柔性制造系统中使用的夹具。工件安装在夹具上，夹具除完成对工件的定位和夹紧外，还载着工件由输送装置送往各机床，并在机床上被定位和夹紧。

8.4　典型零件的加工

机械产品中的零件虽然形式多样，但是其形状和结构都有一定的共性。根据零件结构特点和用途的不同，可将常用零件分为轴类、套类、盘类、板块类、箱体类及叉架类等。零件的结构要求不同，其加工工艺也将会有较大的差别。

8.4.1　轴类零件的加工

轴是机械加工中常见的典型零件之一，如图8-47所示，主要用于支撑齿轮、带轮、凸轮以及连杆等传动件，以传递扭矩。按结构形式不同，轴可以分为阶梯轴、锥度心轴、光轴、空心轴、曲轴、凸轮轴、偏心轴以及各种丝杠等。其中阶梯传动轴应用较广，其加工工艺能较全面地反映轴类零件的加工规律和共性。

图8-47　轴类零件

1. 轴类零件的功用和结构特点

轴类零件是旋转体零件，是机械加工中的典型零件之一，主要用来支撑传动零部件，传递扭矩和承受载荷。

要点提示　轴类零件的长度大于直径，一般由一组同心的外圆柱面、圆锥面、内孔、螺纹及相应的端面所组成。长径比小于 5 的轴称为短轴，大于 20 的轴称为细长轴，大多数轴介于两者之间。

轴类零件上的加工表面通常有内外圆柱面、内外圆锥面、螺纹、花键、径向孔以及各种沟槽等。按照形状和结构不同，轴可以分为光轴、空心轴、半轴、阶梯轴、花键轴、十字轴、偏心轴、曲轴和凸轮轴等，依次如图 8-48（a）～图 8-48（i）所示。

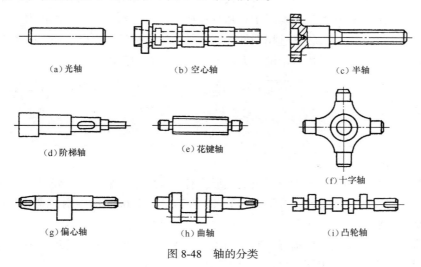

（a）光轴　　　　（b）空心轴　　　　（c）半轴

（d）阶梯轴　　　　（e）花键轴

（f）十字轴

（g）偏心轴　　　　（h）曲轴　　　　（i）凸轮轴

图 8-48　轴的分类

2. 轴的技术要求

轴用轴承支撑，与轴承配合的轴段称为轴颈。轴颈是轴的装配基准，它们的精度和表面质量一般要求较高。轴的主要技术要求如下。

（1）尺寸精度。轴颈是轴类零件的重要基准面，其加工精度将影响轴的旋转精度与工作状态。通常对其尺寸精度（主要是直径精度）要求较高（IT5～IT7）。装配传动件的轴颈尺寸精度一般要求较低（IT6～IT9）。

（2）几何形状精度。几何形状精度主要包括轴颈、外锥面和莫氏锥孔等的圆度、圆柱度等，一般应将其公差限制在尺寸公差范围内。对精度要求较高的内外圆表面，应在图纸上标注其允许偏差。

（3）位置精度。轴类零件的位置精度主要由轴在机械中的位置和功用决定。应保证装配传动件的配合轴颈与装配轴承的支撑轴颈的同轴度要求，否则会影响传动件（齿轮等）的传动精度，并产生噪声。配合轴颈对支撑轴颈的径向圆跳动公差一般为 0.01～0.03 mm。

（4）表面粗糙度。一般与传动件相配合的轴颈表面粗糙度 Ra 为 0.63～2.5 μm，与轴承相配合的支撑轴颈的表面粗糙度 Ra 为 0.16～0.63 μm。

3. 轴类零件的材料

轴类零件选材范围广泛，从使用性能和成本出发，可以选用以下材料。

（1）45 钢。45 钢是轴类零件的常用材料，价格便宜，经过调质（或正火）后可得到较好的切削性能，而且能获得较高的强度和韧性等综合机械性能，淬火后表面硬度可达 45～52HRC。

（2）40Cr 等合金结构钢。40Cr 等合金结构钢适用于中等精度而转速较高的轴类零件，这类钢经调质和淬火后，具有较好的综合机械性能。

（3）轴承钢 GCr15 和弹簧钢 65Mn。轴承钢 GCr15 和弹簧钢 65Mn 经调质和表面高频淬火后，表面硬度可达 50～58HRC，并具有较高的耐疲劳性能和较好的耐磨性能，可制造较高精度的轴。

（4）38CrMoAlA 氮化钢。精密机床的主轴（如磨床砂轮轴、坐标镗床主轴）可选用 38CrMoAlA 氮化钢。这种钢经调质和表面氮化后，不仅能获得很高的表面硬度，而且能保持较软的心部，耐冲击韧性好。与渗碳淬火钢比较，热处理变形小，硬度更高。

4. 轴类零件的毛坯

轴类零件可根据使用要求、生产类型、设备条件及结构选用棒料和锻件作为毛坯，只有结构复杂的大型轴才采用铸件作为毛坯。对于外圆直径相差不大的轴，一般以棒料为主；对于外圆直径相差大的阶梯轴或重要的轴，常选用锻件，这样既节约材料又减少机械加工的工作量，还可改善机械性能。中小批生产多采用自由锻，大批大量生产时采用模锻。

> 毛坯经过加热锻造后可以获得较高的抗拉、抗弯和抗扭强度，因此，除了光轴、直径相差不大的阶梯轴使用棒料外，一般比较重要的轴大都采用锻件毛坯。

5. 轴类零件的热处理

轴的质量除了与选用材料的种类以及毛坯形式有关外，还与采用的热处理工艺有关。

（1）锻造毛坯在机械加工前，需要进行正火（含碳量小于 0.7% 的碳钢）或退火（含碳量大于 0.7% 的碳钢和合金钢）处理，消除内应力，改善切削性能。

（2）要求局部表面淬火，以提高耐磨性的轴，在淬火前要安排调质处理。毛坯加工余量较大时，调质安排在粗车之后、半精车之前，以消除粗车后的残余应力。

> 毛坯加工余量较小时，调质安排在粗车之前进行，表面淬火安排在精加工之前进行，以便纠正淬火引起的局部变形。

（3）对于精度要求较高的轴，在局部淬火或粗磨之前，为控制尺寸稳定，需要进行低温时效处理（在 160℃ 的油中进行长时间低温时效），以消除磨削残余应力、淬火残余应力等。

（4）对于整体淬火的精密主轴，在淬火和磨削后，特别需要经过较长时间的低温时效处理。

6. 轴的精密加工和光整加工

对于精度要求较高的轴类零件，通常还要进行精密加工和光整加工。

（1）精密加工。高速精细车轴类零件时，切削速度高，切削力和切削热都较小，表面质量好，加工精度可达 IT5～IT7。车削时，一般采用硬质合金刀具或金刚石刀具，并选用较大主偏角。精密磨削轴类零件时，可以使加工表面的粗糙度数值小于 0.1 μm，轴上的各种形位误差也极小。

（2）光整加工。光整加工采用粒度较小的磨料对零件表面进行微量切削、挤压和刮擦，以获得极光滑的表面。研磨使用的设备和工具简单，适合于对轴类零件上的外圆面进行光整加工。此外，还可以使用细粒度油石对轴类零件进行超精加工。

7. 轴类零件典型工艺路线

对于 7 级精度、表面粗糙度 Ra 为 0.4～0.8 μm 的一般传动轴，其典型工艺路线：

正火—车端面、钻中心孔—粗车各表面—精车各表面—铣花键、键槽—热处理—修研中心孔—粗磨外圆—精磨外圆—检验。

（1）定位基准的选择。轴类零件一般采用中心孔作为定位基准，以实现基准统一原则。在单件小批生产中钻中心孔工序常在普通车床上进行。

要点提示　在大批量生产中常在铣端面、钻中心孔专用机床上进行。中心孔是轴类零件加工全过程中使用的定位基准，其质量对加工精度有着重大影响，所以必须安排修研中心孔工序，一般在车床上用金刚石或硬质合金顶尖加压进行。

（2）空心轴的加工。对于空心轴（如机床主轴），为了能使用顶尖孔定位，一般均采用带顶尖孔的锥套心轴或锥堵。若外圆和锥孔需反复多次，互为基准进行加工，则在重装锥堵或心轴时，必须按外圆找正或重新修磨中心孔。

（3）花键和键槽的加工。轴上的花键和键槽等次要表面的加工，一般安排在外圆精车之后，磨削之前进行。如果在精车之前就铣出键槽，在精车时由于断续切削而易产生震动，影响加工质量，又容易损坏刀具，也难以控制键槽的尺寸。但也不应安排在外圆精磨之后进行，以免破坏外圆表面的加工精度和表面质量。

8. 细长轴加工工艺特点

细长轴刚性很差，在加工中极易变形，对加工精度和加工质量影响很大。为此，生产中常采用下列措施予以解决。

（1）改进工件的装夹方法。粗加工时，由于切削余量大，工件受的切削力也大，一般采用卡顶法，尾座顶尖采用弹性顶尖，可以使工件在轴向自由伸长。但是，由于顶尖弹性的限制，轴向伸长量也受到限制，因而顶紧力不是很大。在高速、大用量切削时，有使工件脱离顶尖的危险。

精车时，采用双顶尖法进行装夹。

（2）采用跟刀架。跟刀架是车削细长轴重要的附件，采用跟刀架能抵消加工时径向切削分力的影响，减少切削震动和工件变形，但必须使跟刀架的中心与机床顶尖中心保持一致，如图 8-49 所示。

（3）采用反向进给。车削细长轴时，常使车刀向尾座方向作进给运动，使刀具施加于工件上的进给力朝向尾座，有使工件产生轴向伸长的趋势，以减少工件的弯曲变形。

（4）采用车削细长轴的车刀。车削细长轴的车刀一般前角和主偏角较大，以使切削轻快，减小径向震动和弯曲变形。

图 8-49　使用跟刀架

要点提示　粗加工用车刀在前刀面上开有断屑槽，使断屑容易。精车用刀常有一定的负刃倾角，使切屑流向待加工面。

8.4.2　箱体类零件的加工

箱体类零件通常作为箱体部件装配时的基准零件，将一组轴、套、轴承和齿轮等零件装配起来，使其保持正确的相互位置关系，以传递转矩或改变转速来完成规定的运动，如图 8-50 所示。箱体类零件的加工质量对机器的工作精度、使用性能和寿命都有直接的影响。

1. 箱体类零件的特点

箱体零件的结构和形状随着机器结构及其在机器中的用途不同而具

图 8-50　箱体类零件

有较大差异，但是仍然具有诸多共同特点。

箱体零件多为铸件，结构复杂，壁薄且不均匀，壁上有大量精度要求较高的轴承孔和平面需要加工，同时也还需要加工一些紧固孔和螺纹孔，加工部位多，加工难度较大。

> 箱体类零件的底面和侧面通常作为装配基准面，加工精度较高。其他各面和孔轴线多以基准面作为基准，并与之保持一定的尺寸精度和相互位置精度。

2. 主要技术要求

箱体零件的主要加工表面为孔系和平面，其主要技术要求如下。

（1）支撑孔的尺寸精度、形状精度和表面粗糙度。箱体上主轴等主要支撑孔的尺寸公差等级应该达到 IT6 级，表面粗糙度 Ra 为 0.4～0.8 μm。其他支撑孔的尺寸公差等级应该达到 IT6～IT7 级，表面粗糙度 Ra 为 0.8～1.6 μm。

（2）支撑孔间的相互位置精度。箱体零件上有齿轮啮合关系的孔系之间应有一定的孔距尺寸精度和平行度要求，否则影响齿轮的啮合精度，并在工作时产生噪声和振动。

同一轴线的孔应该具有一定的同轴度要求，以便于装配，否则可能导致轴运转不良，加剧轴承磨损等问题。

支撑孔的中心距允差一般为 ±0.05 mm；轴线的平行度允差一般为（0.03～0.1）mm/300 mm；轴线同轴度允差一般为 0.02 mm。

（3）主要平面的形状精度、相互位置精度和表面粗糙度。箱体上的主要平面多为装配或加工中的重要基准面，其加工质量直接影响到机器总装时零件的相对位置精度、接触刚度以及零件在箱体中的定位精度。通常箱体上的装配面和定位基面的平面度允差在 0.05 mm 以内，表面粗糙度在 Ra1.6 μm 以内。

（4）支撑孔与其他主要平面之间的相互位置精度。箱体上的主要支撑孔与装配基面的位置精度由该部件装配后的精度要求来确定，一般在 0.02 mm 左右，多采用修配法进行调整。如果采用互换法，则应由加工精度来保证。

3. 箱体零件材料及毛坯

箱体零件常选用灰铸铁铸造，这样的毛坯成形容易、切削性能好，抗震性好，并且成本较低。常用的牌号有 HT150～HT250，其中以 HT200 应用最广泛。

如图 8-51 所示汽车、摩托车的曲轴箱选用铝合金作为主体材料，其毛坯一般采用铸件。为减少毛坯铸造时产生的残余应力，箱体铸造后应安排人工时效。

图 8-51　摩托车的曲轴箱

4. 工艺路线的安排

箱体中要求加工的表面很多。其中，平面加工精度比孔的加工精度容易保证，因此箱体中主轴孔（主要孔）的加工精度和孔系加工精度就成为工艺关键问题。

在工艺路线的安排中应注意以下 3 个问题。

（1）工件的时效处理。箱体结构复杂、壁厚不均，铸造内应力较大，变形倾向大，铸后应安排人工时效处理，以消除内应力，减少变形。

一般精度要求的箱体可利用粗、精加工工序之间的自然停放和运输时间，得到自然时效的效果。但自然时效需要的时间较长，否则会影响箱体精度的稳定性。

对于特别精密的箱体，在粗加工和精加工工序间还应安排一次人工时效，以迅速充分地消除内应力，提高精度的稳定性。

　　（2）安排加工工艺的顺序时应先面后孔。平面面积较大，定位稳定可靠，能简化夹具结构并减少安装变形，而且比孔加工容易，因此一般先加工平面。把铸件表面的凹凸不平和夹砂等缺陷切除后，再加工分布在平面上的孔，这有利于保证孔的加工精度。

　　（3）粗、精加工阶段分开。箱体大多为铸件，加工余量较大，而在粗加工中切除的金属较多，因而夹紧力、切削力都较大，切削热也较多。此外，粗加工后，工件内应力重新分布也会引起工件变形，对加工精度影响较大。

 　　把粗精加工分开进行，有利于把加工后由于各种原因引起的工件变形充分暴露出来，然后在精加工中将其消除。

　　5. 箱体平面的加工

　　箱体平面加工常用的方法有刨削、铣削和磨削等。箱体平面的粗加工和半精加工常选择刨削和铣削加工，而磨削则用作精加工。

　　刨削加工刀具结构简单，机床调整方便。在龙门刨床上可以利用几个刀架在一次装夹中依次完成若干个表面的加工，能经济地保证这些表面之间的相互位置精度。

　　铣削加工可以获得更高的生产效率，适合于中批以上生产。加工尺寸较大的平面箱体时，常在多轴龙门铣床上进行，用多把刀具同时加工多个平面。

　　平面磨削的加工质量比刨削和铣削高，磨削表面粗糙度可达 $Ra0.32 \sim 1.25\ \mu m$。大批量加工箱体时，其主要表面常用磨削来精加工。

　　6. 孔系的加工

　　具有相互位置精度要求的一组孔称为孔系。根据孔之间相互位置关系的不同，孔系又分为平行孔系、同轴孔系和垂直孔系等 3 种类型。

　　（1）平行孔系的加工。平行孔系的主要技术要求是各个平行孔轴线之间、孔轴线与基准面之间的距离尺寸精度和平行度。单件小批量生产时采用多次试切方法调整加工位置，也可以通过在镗床精确定位轴线坐标来保证加工精度。在大批量生产中，通常使用镗模进行加工，定位装夹迅速可靠，生产效率高。

　　（2）同轴孔系的加工。同轴孔系的主要技术要求是各孔之间的同轴度，在大批量生产中，也可以使用镗模来保证精度，小批量生产中可以采用悬伸镗法在一次加工中镗出全部同轴孔系。

　　（3）垂直孔系的加工。垂直孔系的主要技术要求除了孔自身精度外，还与箱体零件的用途有关，这类孔在加工时需要采用专用方法保证精度。例如，将工件安放在回转工作台上，利用回转工作台的定位精度来镗孔，镗完第一个孔后，工作台转过 90°，然后镗另一个孔。

小结

　　机械加工工艺过程是生产过程的重要组成部分，是采用机械加工方法，直接改变毛坯的形状、尺寸和质量，使之成为合格产品的过程。拟订工艺规程是机械加工中的主要技术环节，是指根据生产条件规定工艺过程和操作方法，写成的工艺文件。该文件是进行生产准备，安排生产作业计划，组织生产过程以及制订劳动定额的依据，也是工人操作和技术检验的主要依据。

首先应该明确工序、工步、工位、安装以及走刀等概念的含义，明确生产类型的划分依据以及其对制订工艺规程的影响。工件的定位和安装是进行加工的前提，必须很好地掌握"六点定位"原则的含义，对基本定位元件有初步的认识，明确夹具在加工过程中的用途。

　　在设计零件结构时，也必须考虑其结构工艺性，在确保产品使用性能的情况下，尽量简化工艺，提高生产效率。轴类零件和箱体类零件是两类重要的产品类型，其加工工艺有典型的特点，应该注意领会和总结。

习题

　　（1）划分工序的依据是什么？

　　（2）简述粗基准和精基准的选择原则。

　　（3）在机械加工过程中，应该如何安排热处理工序？

　　（4）生产类型有哪些种类，其划分依据是什么？

　　（5）什么是工件的"六点定位"原则？

　　（6）加工轴类零件时，常采用什么作为统一的精基准？

　　（7）什么是夹具，有何用途？

　　（8）箱体零件加工时，为什么要"先面后孔"？

第**9**章

数控加工技术

数控机床是一种智能化的加工设备，它可以将机械加工过程中的各种控制信息用代码化的数字表示，通过信息载体输入数控装置。经运算处理后由数控装置发出各种控制信号来控制机床的动作，并按图纸要求的形状和尺寸，自动地将零件加工出来。数控加工是指在数控机床上根据设定的程序对零件切削加工的整个过程，如今数控加工已经被广泛应用于加工各种复杂的产品，并且极大提高了生产效率，有效地降低了成本。

※【学习目标】※

- 掌握数控机床的组成和工作原理。
- 了解数控机床的常用类型。
- 掌握数控机床的刀具以及夹具装置。
- 熟悉数控加工的工艺设计过程。
- 了解数控程序的组成和编制方法。

9.1 数控机床概述

 问题 思考　　观察图 9-1 所示的数控机床，想一想它主要由哪几部分组成？与普通机床相比，在结构上有何区别？

图 9-1　数控铣床与数控磨床

9.1.1　数控机床的组成

数控机床是用数字化信息对机床的运动及其加工过程进行控制的机床，是高效率、高精度、高柔性和高自动化的现代机电一体化设备，主要由机械本体、动力源、机床数控系统、检测传感部分和执行机器（伺服系统）等主要部分组成。

数控机床的组成

1.　机床数控系统

机床数控系统是数控机床的核心，由信息的输入、处理和输出3个部分组成。

机床数控系统接受数字化信息，经过数控装置的控制软件和逻辑电路进行译码、插补、逻辑处理后，将各种指令信息输出给伺服系统，伺服系统驱动执行部件做进给运动。

2.　位置反馈系统

位置反馈系统（检测传感部分）用于检测伺服电动机的转角位移和数控机床执行机构（工作台）的位移，由光栅、旋转编码器、激光测距仪及磁栅等元件组成。

要点提示　　反馈装置把检测结果转化为电信号反馈给数控装置，通过比较，计算实际位置与指令位置之间的偏差，并发出偏差指令控制执行部件的进给运动。

3.　伺服系统

伺服系统由驱动器、驱动电机组成，并与机床上的执行部件和机械传动部件组成数控机床的进给系统。

伺服系统把来自数控装置的指令信息，经功率放大、整形处理后，转换成机床执行部件的直线位移或角位移运动。

要点提示　　伺服系统是数控机床的最后环节，其性能将直接影响数控机床的精度和速度。对数控机床的伺服驱动装置，要求具有良好的快速反应性能，准确而灵敏地跟踪数控装置发出的数字指令信号。

4.　机床部件

机床部件包括床身、底座、立柱、横梁、滑座、工作台、主轴箱、进给机构、刀架及自动换刀装置等机械部件。这些部件具有高刚度、高抗震性及较小热变形，并且采用高传动效率、高精度、无间隙的传动装置和运动部件。

9.1.2　数控机床的特点

在普通机床上加工零件时，主要由操作者根据零件图纸的要求，不断改变刀具与工件之间的相对运动轨迹，由刀具对工件进行切削而加工出符合要求的零件。

在数控机床上加工零件时，是将被加工零件的加工顺序、工艺参数和机床运动要求用数控语言编制出加工程序，输入机床后自动完成零件的加工。

普通机床上的生产与数控机床上的生产对比如图9-2所示。

数控机床具有以下典型特点。

（1）具有高度柔性、适应性强。

（2）生产准备周期短。

（3）工序高度集中。

（4）生产效率和加工精度高、质量稳定。

（5）能完成复杂型面的加工。

（6）技术含量高。

（7）减轻劳动强度、改善劳动条件。

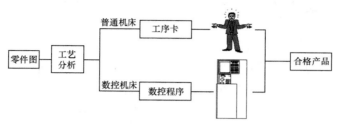

图 9-2　普通机床上的生产与数控机床上的生产对比

9.1.3　数控机床的类型

数控设备的种类很多，各行业都有自己的数控设备和分类方法。在机床行业，数控机床通常从以下不同角度进行分类。

1．按工艺用途分类

数控机床按其工艺用途可以划分为以下 4 大类。

（1）金属切削类。金属切削类数控机床指采用车、铣、镗、钻、铰、磨及刨等各种切削工艺的数控机床。又可分为普通数控机床和数控加工中心两类。

① 普通数控机床。普通数控机床有数控车床、数控铣床、数控钻床、数控镗床及数控磨床等，每一类又有很多品种。图 9-3 所示为数控车床，图 9-4 所示为数控铣床。

数控机床的分类 1-按工艺用途分类

图 9-3　数控车床

图 9-4　数控铣床

② 数控加工中心。数控加工中心是带有刀库和自动换刀装置的数控机床，它可以实现多种不同的加工操作。图 9-5 所示为立式加工中心，图 9-6 所示为卧式加工中心。

相对于普通数控机床，在数控加工中心上加工零件有以下特点。

● 被加工零件经过一次装夹后，数控系统能控制机床按不同的工序自动选择和更换刀具。

● 自动改变机床主轴转速、进给量和刀具相对工件的运动轨迹及其他辅助功能，连续地对工件各加工面自动地进行钻孔、锪孔、铰孔、镗孔、攻螺纹及铣削等多工序加工。

图 9-5　立式加工中心

图 9-6　卧式加工中心

- 加工中心能集中地、自动地完成多种工序，避免了人为的操作误差，减少了工件装夹、测量和机床的调整时间，提高了加工效率和加工精度，具有良好的经济效益。
- 能完成许多普通设备不能完成的加工，对形状较复杂、精度要求高的单件加工或中小批量多品种生产更为适用。

（2）金属成形类。金属成形类数控机床指采用挤、压、冲、拉等成形工艺的数控机床，常用的有数控弯管机、数控压力机、数控冲剪机、数控折弯机及数控旋压机等。图 9-7 所示为数控弯管机，图 9-8 所示为数控压力机。

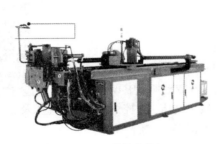

图 9-7　数控弯管机

图 9-8　数控压力机

（3）特种加工类。特种加工类数控机床主要有数控电火花线切割机、数控激光与火焰切割机等。图 9-9 所示为电火花成形机床，图 9-10 所示为电火花加工中心。

（4）测量、绘图类。测量、绘图类数控机床主要有数控绘图机、数控坐标测量机及数控对刀仪等。图 9-11 所示为三坐标测量机，图 9-12 所示为数控对刀仪。

图 9-9　电火花成形机床

图 9-10　电火花加工中心

图 9-11 三坐标测量机

图 9-12 数控对刀仪

2. 按控制运动的方式分类

按控制运动的方式不同通常将数控机床分为以下 3 种类型。

（1）点位控制数控机床。这类机床只控制运动部件从一点准确地移动到另一点，在移动过程中并不进行加工，对两点间的移动速度和运动轨迹没有严格要求，如图 9-13 所示。

采用点位控制的机床有数控钻床（见图 9-14）、数控坐标镗床及数控冲床等。

数控机床的分类 2-按控制运动的轨迹分类

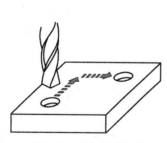

图 9-13 点位控制原理

图 9-14 数控钻床

问题思考　　想一想，采用点位控制的数控机床是否严格控制整个加工过程中刀具的运行速度和轨迹？

（2）直线控制数控机床。这类机床不仅要控制点的准确定位，而且要控制刀具（或工作台）以一定的速度沿与坐标轴平行的方向进行切削加工，如图 9-15 所示。

这类机床有简易数控车、数控镗铣床（见图 9-16）及数控加工中心。

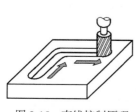

图 9-15 直线控制原理

图 9-16 数控镗铣床

（3）轮廓控制数控机床。这类机床能够对两个或两个以上运动坐标的位移及速度进行连续相关的控制，使合成的平面或空间运动轨迹能满足零件轮廓的要求，如图9-17所示。

轮廓控制数控机床有数控铣床、数控车床、数控磨床和加工中心等。

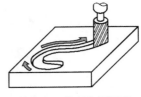

图9-17　轮廓控制原理

9.1.4　数控机床的精度指标

由于机械电子技术的飞速发展，数控机床作为一种高精度、高效率、稳定性强的自动化加工装备，已经成为机械行业必不可少的现代化技术装置。

1. 主要精度指标

数控机床加工的高精度性是验收数控机床性能的一个重要项目。在选定数控机床的情况下，加工精度取决于数控机床的定位精度和重复定位精度。

（1）定位精度。它指数控机床工作台等移动部件在到达确定的终点后的位置精度。移动部件的实际位置与理想位置之间的误差称为定位误差。定位误差包括伺服系统、检测系统、进给系统等的误差。

（2）重复定位精度。它指在同一台数控机床上，应用相同程序加工一批零件，所得到的连续结果的一致程度。重复定位精度受伺服系统特征、进给系统的间隙与刚性、摩擦特性等因素的影响。

2. 数控机床的精度项目标准

数控机床根据用途又分为简易型、全功能型、超精密型等，其能达到的精度也是各不一样的。

简易型目前还用于一部分车床和铣床，其最小运动分辨率为 0.01 mm，运动精度和加工精度都在 0.05 mm 以上。超精密型用于特殊加工，其精度可达 0.001 mm 以下。数控机床按精度可分为普通型和精密型。

一般数控机床精度检验项目都有 20～30 项，但其最重要的特征项目是：单轴定位精度、单轴重复定位精度和两轴以上联动加工出试件的圆度，如表9-1所示。

表9-1　　　　　　　　　　　　　数控机床精度特征项目

精 度 项 目	普 通 型	精 密 型
单轴定位精度/mm	0.02/全长	0.005/全长
单轴重复定位精度/mm	0.008	<0.003
铣圆精度（圆度）/mm	0.03～0.04/ϕ200 圆	0.015/ϕ200 圆

9.2　数控加工装备

数控加工时，数控刀具和数控夹具是不可缺少的基本装备。

9.2.1　数控刀具

数控刀具主要是指数控车床、数控铣床和加工中心等机床上所使用的刀具，如图 9-18 所示。随着数控机床的发展，现在的数控机床刀具已不是普通机床所采用的一机一刀的模式，而是各种不同类型的刀具同时在数控机床上轮换使用，实现自动换刀。

图 9-18　数控机床刀具

1. 数控刀具的要求

为了保证数控机床的加工精度、提高生产效率及降低刀具的消耗，数控机床所用刀具须具备以下要求。

（1）高可靠性和较高的刀具耐用度。

（2）高精度和高重复定位精度。

（3）刀具尺寸可以预调和快速换刀。

（4）可靠的断屑及排屑措施。

（5）刀具标准化、模块化、通用化及复合化。

（6）具有一个比较完善的工具系统和刀具管理系统。

（7）应有刀具在线监控及尺寸补偿系统。

2. 数控刀具的分类

数控刀具按切削工艺可分为车削刀具、镗削刀具、钻削刀具及铣削刀具。

按材料可分为高速钢刀具、硬质合金刀具、陶瓷刀具、立方氮化硼刀具及聚晶金刚石刀具等。

按结构可分为以下几类。

- 整体式刀具：由整块材料根据不同用途磨削而成的刀具。
- 镶嵌式刀具：将刀片以焊接或机夹的方式镶嵌在刀体上的刀具。
- 减震式刀具：当刀具的工作臂较长时，为了减小刀具在切削时的震动所采用的一种特殊结构的刀具。
- 内冷式刀具：切削液通过主轴传递到刀体内部，由喷嘴喷射到刀具切削部位的刀具。
- 特殊式刀具：例如，具有强力夹紧，可逆攻丝功能的刀具。

3. 数控机床的工具系统

工具系统是针对数控机床要求与之配套的刀具必须可快速轮换和高效切削而发展起来的，是刀具与机床的接口。除了刀具本身外，它还包括实现刀具快速轮换所必需的定位、夹紧、抓拿、刀具保护等机构。

要点提示

20 世纪 80 年代末开发出的通用模块式结构（车、铣、钻等万能接口）的工具系统将工具的柄部和工作部分割开来，制成各种系统化的模块，然后经过不同规格的中间模块，组成一套套不同规格的工具。目前世界上模块式工具系统有几十种结构，其区别主要在于模块之间的定位方式和锁紧方式不同。

图 9-19 所示为数控车削加工用工具系统的一般结构体系。目前，广泛采用的德国 DIN69880 工具系统具有重复定位精度高、夹持刚性好、互换性强等特点。它分为非动力刀夹和动力夹两部分。

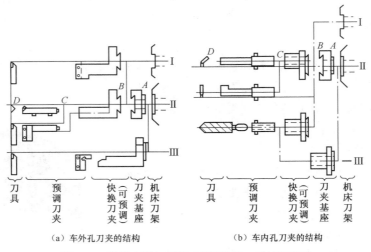

（a）车外孔刀夹的结构　　　　（b）车内孔刀夹的结构

图 9-19　数控车削加工用工具系统的一般结构体系

9.2.2　数控夹具

数控夹具按所使用机床的不同可分为车床夹具、铣床夹具、钻床夹具及磨床夹具等。本小节将介绍数控机床中常用的夹具类型。

1.　常用数控夹具

数控车床夹具主要有三爪自定心卡盘、四爪单动卡盘、花盘等。数控铣床、加工中心常用的夹具有平口虎钳、T形螺钉和压板、弯板及V形块等。

在小批量生产中，会优先选择组合夹具进行装夹。组合夹具是由可以循环使用的标准夹具零部件组装而成的，其容易连接、拆卸，柔性大，适于单件小批生产，是一种标准化、系列化、通用化程度高的工艺装备。

组合夹具元件主要有以下类型。

（1）基础件。如图 9-20 所示，基础件主要用作夹具体，它包括各种规格尺寸和形状的基础板、基础角铁等。

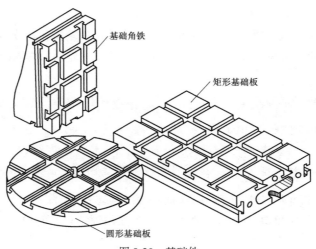

图 9-20　基础件

（2）支承件。如图 9-21 所示，支承件主要用作不同高度的支承和各种定位支承平面，是夹具体的骨架。它包括各种垫片、垫板、方形和矩形支承、角度支承、角铁、菱形板、V 形块、螺孔板及伸长板等。

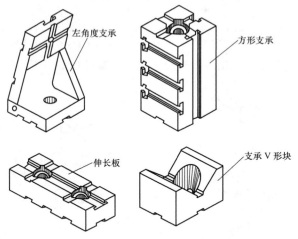

图 9-21　支承件

（3）定位件。如图 9-22 所示，定位件主要用于确定元件与元件、元件与工件之间的相对位置尺寸，以保证夹具的装配精度和工件的加工精度。

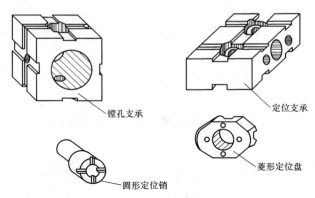

图 9-22　定位件

 要点提示

　　常用的定位元件包括各种定位销、定位盘、定位键、对位轴、各种定位支座、定位支承、锁孔支承及顶尖等。

（4）导向件。如图 9-23 所示，导向件主要用来确定刀具与工件的相对位置，加工时起到引导刀具的作用。它包括各种钻模板、钻套、铰套和导向支承等。

图 9-23　导向件

（5）压紧件。如图 9-24 所示，压紧件主要为各种压板。它用来将工件夹紧在夹具上，保证工件定位后的正确位置在外力作用下不变动。

 要点提示　压板的主要表面都经过光磨，因此也常用做连接板、定位挡板或其他用途。

（6）紧固件。如图 9-25 所示，紧固件主要用来把夹具上的各种元件连接紧固成一整体，并可通过压板把工件夹紧在夹具上，包括各种螺栓、螺钉、螺母和垫圈等。

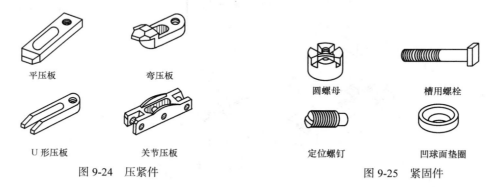

平压板　　弯压板　　　　　　　　圆螺母　　　槽用螺栓

U 形压板　　关节压板　　　　　　　定位螺钉　　凹球面垫圈

图 9-24　压紧件　　　　　　　　　图 9-25　紧固件

2. 数控加工对工件装夹的要求

在确定工件装夹方案时，要根据工件上已选定的定位基准确定工件的定位夹紧方式，并选择合适的夹具。因此要从以下几方面进行考虑。

（1）减少刀具干涉。为适应数控工序中的多个表面加工，要避免夹具结构（包括夹具上的组件）对刀具运动轨迹的干涉。

（2）保证最小的夹紧变形。要防止工件夹紧变形而影响加工精度，粗、精加工可采用不同的夹紧力。

（3）夹具装卸工件方便。装夹工件的辅助时间对加工效率影响较大，所以要求配套夹具装卸工件的时间短、定位可靠。

 要点提示　数控加工夹具可使用气动、液压、电动等自动夹紧装置实现快速夹紧，缩短辅助时间。

（4）便于多件同时装夹。对小型工件或加工时间较短的工件，可以考虑在工作台上多件夹紧或多工位加工，以提高加工效率。

（5）夹具结构应力求简单。夹具的标准化、通用化和自动化对加工效率的提高及加工费用的降低有很大影响。

9.2.3　数控量具

大多数通用量具都可以在数控加工中使用，常用的数控量具主要有以下类型。

1. 游标卡尺

游标卡尺是一种中等精度的量具，如图 9-26 所示，可以直接量出工件的外径、孔径、长度、宽度、深度及孔距（通过计算）等。游标卡尺的游标读数值（游标精度）一般为 0.1mm、0.05mm、0.02mm。

图 9-26 游标卡尺

另外，还有用于测量台阶长度和孔、槽深度的深度游标卡尺，如图 9-27 所示；用来测量工件高度的高度游标卡尺，如图 9-28 所示。

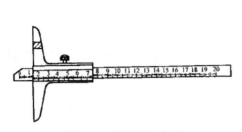

图 9-27 深度游标卡尺

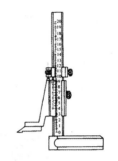

图 9-28 高度游标卡尺

2．千分尺

千分尺的测量精度比游标卡尺高，测量数值比较准确，其测量准确度可达 0.01mm。

常见千分尺的分类及用途如表 9-2 所示。

表 9-2　　　　　　　　　　　常见千分尺的分类及用途

名　　称	图　　样	用　　途
外径千分尺		用于测量各种外形尺寸和形位误差
内径千分尺		用于测量内孔直径及槽宽等
深度千分尺		用于测量工件阶台、孔深、槽深等
壁厚千分尺		用于测量精密管形零件的壁厚
螺纹千分尺		用于测量螺纹中径

3．百分表

如图 9-29 所示，百分表是利用齿条齿轮或杠杆齿轮传动，将测杆的直线位移变为指针的角位移的计量器具。它主要用于测量制件的尺寸和形状、位置误差等。其分度值为 0.01mm，测量范围为 0～3mm、0～5mm 和 0～10mm。

4．万能角度尺

如图 9-30 所示，万能角度尺又称为角度规、游标角度尺和万能量角器，它是利用游标读数原理来直接测量工件角度或进行划线的一种量具。它适用于机械加工中的内、外角度测量，可测 0°～320° 的外角及 40°～130° 的内角。

图 9-29　百分表

图 9-30　万能角度尺

5. 量块

如图 9-31 所示，量块是由两个相互平行的测量面之间的距离来确定其工作长度的高精度量具，用于对其他量具进行检验校正，也可以用于精密机床和精密加工的调整，配以附件后还可以用比较法对工件外圆、内孔进行直接精密测量。

图 9-31　量块

6. 三坐标测量机

图 9-32 所示的三坐标测量机是数字化测量仪器的典型产品。将被测物体置于三坐标测量空间，可获得被测物体上各测点的坐标位置，根据这些点的空间坐标值，经计算求出被测物体的几何尺寸、形状和位置。

通过对测量数据的处理，可以通过 CAD 软件在计算机中对模型进行复原。

7. 数控精密测量

在数控加工中通常使用一些先进的测量方法。

（1）在线在机测量。将精密测量技术和仪器装置集于高档数控机床内和先进数字化流水生产线中，实现了对复杂、高精度型面轮廓工件加工质量的实时检测与监控。

（2）远程测量。建立测量仪器的网络化远程服务平台，包括远程产品质量统计分析、生产装备及加工过程故障诊断分析乃至反馈修正或咨询，实施全方位服务，构建"完整制造系统"。

（3）数字化闭环系统。将数字化测量技术和仪器集成、融合到数字化切削加工系统中，构建成数字化闭环制造系统，实现"零废品"闭环制造。

图 9-33 所示为圆柱齿轮/锥齿轮闭环制造系统，其采用先进的齿轮测量中心及相应的齿轮测量软件，与数控齿轮加工机床相连，实现了圆柱齿轮、弧锥齿轮的 CAD/CAM/CAI 的闭环制造。

图 9-32　数控三坐标测量机

图 9-33　齿轮闭环制造系统示意图

9.3　数控加工原理

数控加工使用数字信息控制零件和刀具位移，从而获得较高的加工效率和质量，是解决零件品种多变、批量小、形状复杂、精度高等问题和实现高效化、自动化加工的有效途径。

9.3.1　数控加工的一般过程

数控加工的一般过程可分为 5 个阶段，加工原理如图 9-34 所示，详细流程如图 9-35 所示。

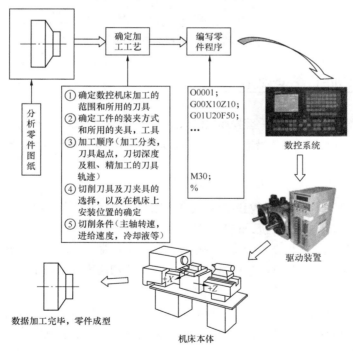

图 9-34　数控加工原理

（1）准备阶段。根据加工零件的图纸，进行工艺分析，确定加工方案、工艺参数、位移参数等加工信息和夹具选用、刀具类型选择等相关辅助信息。

277

（2）数值运算。在确定了工艺方案后，就需要根据零件的几何尺寸、加工路线等计算刀具中心运动轨迹，以获得刀位数据。

（3）编程和传输。编程人员使用数控系统规定的代码及程序段格式编写数控加工程序，或用自动编程软件直接生成数控加工程序，并输入到控制系统。

（4）程序转换。数控装置将加工程序语句译码、运算转换成动作指令，在系统的统一协调下驱动各运动部件进行刀具路径模拟、试运行；正确安装工件，完成对刀操作，实施首件试切。

（5）加工阶段。通过机床的正确操作，运行程序，自动完成对工件的加工。

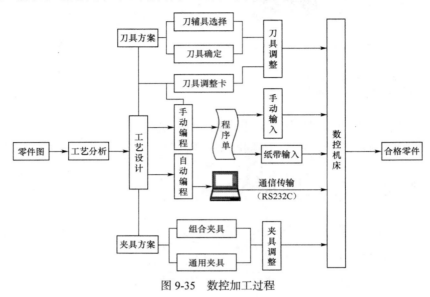

图 9-35　数控加工过程

9.3.2　数控加工安全规范

任何一种类型的数控机床都有一套操作规程，这既是保证操作人员人身安全的重要措施之一，也是保证设备安全、产品质量等的重要措施，操作人员必须严格按照操作规程进行正确操作。

1. 加工前的注意事项

在数控加工前，应注意以下要点。

（1）查看工作现场是否存在可能造成不安全的因素，若存在应及时排除。

（2）按数控机床启动顺序开机，查看机床是否显示报警信息。

（3）数控机床通电后，检查各开关、按钮和按键是否正常、灵活，机床有无异常现象。

（4）检查液压系统、润滑系统油标是否正常，检查冷却液容量是否正常，按规定加好润滑油和冷却液，手动润滑的部位先要进行手动润滑。

（5）各坐标轴手动回参考点。回参考点时要注意，不要和机床上的工件、夹具等发生碰撞。若某轴在回参考点前已处于参考点位置附近，必须先将该轴手动移动到距离参考点 100mm 以外的位置，再回参考点。

（6）在进行工作台回转交换时，台面、护罩、导轨上不得有其他异物；检查工作台上的工件是否正确、夹紧可靠。

（7）为了使数控机床达到热平衡状态，必须使数控机床空运转 15min 以上。

（8）按照刀具卡正确安装好刀具，并检查刀具运动是否正常，通过对刀，正确输入刀具补偿值，并认真核对。

（9）数控加工程序输入完毕后，应认真校对，确保无误，并进行模拟加工。

（10）按照工序卡安装和找正夹具。

（11）正确测量和计算工作坐标系，并对所得结果进行验证和验算。

（12）手轮进给和手动连续进给操作时，必须检查各种开关所选择的位置是否正确，弄清正负方向，认准按键，然后再进行操作。

2．加工中的注意事项

在数控加工中，应注意以下要点。

（1）无论是首次试加工，还是周期性重复加工，首先检查工序卡、刀具卡、坐标调整卡及程序卡 4 者是否一致，然后进行逐把刀逐段程序的试切。

（2）试加工时，快速倍率、进给倍率开关置于最低挡，切入工件后再加大倍率。

（3）在运行数控加工程序中，要重点观察数控系统上的坐标显示。

（4）对一些有试刀要求的刀具，要采用"渐进"的方法试刀。

3．加工后的注意事项

在数控加工后，应注意以下要点。

（1）清洁工作台、零件及台面铁屑等杂物，整理工作现场。

（2）在手动方式下，将各坐标轴置于数控机床行程的中间位置。

（3）按关机顺序关闭数控机床，断电。

（4）清理并归还刃具、量具、夹具，将工艺资料归档。

9.3.3　插补原理

在数控加工中，为了满足几何尺寸精度的要求，理论上的刀具中心轨迹应完全准确地依照工件的轮廓形状来生成。

1．插补的概念

在实际加工中，被加工工件有着各种各样的轮廓曲线。对于简单的轮廓曲线，数控系统较容易实现；对于较复杂的轮廓曲线，若直接生成会使算法变得很复杂，计算机的工作负荷也相应加大。

要点提示　　在实际应用中，由数控系统根据零件轮廓形状的有限信息计算出刀具的一系列加工点，然后采用一小段直线或圆弧（也有需要抛物线和高次曲线）去进行拟合，即需要"插入、补上"，这个过程就叫"插补"。实质上"插补"就是数据密化的过程。

要点提示　　"插补"具有下面的两层含义。
① 用小线段逼近产生基本线型（如直线、圆弧等）。
② 用基本线型拟合其他轮廓曲线。

2．插补计算

数控程序提供了刀具运动的起点、终点和运动轨迹，而刀具怎么从起点沿运动轨迹移向终点，则由数控系统的插补计算装置或插补计算程序来控制。

插补计算的任务就是根据进给的要求，在轮廓起点和终点之间实时计算出若干个中间点的坐标值，转换成位移指令并输入伺服系统，实现成形运动。

要点提示　　插补计算所需时间直接影响系统的控制速度，而插补中间点坐标值的计算精度又影响到数控系统的控制精度，因此，插补运算是整个数控系统控制的核心。插补运算的速度和精度是衡量数控装置的重要指标。

9.3.4　刀具补偿原理

在编制零件的加工程序时，一般是按零件轮廓和工艺要求的进给路线编制的，而数控机床在加工过程中控制的是刀具中心的运动轨迹，因此，在加工前必须将编程轨迹变换成刀具中心的轨迹。

1. 刀具补偿的概念

刀具补偿又称偏置。不同的刀具具有不同的几何参数，因此，加工前需要测量实际的刀具半径、长度等，作为刀具补偿参数输入数控系统，通过刀补运算进行补偿才能加工出合乎尺寸要求的零件轮廓。

要点提示　　刀具补偿功能还可以通过逐次改变刀具半径补偿值大小的办法，调整每次进给量，以达到利用同一程序实现粗、精加工循环。另外，用刀具长度补偿可以解决因刀具磨损、重磨而使刀具尺寸变化造成的加工误差问题。

2. 刀具补偿类型

刀具补偿功能是数控车床的主要功能之一，它主要分为两类：刀具的位置补偿和刀具的半径补偿。

（1）刀具的位置补偿。实际加工中，常用不同尺寸、不同位置的若干把刀具加工同一工件，如图 9-36 所示。在编程时，常以其中一把刀具为基准，并以该刀具的刀尖位置点 A 为依据来设定编程坐标系。这样，当其他刀具转到加工位置点 B 时，刀尖的位置就会有径向（ΔX）和轴向（ΔZ）的偏差，原设定的编程坐标系对这些刀具就不适用。

此外，每把刀具在加工过程中都有不同程度的磨损，磨损前后刀尖的位置也会存在偏差。因此应对 A、B 两点位置的偏移量 ΔX、ΔZ 进行

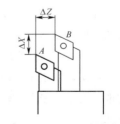
图 9-36　刀具的位置补偿

补偿，使刀尖在加工前由位置点 B 移至位置点 A，以保证不同刀具在同一程序中有一致的坐标，这个过程又称为对刀操作。

通过对刀将刀具偏移量人工算出后输入数控系统或把对刀时屏幕显示的有关数值直接输入数控系统，由系统自动算出刀具偏移量，存入刀具补偿存储器中。

（2）刀具的半径补偿。数控车床是以刀具的刀尖对刀的，但加工时选用车刀的刀尖不可能绝对尖，总有一个小圆弧，如图 9-37 所示。对刀时，刀尖位置是一个假想刀尖点 A，编程时是按点 A 轨迹编程，即工件轮廓与假想刀尖点 A 重合；车削时，实际切削点是圆弧与工件轮廓表面的切点。

若工件要求不高或留有精加工余量时，可忽略此误差，否则应考虑刀尖圆弧半径对工件形状的影响，对刀尖圆弧半径进行补偿，称为刀具的半径补偿，如图 9-38 所示。

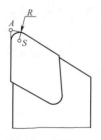

图 9-37　假想刀尖

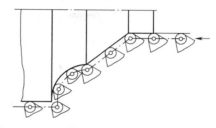

图 9-38　刀具的半径补偿

（3）夹具偏置补偿。当一台加工中心在加工小工件时，工装上一次可以装夹几个工件。使用夹具偏置补偿后，编程者就不用考虑每一个工件在编程时的坐标零点，而只需按照各自的编程零点进行编程，然后使用夹具偏置来移动机床在每一个工件上的编程零点。

（4）夹角补偿。加工中两平面相交为夹角，可能产生超程过切现象，导致加工误差的产生，此时可采用夹角补偿来解决。夹角补偿指令主要用于加工中心和数控铣床。

9.4　数控加工工艺

数控加工工艺是随着数控机床的产生、发展而逐步建立起来的一种应用技术，是通过大量数控加工实践的经验总结，是数控机床加工零件过程中所使用的各种技术、方法的总和。

9.4.1　数控加工工艺设计的主要内容

合理的加工工艺设计方案能保证零件的加工精度、表面质量的要求。图 9-39 所示为进行数控加工工艺设计要综合考虑的主要因素。

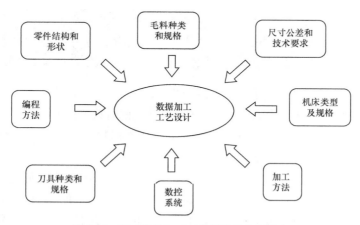

图 9-39　影响数控加工工艺设计的主要因素

数控加工工艺设计的内容包括确定加工方法、确定零件的定位和装夹方案、安排加工顺序、安排热处理、检验及其辅助工序等，其主要内容如下。

（1）零件加工工艺分析。仔细阅读零件设计图和技术要求，结合加工表面的特点，对零件进行工艺分析。

（2）加工方法和机床的选择。根据零件的工艺要求，选择具体的加工方法，并选择既能满足零件外形尺寸，又能满足零件加工精度的数控机床。

（3）装夹方案的确定。数控设备尽管减少了对于夹具的依赖程度，但还不能完全取消，所以制订装夹方案的原则是在满足零件加工精度和技术要求的前提下越简单越好。

（4）规划加工区域。对加工对象进行分析，按其形状特征、功能特征及精度、粗糙度等要求将加工对象划分成若干个加工区域。通过对加工区域进行规划可以提高加工效率和加工质量。

（5）规划加工工艺路线。合理安排零件从粗加工到精加工的数控加工工艺路线，进行加工余量分配。

（6）刀具及切削用量的选择。根据加工零件的特点和精度要求，选择合适的刀具，确定合理的切削用量。

（7）编写和调整数控加工程序。根据零件的难易程度，采用手工或自动编程的方式，按照确定的加工规划内容进行数控加工程序编制。

9.4.2　数控加工工艺的特点

数控加工工艺将传统的加工工艺、计算机数控技术、计算机辅助设计和辅助制造技术有机地结合在了一起。

由于数控加工采用计算机对机械加工过程进行自动化控制，使得数控加工工艺具有以下特点。

1．数控加工工艺远比普通机械加工工艺复杂

数控加工工艺既要考虑加工零件的工艺性、定位基准、装夹方式，也要选择刀具，制订工艺路线、切削方法、工艺参数等，而这些在常规工艺中均可以简化处理。因此，数控加工工艺比普通加工工艺要复杂得多，影响因素也更多，因而有必要对数控编程的全过程进行综合分析、合理安排，然后整体完善。

 要点提示　相同的数控加工任务，可以有多个数控工艺方案，既可以选择以加工部位作为主线安排工艺，也可以选择以加工刀具作为主线来安排工艺。数控加工工艺的多样化是数控加工工艺的一个特色，是与传统加工工艺的显著区别。

2．数控加工工艺设计具有严密的条理性

由于数控加工的自动化程度较高而自适应能力较差，同时数控加工工艺复杂，影响因素较多，因此数控工艺设计必须具有很好的条理性，也就是说，设计过程必须周密、严谨，没有错误。

3．数控加工工艺具有较好的继承性

凡经过调试、校验和试切削过程验证的，并在数控加工实践中证明是好的数控加工工艺，都可以作为模板，供后续加工相类似零件调用，这样不仅节约时间，而且可以保证加工质量。

工艺模板本身在调用中也会得到不断修改和完善，可以达到逐步标准化、系列化的效果。因此，数控工艺具有非常好的继承性。

4．数控加工工艺必须经过实际验证才能指导生产

在普通机械加工中，工艺员编写的工艺文件可以直接下到生产线用于指导生产。而数控加工由于其自动化程度高，安全和质量问题至关重要，因此数控加工工艺必须经过验证后才能用于指导生产。

总之，数控加工柔性好，自动化程度高，适合加工以下零件。

（1）多品种小批量生产的零件。

（2）如图 9-40 所示几何形状复杂的零件。

（3）加工过程中必须采用多种工步加工的零件。

（4）必须严格控制公差的零件。

（5）加工过程中如果发生错误将会造成严重浪费的贵重零件。

（6）需要全部检验的零件。

（7）工艺设计可能经常变化的零件。

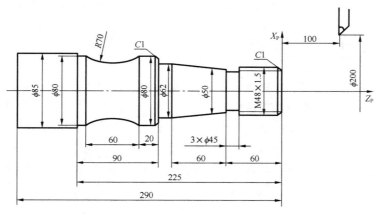

图 9-40　适合数控车削加工的零件

9.4.3　零件的数控加工工艺性分析

在数控加工前，要将机床的运动过程、零件的工艺特点、刀具的形状、切削用量及走刀路线等都编入程序，这就要求程序设计人员要对零件进行工艺分析，全面周到地考虑零件加工的全过程，正确、合理地编制零件的加工程序。

1. 对零件结构进行数控加工工艺性分析

对于一个零件来说，往往只是其中的一部分工艺内容适合数控加工。这就需要对零件结构进行仔细的工艺分析，选择最适合、最需要进行数控加工的内容和工序，一般可按下列顺序考虑。

（1）通用机床无法加工的内容作为优先选择内容。

（2）通用机床难加工、质量也难以保证的内容应作为重点选择内容。

（3）通用机床加工效率低、手工操作劳动强度大的内容，可在数控机床尚存在富余加工能力时选择。

此外，在选择和决定加工内容时，也要考虑批量生产、生产周期、工序间周转情况等。总之，要尽量做到合理，达到多、快、好、省的目的，要防止把数控车床降格为通用车床使用。

2. 对零件图纸进行数控加工工艺性分析

对零件图纸进行数控加工工艺性分析时，主要考虑以下内容。

（1）尺寸标注应符合数控加工的特点。在数控编程中，所有点、线、面的尺寸和位置都是以编程原点为基准的。因此零件图样上最好直接给出坐标尺寸，或尽量以同一基准引注尺寸。

（2）零件图的完整性与正确性分析。在程序编制中，编程人员必须充分掌握构成零件轮廓的几何要素参数及各几何要素间的关系。因为在自动编程时要对零件轮廓的所有几何元素进行定义，手工编程时要计算出每个节点的坐标，无论哪一点不明确或不确定，编程都无法进行。

（3）零件技术要求分析。零件的技术要求主要指尺寸精度、形状精度、位置精度、表面粗糙度及热处理等，这些要求在保证零件使用性能的前提下，应经济合理。

（4）零件材料分析。在满足零件功能的前提下，应选用廉价、切削性能好的材料；而且材料选择应立足国内，不要轻易选择贵重或紧缺的材料。

（5）定位基准选择。在数控加工中，加工工序往往较集中，以同一基准定位十分重要，有时需要设置辅助基准，特别是正、反两面都采用数控加工的零件，其工艺基准的统一是十分必要的。

9.4.4　数控加工工艺路线设计

数控加工的工艺路线设计与普通机床加工的常规工艺路线拟订的区别主要在于它仅是几道数控加工工序工艺过程的具体描述，而不是指从毛坯到成品的整个工艺过程。

在工艺路线设计中，一定要兼顾常规工序的安排，使之与整个工艺过程协调吻合。常见的零件加工工艺流程如图 9-41 所示。

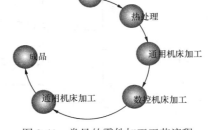

图 9-41　常见的零件加工工艺流程

1. 加工方法的选择

选择加工方法时应保证加工表面的加工精度和表面粗糙度的要求。由于获得同样精度所用的加工方法很多，因而实际选择时，要结合零件的形状、尺寸大小、热处理要求等全面考虑，还应考虑生产效率和经济性的要求以及生产设备等实际情况。

> **要点提示**
> 数控车床适合于加工形状比较复杂的轴类零件和由复杂曲线回转形成的模具内型腔；立式数控铣床适合于加工平面凸轮、样板、形状复杂的平面或立体零件以及模具的内、外型腔等；卧式数控铣床则适合于加工箱体、泵体和壳体类零件；多坐标联动的加工中心还可以用于加工各种复杂的曲线、曲面、叶轮和模具等。

对于加工表面的加工精度和表面粗糙度要求较高的零件加工，常常是通过粗加工、半精加工和精加工逐步达到的。确定加工方案时，首先应根据主要表面的精度和表面粗糙度的要求，初步确定为达到这些要求所需的加工方法。常用加工方法的经济加工精度和表面粗糙度可查阅有关工艺手册。

> **要点提示**
> 对 IT7 级精度的孔采用镗削、铰削、磨削等加工方法均可达到要求，但箱体上的孔一般采用镗削或铰削，而不宜采用磨削。一般小尺寸的箱体孔选择铰孔；当孔径较大时，则应选择镗孔。

2. 定位基准选择

在数控加工中，加工工序往往较集中，以同一基准定位十分重要，否则可能因基准转换引起定位误差。对于箱体类工件最好选一面两孔为定位基准，如果工件上没有合适的定位孔，可以设置工艺孔。如果无法设置工艺孔，也一定要以精基准作为重新装夹的定位基准。

3. 工序的划分

工序划分的原则有工序集中原则和工序分散原则两种。

工序集中原则是指每道工序包括尽可能多的加工内容，从而使工序的总数减少。工序分散原则将工件的加工分散在较多的工序内进行，每道工序的加工内容很少。

在数控机床上加工的零件，一般按工序集中原则划分工序，划分方法如下。

数控铣床加工工序的划分

（1）以一次安装、加工作为一道工序。这种方法适合于加工内容较少的零件，加工完后就能达到待检状态。

（2）以同一把刀具加工的内容划分工序。有些零件虽然能在一次安装中加工出很多待加工表面，但考虑到程序太长，会受到某些限制，如控制系统的限制（主要是内存容量），机床连续工作时间的限制（如一道工序在一个工作班内不能结束）等。此外，程序太长会增加出错与检索的困难。因此程序不能太长，一道工序的内容不能太多。

（3）以加工部位划分工序。对于加工内容很多的工件，可按其结构特点将加工部位分成几个部分，如内腔、外形、曲面或平面，并将每一部分的加工作为一道工序。

（4）以粗、精加工划分工序。一般来说，凡要进行粗、精加工的过程，都要将工序分开。

> **要点提示**　　上道工序的加工不能影响下道工序的定位与夹紧，中间穿插有通用机床加工工序的也应综合考虑。

4. 加工顺序的安排

工序顺序的安排应根据零件的结构和毛坯状况以及定位与夹紧的需要来考虑，重点使工件的刚性不被破坏。加工顺序的安排一般应按下列原则进行。

（1）工序安排应考虑到装夹方便。上道工序的加工不能影响下道工序的定位与夹紧，中间穿插有通用机床加工工序的也要综合考虑。

（2）先内后外。先进行内形内腔加工工序，后进行外形加工工序。

（3）一次安装，尽可能多地连续加工各个表面。以相同定位、夹紧方式或同一把刀具加工的工序，最好连续进行，以减少重复定位次数、换刀次数与装夹次数。

（4）先安排对工件刚性破坏较小的工序。另外，在加工中心上加工零件，一般情况下，每换一把新的刀具后，应通过移动坐标、回转工作台等方法将由该刀具切削的所有表面全部完成。每道工序尽量减少刀具的空行程移动量，按最短路线安排加工表面的加工顺序。

5. 数控加工工艺与普通工序的衔接

数控加工工序前后一般都穿插有其他普通加工工序，如衔接得不好就容易产生矛盾。因此在熟悉整个加工工艺内容的同时，要清楚数控加工工序与普通加工工序各自的技术要求、加工目的、加工特点，例如，要不要留加工余量，留多少；定位面与孔的精度要求及形位公差；对校形工序的技术要求；对毛坯的热处理状态等，这样才能使各工序达到相互满足加工需要且质量目标及技术要求明确，交接验收有依据。

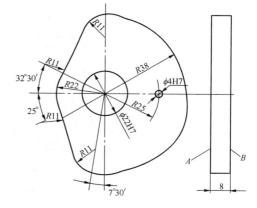
图 9-42　凸轮

例如，图 9-42 所示的盘状凸轮的工艺路线一般是由两个加工阶段完成的。

第一阶段采用普通机床完成上下两个平面、中心孔 $\phi22H7mm$ 及另一个工艺孔 $\phi4H7mm$ 的加工；第二阶段采用数控机床，由一面两孔定位，加工凸轮的曲线轮廓表面。

9.4.5　数控加工工序设计

在选择了数控加工工艺内容和确定了零件加工路线后，即可进行数控加工工序的设计。数控加工工序设计的主要任务是进一步把本工序的加工内容、切削用量、工艺装备、定位夹紧方式及刀具运动轨迹确定下来，为编制加工程序做好准备。

1.　确定走刀路线

走刀路线是编写程序的依据之一。走刀路线就是刀具在整个加工工序中的运动轨迹，其反映了工序的全部加工过程，可按工步顺序初步确定走刀路线。此外，走刀路线的选择还应考虑以下几个因素。

（1）切入工件的进刀量、切出工件的退刀量。刀具走刀中的进给运动，开始时要加速，结束前要减速，在加速和减速的过程中刀具运动不平稳，所以不应切削工件，应在刀具达到匀速进给时再开始切削。

 要点提示　刀具进入切削前要安排进刀量和退刀量，即为避开加速和减速过程必须附加一小段行程长度，使刀具在切入过程中完成加速，达到匀速状态，而在离开工件后的切出中减速停止。

（2）沿工件加工表面切向进刀和退刀。铣削过程中，用立铣刀侧刃精加工曲面时，如果刀具沿工件曲面法向切入，则必须在切入点转向，此时进给运动有短暂停顿，并在加工表面的切入点处产生明显刀痕。而沿工件加工表面切向进刀切入工件时，刀具的切入运动与切削进给运动连续，可避免在加工表面产生刀痕。同样，切出工件进给也是如此。

（3）直线进刀、退刀路线。采用与工件轮廓曲面相切的直线进刀、退刀，刀具轨迹如图 9-43（a）所示。

（4）沿 1/4 圆弧段进、退刀路线。这是避免加工表面在刀具转向处将留下刀痕的另一种进刀方法，是采用与工件轮廓曲面相切的 1/4 圆的圆弧段进刀和退刀，使圆弧段与切削轨迹相切。刀具轨迹如图 9-43（b）所示。此时要求进、退刀的圆弧段的半径大于铣刀直径的两倍。

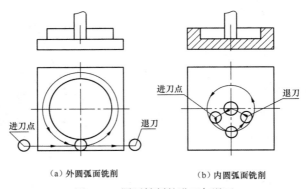

（a）外圆弧面铣削　　　　（b）内圆弧面铣削

图 9-43　圆弧铣削的进刀与退刀

（5）走刀路线应使加工后工件的变形最小。如对截面小的细长零件或薄板零件应采取分几次走刀加工的方法，或对称去除余量的方法安排走刀路线。

（6）寻求最短加工路线。对于加工图 9-44（a）所示零件上的孔系，图 9-44（b）所示的走刀路线为先加工完外圈孔后，再加工内圈孔，若改用图 9-44（c）所示的走刀路线，则减少空刀时间，可节省定位时间近一倍，提高了加工效率。

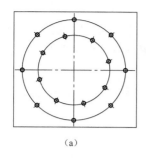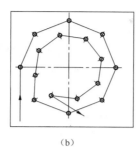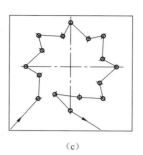

（a）　　　　　　　　　　（b）　　　　　　　　　　（c）

图 9-44　孔系加工路线

（7）最终轮廓一次走刀完成。为保证工件轮廓表面加工后的粗糙度要求，最终轮廓应安排在最后一次走刀中连续加工出来。

图 9-45 所示为 3 种不同走刀路线加工凹型腔，其中图 9-45（a）所示的走刀路线称为行切法；图 9-45（b）所示的走刀路线称为环切法；图 9-45（c）所示的走刀路线是先用行切法切除大部分余量，最后用环切法连续进给一刀，精切内轮廓表面。

图 9-45（a）所示的走刀路线较短，但因加工表面切削不连续，接刀太多，表面粗糙度太大，是最差的方案；图 9-45（b）所示的走刀路线虽然能满足加工表面连续切削，获得较好的表面粗糙度，但是走刀路线长，生产效率低；图 9-45（c）所示的走刀路线兼顾图 9-45（a）和图 9-45（b）所示的走刀路线方案中的优点，是最佳方案。

（8）有利于数值计算。走刀路线的选择应有利于简化数值计算，使程序段数量少，程序短。

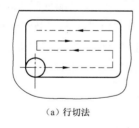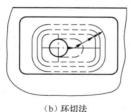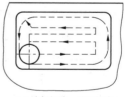

（a）行切法　　　　　　　　（b）环切法　　　　　　　（c）先行切法，后环切法

图 9-45　走刀路线比较

2.　确定工步顺序

确定了数控加工工序内容后，应合理安排一个工序中的工步顺序。工步的划分应遵循以下原则。

（1）基面先行原则。用作精基准的表面，要首先加工，因为定位基准的表面越精确，装夹误差就越小。例如，轴类零件顶尖孔的加工。

（2）先粗后精原则。零件各表面的加工顺序按照先粗加工，再半精加工，最后精加工和光整加工的顺序依次进行，逐步提高表面的加工精度和减小表面粗糙度。

（3）先主后次原则。零件的装配基面和主要工作表面应先加工，次要表面可穿插加工。由于次要表面加工工作量小，且又常与主要表面有位置精度要求，所以一般在主要表面半精加工之后，精加工之前进行。

（4）先面后孔原则。对于箱体、支架、底座等零件，应先加工用作定位的平面和孔的端面，再加工孔。这样可使工件定位夹紧可靠，有利于保证孔与平面的位置精度，减小刀具的磨损。特别是钻孔时，孔的轴线不易偏斜。

3. 确定定位基准和夹紧方案

在数控机床上加工零件时，定位安装的基本原则与普通机床相同，但也要合理选择定位基准和夹紧方案。为提高数控机床的效率，在确定定位基准与夹紧方案时应注意以下问题。

（1）尽可能使设计基准、工艺基准与编程计算基准统一。

（2）尽量集中工序，减少装夹次数，尽可能在一次装夹后能加工出全部待加工表面。

（3）避免采用人工调整时间长的装夹方案。

（4）夹紧力的作用点应落在工件刚性较好的部位。

4. 确定刀具与切削用量

选择刀具和切削用量的基本原则如下。

（1）刀具的选择。选择刀具通常要考虑机床的加工能力、工序内容和工件材料等因素。数控加工不仅要求刀具的精度高、刚度好、耐用度高，而且要求尺寸稳定、安装调整方便。

（2）切削用量的选择。切削用量主要包括主轴转速（切削速度）、进给量（进给速度）和背吃刀量。切削用量的大小直接影响机床性能、刀具磨损、加工质量和生产效率。

 数控加工中选择切削用量的原则就是在保证加工质量和刀具耐用度的前提下，充分发挥机床性能和刀具切削性能，使切削效率最高，加工成本最低。

① 粗加工时切削用量的选择原则。首先选取尽可能大的背吃刀量；其次要根据机床动力和刚性的限制条件等，选取尽可能大的进给量；最后根据刀具耐用度确定最佳的切削速度。

② 精加工时切削用量的选择原则。首先根据粗加工后的余量确定背吃刀量；其次根据已加工表面的粗糙度要求，选取较小的进给量；最后在保证刀具耐用度的前提下，尽可能选取较高的切削速度。

编程人员在确定每道工序的切削用量时，应根据刀具的耐用度和机床说明书中的规定去选择，也可以结合实际经验用类比法确定切削用量。在选择切削用量时要充分保证刀具能加工完一个零件，或保证刀具耐用度不低于一个工作班，最少不低于半个工作班的工作时间。

5. 确定刀具与工件的相对位置

数控加工时，需要确定以下参照点。

（1）对刀点。对刀点也叫起刀点，用于确定刀具与工件相对位置。对刀点可以是工件或夹具上的点，或者与它们相关的易于测量的点。

对刀点确定之后，机床坐标系与工件坐标系的相对关系就确定了。图 9-46 所示的点 Z 即为对刀点。

对刀点可以设置在被加工零件上，也可以设置在夹具上与零件定位基准有一定尺寸联系的某一位置上，有时对刀点就选择在零件的加工原点。对刀点的设置原则如下。

① 所选的对刀点应使程序编制简单。

② 对刀点应选择在容易找正、便于确定零件加工原点的位置。

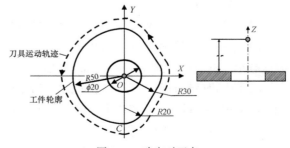

图 9-46　确定对刀点

③ 对刀点应选在加工时检验方便、可靠的位置。

④ 对刀点的选择应有利于提高加工精度。

（2）刀位点。刀位点是指刀具的定位基准点。在进行数控加工编程时，往往是将整个刀具浓缩为一个点，那就是刀位点。

如图 9-47 所示，圆柱铣刀的刀位点是刀具中心线与刀具底面的交点；球头铣刀的刀位点是球头的球心点或球头顶点；车刀的刀位点是刀尖或刀尖圆弧中心；钻头的刀位点是钻头顶点。

对刀就是使"对刀点"与"刀位点"重合的操作。对刀时，直接或间接地使对刀点与刀位点重合，如图 9-48 所示。

要点提示　选择对刀点时，遵循的原则有：尽量选在零件的设计基准或工艺基准上，或与之相关的位置上；选在对刀方便，便于测量的地方；选在便于计算坐标的地方；选在便于确定工件坐标系与机床坐标系的相对位置，容易找正的地方；选在加工过程中便于检查，引起的加工误差小的地方。

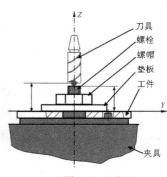

图 9-47　常用数控刀具的刀位点　　　　　图 9-48　对刀

（3）换刀点。换刀点可以是某一固定点（如加工中心，其换刀机械手的位置是固定的），也可以是任意的一点（如数控车床）。为防止换刀时碰伤零件及其他部件，换刀点常常设置在被加工零件或夹具的轮廓之外，并留有一定的安全量。

9.5　数控编程基础

在普通机床上加工零件时，通常由工艺人员按照设计图样事先制订好零件的加工工艺规程，给出零件的加工路线、切削参数、机床的规格及刀具、卡具、量具等内容。操作人员按工艺规程的各个步骤手工操作机床，加工出图样给定的零件。

9.5.1　数控编程的概念

使用数控机床加工零件时，机床按照事先编制好的加工程序，自动地加工零件。技术人员把零件的加工工艺路线、工艺参数、刀具的运动轨迹、位移量、切削参数（主轴转数、进给量、吃刀量等）以及辅助功能（换刀、主轴正转、反转、切削液开、关等），按照数控机床规定的指令代码及程序格式编写成程序，再把这一程序单中的内容记录在控制介质（如穿孔纸带、磁带、磁盘等）上，然后输入到数控机床的数控装置中，从而指挥机床加工零件。

这种将零件加工的全部信息用规定的文字、数字、符号组成的代码按一定的格式编写成加工程序单，并将程序单的信息变成控制介质的整个过程就是数控编程。

由于数控机床要按照预先编制好的程序自动加工零件，因此，程序编制的好坏直接影响数控机床的正确使用和数控加工特点的发挥。

编程员应通晓机械加工工艺以及机床、刀、夹具、数控系统的性能，熟悉工厂的生产特点和生产习惯。在工作中，编程员不但要责任心强、细心，而且还能和操作人员配合默契，不断吸取别人的编程经验和编程技巧，并逐步实现编程自动化，以提高编程效率。

9.5.2 数控编程方法

根据数控编程实现手段的不同，主要有手工编程和自动编程两种形式。

1. 手工编程

整个编程过程由人工完成。它对编程人员的素质要求高（熟悉数控代码功能、编程规则，具备机械加工工艺知识和数值计算能力），这种编程方法适用于以下情况。

（1）几何形状不太复杂的零件。

（2）三坐标联动以下加工程序。

2. 自动编程

编程人员根据零件图纸的要求，按照某个自动编程系统的规定，将零件的加工信息用较简便的方式送入计算机，编程系统将能根据数控系统的类型输出数控加工程序。

这种编程方法适用于以下情况。

（1）形状复杂的零件。

（2）虽不复杂但编程工作量很大的零件（如有数千个孔的零件）。

（3）虽不复杂但计算工作量大的零件（如非圆曲线轮廓的计算）。

9.5.3 手工编程的内容和步骤

在深入学习数控编程前，我们首先概要了解手工编程的一般步骤。

1. 零件工艺分析

与普通加工的零件分析相似，在对零件图纸进行工艺分析的基础上确定以下内容。

（1）确定加工机床、刀具与夹具。

（2）确定零件加工的工艺线路、工步顺序。

（3）确定切削用量（f、s、t）等工艺参数。

2. 计算运动轨迹

根据图纸尺寸及工艺线路的要求确定以下内容。

（1）选定工件坐标系。

（2）计算零件轮廓和刀具运动轨迹的坐标值。

（3）将坐标值按 NC 机床规定编程单位（脉冲当量）换算为相应的编程尺寸。

3. 编制程序及初步校验

根据制订的加工路线、切削用量、选用的刀具、辅助动作，按照数控系统规定指令代码及程序格式，编写零件加工程序，并进行校核、检查上述两个步骤的错误。

4. 制备控制介质

将程序单上的内容,经转换记录在控制介质上(如存储在磁盘上),作为数控系统的输入信息,若程序较简单,也可直接通过键盘输入。

5. 程序的校验和试切

所制备的控制介质,必须经过进一步的校验和试切削,证明是正确无误,才能用于正式加工。如有错误,应分析错误产生的原因,进行相应的修改。

9.5.4　数控加工程序格式

一个完整的数控加工程序可分为程序号、程序段、程序结束指令等几个部分。

1. 数控程序的结构

程序号又名程序名,置于程序开头,用作一个具体加工程序存储、调用的标记。目前的计算机数控(CNC)机床,能将程序存储在内存中,为了区别不同程序,在程序的最前端加上程序号码以区分,以便进行程序检索。

程序号码由地址 O、P、%以及 1～9 999 范围内的任意数字组成,通常 FANUC 系统用"O",SINUMERIC 系统用"%"作为程序号的地址码。编程时要根据说明书的规定作指令,否则系统是不会执行的。

 要点提示　　工件加工程序由若干个程序段组成,程序段是控制机床的一种语句,表示一个完整的运动或操作。程序结束指令用 M02 或 M30 代码,放在最后一个程序段,作为整个程序的结束。

图 9-49 所示零件的加工路线已在图中标出,与之对应的程序如下,每个程序段执行一个相应的操作,完成相应加工余量的切除。

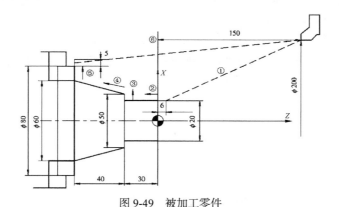

图 9-49　被加工零件

```
O2001;                              (程序号)
N10   G50 X200 Z150 T0100;          (建立工件坐标系,选择 T01 号刀)
N20   G96 S150 M03;                 (恒线速设定,主轴正转)
N25   G50 S2000;                    (设定主轴最高转速)
N30   G00 X20 Z6 T0101;             (① 建立刀具补偿)
N40   G01 Z-30 F0.25;               (② φ20 圆柱加工)
```

```
N50   X50;                        （③ φ50 轴肩加工）
N60   X60 Z-70;                   （④ φ50 圆锥加工）
N70   X90;                        （⑤ φ60 轴肩加工）
N80   G00 X200 Z150 T00 M05;      （⑥ 刀具回位）
N90   M02;                        （程序结束）
```

上例为一个完整的零件加工程序，程序号为 O2001。以上程序中每一行即称为一个程序段，共由 10 个程序段组成，每个程序段以序号"N"开头，M02 作为整个程序的结束。

2. 程序段的组成

一个程序段表示一个完整的加工工步或动作。程序段由程序段号、若干程序字和程序段结束符号组成。

程序段号 N 又称程序段名，由地址 N 和数字组成。数字大小的顺序不表示加工或控制顺序，只是程序段的识别标记。在编程时，数字大小可以不连续，也可以颠倒，也可以部分或全部省略。但一般习惯按顺序并以 5 或 10 的倍数编程，以备插入新的程序段。

> 程序字由一组排列有序的字符组成，如 G00、G01、X120、M02 等，表示一种功能指令。每个"字"是控制系统的具体指令，由一个地址文字（地址符）和数字组成，字母、数字、符号统称为字符。
>
> 例如，X250 为一个字，表示 X 向尺寸为 250mm。F200 为一个字，表示进给速度为 200mm/min（具体值由规定的代码方法决定）。

每个程序段由按照一定顺序和规定排列的"字"组成。

程序段末尾的";"为程序段结束符号，有时也用"LF"表示程序段结束。

3. 程序段的格式

程序段格式指程序中的字、字符、数据的安排规则。不同的数控系统往往有不同的程序段格式，格式不符合规定，数控系统便不能接受，那么程序将不被执行而出现报警提示，故必须依据该数控装置的指令格式书写指令。

程序段的格式可分为固定顺序程序段格式、分隔符程序段格式和可变程序段格式。数控机床发展初期采用的固定顺序程序段格式以及后来的分隔符程序格式现已不用或很少使用，最常用的是地址可变程序段格式，简称字地址程序格式。

其形式如下：

$$N\_G\_X\_Y\_Z\_...F\_S\_T\_M\_$$

例如，

$$N10 \quad G01 \quad X40 \quad Z0 \quad F0.2$$

其中，N——程序段地址码，用于指令程序段号。

G——指令动作方式的准备功能地址，G01 为直线插补指令。

X——坐标轴地址，后面的数字表示刀具移动的目标点坐标。

F——进给量指令地址，后面的数字表示进给量。

要点提示　在程序段中除程序段号与程序段结束字符外，其余各字的顺序并不严格，可先可后，但为便于编写，习惯上可按 N、G、X、Y、Z、…、F、S、T、M 的顺序编程。

9.5.5　程序指令分类

数控加工中，程序指令种类丰富，用途各不相同，为了便于使用，通常将常用的程序指令分为以下几种类型。

1．G 指令

G 指令使数控机床建立起某种加工指令方式，如规定刀具和工件的相对运动轨迹（即规定插补功能）、刀具补偿、固定循环、机床坐标系及坐标平面等多种加工功能。

G 指令由地址符 G 和后面的两位数字组成，从 G00 到 G99 共 100 种。G 代码是程序的主要内容，常用 G 指令的含义如表 9-3 所示。

表 9-3　　　　　　　　　　　　　G 指令的用法及功能

代　码	功　　能	代　码	功　　能
G00	点定位	G35	螺纹切削，减螺距
G01	直线插补	G41	刀具补偿（左）
G02	顺时针圆弧插补	G42	刀具补偿（右）
G03	逆时针圆弧插补	G43	刀具偏置（正）
G04	暂停	G44	刀具偏置（负）
G06	抛物线插补	G80	固定循环注销
G08	加速	G81-G89	固定循环
G09	减速	G90	绝对尺寸
G17	XY 平面选择	G91	增量尺寸
G18	ZX 平面选择	G94	每分钟进给
G19	YZ 平面选择	G95	主轴每转进给
G33	螺纹切削，等螺距	G96	恒线速度
G34	螺纹切削，增螺距	G97	主轴每分钟转速

2．M 指令

辅助功能指令用于指定主轴的启停、正反转、冷却液的开关、工件或刀具的夹紧与松开、刀具的更换等。

辅助功能由指令地址符 M 和后面的两位数字组成，也有 M00～M99 共 100 种。M 指令也有续效指令与非续效指令。常用 M 指令的含义如表 9-4 所示。

3．F 指令

F 指令为进给速度指令，用来指定坐标轴移动进给的速度。F 代码为续效代码，一经设定后如未被重新指定，则先前所设定的进给速度继续有效。该指令一般有以下两种表示方法。

（1）代码法。代码法后面的数字不直接表示进给速度的大小，而是机床进给速度数列的序号。

（2）直接指定法。F 后跟的数字就是进给速度的大小，如 F150，表示进给速度为 150mm/min。这种方法比较直观，目前大多数数控机床都采用直接指定法。

表 9-4　　　　　　　　　　辅助功能 M 代码（JB/T 3208—1999）

代　　码	功　　能	代　　码	功　　能
M00	程序停止	M14	主轴逆时针方向，冷却液开
M01	计划停止	M19	主轴定向停止
M02	程序结束	M36	进给范围 1
M03	主轴顺时针方向	M37	进给范围 2
M04	主轴逆时针方向	M38	主轴速度范围 1
M05	主轴停止	M39	主轴速度范围 2
M06	换刀	M50	3 号冷却液开
M07	2 号冷却液开	M51	4 号冷却液开
M08	1 号冷却液开	M55	刀具直线位移，位置 1
M09	冷却液关	M56	刀具直线位移，位置 2
M10	夹紧	M60	更换工件
M11	松开	M61	工件直线位移，位置 1
M13	主轴顺时针方向，冷却液开	M62	工件直线位移，位置 2

4．S 指令

S 指令用来指定主轴转速，用字母及后面的 1～4 位数字表示，有恒转速（单位为 r/min）和恒线速（单位为 m/min）两种指令方式。

要点提示　　S 指令只是设定主轴转速的大小，并不会使主轴回转，必须有 M03（主轴正转）或 M04（主轴反转）指令时，主轴才开始旋转。S 指令是续效代码。

5．T 指令

T 指令用于选择所需的刀具，同时还可用来指定刀具补偿号。一般加工中心程序中的 T 代码后的数字直接表示所选择的刀具号码，如 T12，表示 12 号刀；数控车床程序中的 T 代码后的数字既包含所选择的刀具号，也包含刀具补偿号，如 T0102，表示选择 01 号刀，调用 02 号刀补参数。

要点提示　　尽管数控代码是国际通用的，但是各个数控系统制造厂家往往自定了一些编程规则，不同的系统有不同的指令方法和含义，具体应用时要参阅该数控机床的编程说明书，遵守编程手册的规定，这样编制的程序才能为具体的数控系统所接受。

9.5.6　程序编制步骤

程序编制就是根据加工零件的图样，将零件加工的工艺过程及加工过程中需要的辅助动作，如换刀、冷却、夹紧、主轴正/反转等，按照加工顺序和规定的指令代码及程序格式编成加工程序单，再将程序单中的全部内容输入到数控机床的数控装置的过程。

1. 分析零件图样

首先要根据零件的材料、形状、尺寸、精度、毛坯形状和热处理要求等确定加工方案，选择合适的机床。

2. 工艺处理

工艺处理涉及的问题较多，主要考虑以下几点。

（1）确定加工方案。此时应按照充分发挥数控机床功能的原则，使用合适的数控机床，确定合理的加工方法。

（2）刀具、夹具的选择。数控加工用刀具由加工方法、切削用量及其他与加工有关的因素来确定。

数控加工一般不需要专用的、复杂的夹具，在选择夹具时应特别注意要迅速完成工件的定位和夹紧过程，以减少辅助时间，所选夹具还应便于安装，便于协调工件和机床坐标系的尺寸关系。

（3）选择对刀点。对刀点是程序执行的起点，也称"程序原点"，程序编制时正确地选择对刀点是很重要的。对刀点的选择原则是：所选的对刀点应使程序编制简单；对刀点应选在容易找正、加工过程中便于检查的位置；为提高零件的加工精度，对刀点应尽量设置在零件的设计基准或工艺基准上。

3. 简单数控加工程序编制实例

编程加工图 9-50 所示的零件，编写其加工程序。

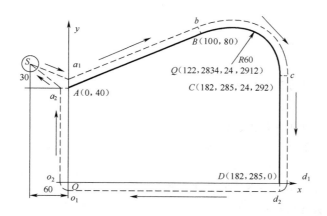

图 9-50 零件加工路径

编写程序如下。

```
N1 G17G91G01 G41 X60000 Y-30000 I100000 J40000 F2 S500 HO1 M03 CR
N2 G01  X100000  Y40000 CR                //走 AB 段
N3 G02 X82285 Y-55710  I22285 J-55710 CR  //BC 段圆弧
N4 G01 Y -24290 CR                        //走 CD 段
N5 G39 I -100000  CR                       //尖角过渡
N6 G01 X-182285 CR                        //走 DO 段
N7 G39 J40000  CR                          //尖角过渡
N8 G01 Y40000  CR                         //走 OA 段
N9 G40 G01 X-60000 Y30000 M30 CR          //取消刀补，退回 S，主轴停转，关冷却液
```

小结

数控机床与普通机床加工零件的区别在于数控机床是按照程序自动进行零件加工，而普通机床要由人来操作，只要改变控制机床动作的程序就可以达到加工不同零件的目的。因此，数控机床特别适用于加工小批量、形状复杂、精度要求高的零件。

数控机床的种类丰富，这为各种复杂零件的制造提供了更大的选择范围。数控机床的传动系统包括主传动系统和进给传动系统两部分，前者提供了调速范围较宽、负载能力较大的主运动；后者提供准确、可靠的进给运动。

数控加工装备包括数控刀具、数控夹具和数控量具等。为了兼顾加工效率和质量，数控加工装备种类丰富，并且先进工具在生产中的应用也越来越广泛。

在普通机床上加工零件时，是用工艺规程或工艺卡片来规定每道工序的操作程序，操作者按工艺卡上规定的顺序加工零件。而在数控机床上加工零件时，要把被加工的全部工艺过程、工艺参数和位移数据编制成程序，并以数字信息的形式记录在控制介质（如穿孔纸带、磁盘等）上，用它控制机床加工。由此可见，数控机床加工工艺与普通机床加工工艺在原则上基本相同，但数控加工的整个过程是自动进行的，因而又有其特点。

数控机床加工程序的编制比普通机床工艺规程的编制复杂。这是因为在普通机床的加工工艺中不必考虑的问题，如工序内工步的安排、对刀点、换刀点、走刀路线的确定等问题，在编制数控机床加工工艺时不能忽略。

习题

（1）数控机床的工作原理是什么？

（2）简要说明数控机床的组成。

（3）数控机床与普通机床加工过程有何区别？

（4）数控机床的性能特点决定了数控机床的应用范围，请说说最适合、比较适合和不适合数控加工的零件有哪些？

（5）简要说明数控机床的分类依据及其分类结果。

（6）数控刀具与普通刀具相比有什么特点？

（7）数控编程的步骤是什么？

（8）数控机床的发展趋势是什么？

第10章

现代制造新工艺

随着电子、信息等高新技术的不断发展及市场需求个性化与多样化，世界各国都把机械制造技术的研究和开发作为国家的关键技术进行优先发展，并将其他学科的高技术成果引入机械制造业中。因此，机械制造业的内涵与水平已今非昔比，它是基于先进制造工艺的现代制造产业。纵观现代机械制造技术的新发展，其主要表现为优质、高效、低耗、洁净和灵活等特点。

※【学习目标】※
- 了解典型特种加工方法的原理和用途。
- 了解典型受迫成形工艺的特点和用途。
- 初步了解现代精密加工和超精密加工方法。
- 了解机械制造自动化基本知识。

10.1 特种加工工艺

特种加工是指切削加工以外的一些新的加工方法，它不是采用常规的刀具或磨具对工件进行切削加工，而是直接利用电能、电化学能、声能或光能等能量，或者选择几种能量的复合形式对材料进行加工。

10.1.1 特种加工概述

随着生产自动化水平的日益提高，特种加工逐渐在现代生产中大显身手。

1. 特种加工的特点

特种加工的特点如下。

（1）工具材料的硬度可以大大低于工件材料的硬度。

（2）可直接利用电能、电化学能、声能或光能等能量对材料进行加工。

（3）加工过程中的机械力不明显。

（4）各种加工方法可以有选择地复合成新的工艺方法，使生产效率成倍地增长，加工精度也相应提高。

（5）几乎每产生一种新能源，就有可能导致一种新的特种加工方法产生。

2. 特种加工的分类

特种加工的分类如下。

（1）电能与热能作用方式：电火花加工（EDM）、电火花线切割加工（WEDM）、电子束加工（EBM）、等离子束加工（PAM）。

（2）电能与化学能作用方式：电解加工（ECM）、电镀加工（ECM）、刷镀加工。

（3）电化学能与机械能作用方式：电解磨削（ECG）、电解珩磨（ECH）。

（4）声能与机械能作用方式：超声波加工（USM）。

（5）光能与热能作用方式：激光加工（LBM）。

（6）电能与机械能作用方式：离子束加工（IM）。

（7）液流能与机械能作用方式：挤压珩磨（AFH）和水射流切割（WJC）。

3. 特种加工的优越性

特种加工有以下优点。

（1）解决了各种难切削材料的加工问题，如耐热钢、不锈钢、钛合金、淬火钢、硬质合金、陶瓷、宝石、金刚石以及锗、硅等各种高强度、高硬度、高韧性、高纯度的金属和非金属的加工问题。

（2）解决了各种复杂零件表面的加工问题，如各种热锻模、冲裁模的模腔和型孔、整体涡轮、喷油嘴、喷丝头的微小异形孔的加工问题。

（3）解决了各种精密的、有特殊要求的零件加工问题，如航空航天、国防工业中表面质量和精度要求很高的陀螺仪、伺服阀以及低刚度细长轴、薄壁筒、弹性元件等的加工问题。

10.1.2　电火花加工

电火花加工是在一定的液体介质中，利用脉冲放电所产生的高温，对导电材料的表面进行熔蚀，从而使零件的尺寸、形状和表面质量达到预定技术要求的一种加工方法。它是利用工具电极和工件电极间瞬时火花放电来实现加工的。

1. 电火花加工的原理

加工时，脉冲电源的一极接工具电极，另一极接工件电极，两极均浸入具有一定绝缘度的液体介质（煤油、矿物油）中，如图10-1所示。

（1）工具电极由自动进给调节装置控制，以保证工具和工件在正常加工时维持一个很小的放电间隙（0.01～0.05 mm）。

（2）当脉冲电压加到两极间时，便将两极间最近点的液体介质击穿，形成截面积很小的放电通道，由于放电时间极短，致使能量高度集中（$10^6 \sim 10^7$ W/mm²），放电区域产生的高温（10 000℃以上）使材料熔化甚至蒸发，以致形成一个小凹坑，如图10-2（a）所示。

（3）第一次脉冲放电结束后，经过很短的时间间隔，第二次脉冲又在极间最近点击穿放电。如此周而复始高频率地循环下去，就使工件表面形成许多非常小的凹坑。工具电极不断地向工件进给，它的形状最终就复制在工件上，形成所需的加工表面，如图10-2（b）所示。

2. 电火花加工的条件

电火花加工需要以下条件。

（1）必须采用脉冲电源，以形成瞬时的脉冲放电。脉冲电源电压波形如图 10-3 所示。

（2）必须采用自动进给调节装置，以保持工具电极与工件电极间微小的放电间隙。

（3）火花放电必须在具有一定绝缘强度的液体介质（工作液）中进行，如煤油、皂化液、去离子水等。工作液除有利于产生脉冲式的火花放电外，而且有利于排出放电过程中产生的电蚀产物和冷却电极以及工作表面。

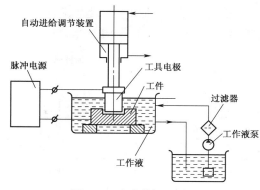

图 10-1　电火花加工原理

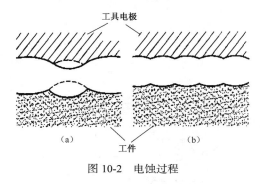

图 10-2　电蚀过程

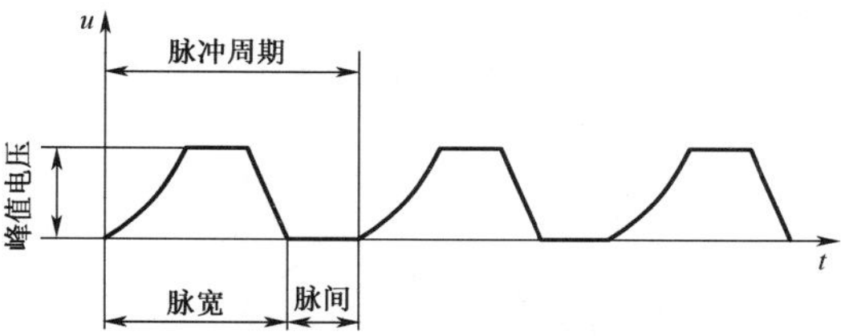

图 10-3　脉冲电源电压波形

3. 电火花加工的特点

电火花加工的特点如下。

（1）可加工任何用普通方法难以加工或无法加工的高强度、高韧性、高硬度、高脆性以及高纯度的导电材料，达到以柔克刚的效果。如不锈钢、钛合金、工业纯铁、淬火钢、硬质合金、导电陶瓷、立方氮化硼、人造聚晶金刚石等。

（2）电火花加工是一种非接触式加工，加工时不产生切削力，不受工具和工件刚度限制，有利于进行小孔、深孔、弯孔、窄缝、薄壁弹性件等的加工，也适用于低刚度工件和精密微细结构的加工。

（3）脉冲参数可根据需要进行调节，只需更换工具电极，就可在一台机床上进行粗加工、半精加工和精加工。

（4）因为放电时间极短，所以放电温度很高也不会对加工表面产生热影响，适合加工热敏感性很高的材料。

（5）电火花加工机床结构简单，加工时，电脉冲参数的调节和工具电极的自动进给，都可以通过一定措施自动化，实现数控加工。

（6）电火花加工放电过程中，工具电极的损耗会影响成形精度。在一般情况下，电火花加工的生产效率低于切削加工。

4. 电火花加工的应用

电火花加工应用广泛，主要应用领域如下。

（1）电火花成形加工。电火花成形加工是通过工具电极相对于工件做进给运动，将工具电极的形状和尺寸复制在工件上，从而加工出所需要的零件。

① 电火花型腔加工：三维型腔、型面加工、电火花雕刻，主要用于加工各类热锻模、压铸模、挤压模、塑料模及胶木模型腔，如图 10-4 所示。

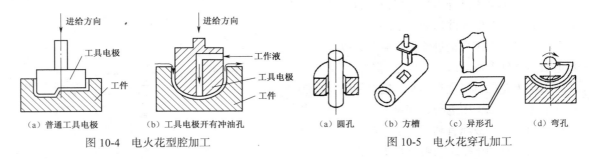

图 10-4　电火花型腔加工　　　　　　　图 10-5　电火花穿孔加工

② 电火花穿孔加工：主要用于加工型孔（圆孔、方孔、多边形孔及异形孔）、曲线孔（弯孔、螺旋孔）、小孔及微孔，如图 10-5 和图 10-6 所示。

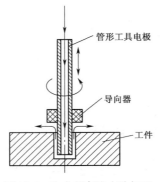

图 10-6　电火花高速小孔加工

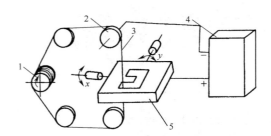

图 10-7　线切割机床加工原理图

1—储丝筒；2—导轮；3—工具钼丝；4—脉冲电源；5—工件

（2）电火花线切割加工。电火花线切割是利用连续移动的金属丝作为工具电极，按预定的轨迹进行脉冲放电，切割零件的加工方法。它应用于加工各种冲裁模（冲孔、落料）、样板以及各种形状复杂的型孔、型面、窄缝等，如图 10-7 所示。

① 高速走丝线切割：适合加工各种复杂形状的冲模及单件齿轮、花键、尖角窄缝类零件，具有速度快、周期短等优点，应用非常普及。

要点提示　　电极丝主要是采用钼丝，进行双向往复循环运行，运动速度通常快至 8～12 m/s，但其在加工过程中容易发生断丝。

② 低速走丝线切割：由于高速走丝所加工的工件表面粗糙度一般在 $Ra=1.25\sim2.5\,\mu m$ 范围内，而低速走丝可达 $Ra=0.16\,\mu m$，且低速走丝线切割的固定误差、直线误差和尺寸误差都较高速走丝好，所以加工高精度零件时，低速走丝线切割机得到了广泛应用。其电极丝一般选用含锌量低（10%）的黄铜作内芯，含锌量高的黄铜作涂层的电极丝。

（3）电火花磨削与镗削加工。

① 电火花磨削加工：利用数控和伺服技术来精确地跟随或复现某个过程的反馈控制技术，专用脉冲电源以及旋转工具电极可解决各种超硬导电材料的磨削加工问题。

② 电火花镗磨加工：工件旋转，工具电极往复运动和进给运动。设备简单，加工精度和表面粗糙度良好，生产效率较低。

10.1.3　激光打孔、切割、焊接、打标

激光是一种具有高亮度、高单色性和高方向性等特点的新光源，利用透镜聚焦，可将激光束光斑直径缩小到微米级。当此极小光斑照射工件的被加工部位时，能在千分之几秒甚至更短的时间内使被加工材料熔化或蒸发，达到加工工件的目的。

激光加工可用于打孔、切割、电子器件的微调、焊接、热处理以及激光储存等各个领域。

1. 激光打孔

激光加工原理

激光打孔是最早达到实用化的激光加工技术，也是激光加工的主要应用领域之一。随着近代工业和科学技术的发展，高硬度、高熔点材料的使用越来越多，而传统的加工方法已不能满足或无法实现某些加工工艺的要求。

激光束的高功率密度几乎可以在任何材料上进行激光打孔，与其他常规打孔方法相比，激光打孔具有以下优点。

（1）激光打孔速度快，效率高，经济效益好。

（2）激光打孔可获得大的深宽比。

（3）激光打孔可在硬、脆、软等各类材料上进行。

（4）激光打孔为无接触加工，不存在工具损耗。

（5）激光打孔适合于数量多、高密度的群孔加工。

（6）激光打孔可在难加工材料的倾斜面上加工小孔。

（7）激光打孔加工出的工件清洁、无残渣，而且由于其加工时间短，对材料的影响很小，不需要特别保护。

（8）激光打孔不仅能对置于空气中的工件打孔，还能对置于真空或其他条件下的工件进行打孔。

2. 激光切割

激光切割是应用激光聚焦后产生的高功率密度能量来实现的。每一个高能量的激光脉冲把物体表面溅射出一个细小的孔，在计算机控制下，激光加工头与被加工材料按预先绘好的图形进行连续相对运动打点，这样就会把物体加工成想要的形状。激光切割的有机玻璃如图 10-8 所示。

图 10-8　激光切割的有机玻璃

切割时，切割头会喷出一股与光束同轴的气流，将熔化或气化的材料从切口的底部吹出（如果吹出的气体和被切割材料产生热效反应，则此反应将提供切割所需的附加能源；气流还有冷却已切割面、减少热影响区和保证聚焦镜不受污染的作用）。

要点提示　　与传统的板材加工方法相比，激光切割具有高切割质量（切口宽度窄、热影响区小、切口光洁）、高切割速度、高柔性（可随意切割任意形状），广泛的材料适应性等优点。

3. 激光焊接

激光焊接是激光材料加工技术应用的重要方面，主要用于 1 mm 厚度以内的薄壁金属材料的点焊和缝焊，其焊接过程属于热传导型，优点是工件整体温升很小，热影响范围小，工件变形小，如图 10-9 所示的不锈钢的焊接。

与其他焊接技术比较，激光焊接的主要优点如下。

（1）激光焊接速度快、深度大、变形小。能在室温或特殊的条件下进行焊接，焊接设备装置简单。激光在空气及某种气体环境中均能施焊，并能通过玻璃或对光束透明的材料进行焊接。

（2）可焊接难熔材料，如钛、石英等，并能对异性材料施焊，效果良好。例如，将铜和钽两种性质截然不同的材料焊接在一起，合格率几乎达百分之百。

（3）激光焊接可进行微型焊接。例如，在集成电路引线、钟表游丝、显像管电子枪组装等微、小型元件的组焊中，由于采用了激光焊，不仅生产效率高，且热影响区小，焊点无污染。

（4）激光焊接可焊接难以接近的部位，施行非接触远距离焊接，具有很大的灵活性。

（5）激光束易实现光束按时间与空间分光，能进行多光束同时加工及多工位加工，为更精密的焊接提供了条件。

4. 激光打标

激光打标是利用高能量密度的激光对工件进行局部照射，使表层材料气化或发生颜色变化的化学反应，从而留下永久性标记的一种打标方法。激光打标可以打出各种文字、符号和图案等，字符大小可以从毫米到微米量级。图 10-10 所示就是激光在金属上的打标实例。

图 10-9　激光焊接的不锈钢　　　　　图 10-10　激光在金属上的打标

10.1.4　电子束加工和离子束加工

电子束加工和离子束加工都属于特种加工的范畴，这里所讲的加工，不仅限于尺寸、形状的加工，而且还包括完成材料表面改性、曝光、焊接、镀膜、辐照及熔炼等工艺过程。

1. 电子束加工

电子束加工和离子束加工原理

如图 10-11 所示，电子束加工是利用高能量的会聚电子束的热效应或辐射效应，对材料进行的加工。聚焦后的电子束能量密度极高，并以极高的速度冲击到工件表面极小的面积上，在极短的时间内，大部分能量转变为热能，使被冲击部分的工件材料达到几千摄氏度以上的高温，从而引起材料的局部熔化或气化。电子束可对材料表面进行热处理、焊接、刻蚀、钻孔、熔炼等加工或直接使材料升华。

电子束加工装置主要由电子枪、真空系统、控制系统和电源等部分组成。

（1）电子枪是获得电子束的装置，它包括电子发射阴极、控制栅极和加速阳极等。

（2）真空系统是为了保证在电子束加工时达到 $1.33 \times 10^{-4} \sim 1.33 \times 10^{-2}$ Pa 的真空度。因为只有在高真空时，电子才能高速运动。

（3）控制系统由束流聚焦控制、束流位置控制、束流强度控制以及工作台位移的控制等组成。

2. 离子束加工

如图 10-12 所示，离子束加工是在真空条件下，把氩（Ar）、氪（Kr）、氙（Xe）等惰性气体产生的离子束经过加速、聚焦后，射到工件表面的加工部位来实现加工的。

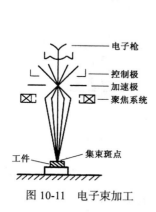

图 10-11 电子束加工

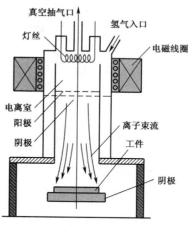

图 10-12 离子束加工原理

离子束的离子质量比电子大数千倍乃至数万倍，如氩离子的质量是电子的 7.2 万倍。所以，一旦离子加速到较高速度时，离子束比电子束具有更大的撞击动能，它是靠微观的机械撞击能量，而不是靠动能转化为热能来加工的。

> **要点提示**　离子束加工与电子束加工的不同之处在于：电子束加工主要是利用高速电子轰击工件的热效应进行加工的，而离子束加工是利用离子撞击工件引起变形、分离、破坏等机械作用进行加工的。

离子束加工具有以下特点。

（1）离子束流密度及离子的能量可以精确控制，因而能控制加工效果，加工精度高。离子束加工是所有特种加工方法中最精密、最微细的加工方法，是当代纳米级加工技术的基础。

（2）由于离子束加工是在真空中进行的，所以污染小，特别适用于对易氧化的金属、合金材料和半导体材料的加工。

（3）离子束加工是靠离子轰击材料表面的原子来实现的，它是一种微观作用，宏观压力很小，所以加工应力、变形等极小，加工质量高，适合于对各种材料和低刚度零件的加工。

（4）离子束加工设备费用贵、成本高，加工效率低，因此，应用范围受到一定的限制。

10.1.5 超声波加工

超声波加工是利用工具端面作超声频震动，通过磨料悬浮液加工硬材料的一种成形方法。

超声波加工原理

1. 超声波加工的基本原理

超声波加工原理图如图 10-13 所示。加工时，在工具与工件之间加入液体（水或煤油）与磨料混合的磨料悬浮液，并使工具以很小的力压在工件上，超声波换能器产生 16 000Hz 以上的声频，纵向震动，并借助变幅杆把振幅放大到 0.05～0.1 mm，驱动工具端面作超声振动，迫使工作液中悬浮的磨粒以很大的速度和加速度不断地撞击、抛磨被加工表面，把加工区域的材料粉碎成很细的微粒，并从工件上打击下来。

（1）超声波换能器是把高频电能转换成机械能的重要组件。上部绕组称为磁致伸缩器。

（2）变幅棒是一个上粗下细的杆，这种锥形棒可将振幅扩大 5～10 倍。

（3）工具的形状和尺寸取决于工件被加工面的形状和尺寸。工具通常采用韧性材料制成，常用未淬火碳素钢。

（4）磨料常采用碳化硼、氧化铝等。磨料的粒度对加工生产效率及精度有很大影响。

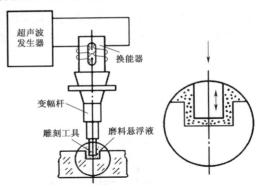

图 10-13　超声波加工原理

（5）磨料悬浮液通常是由泵注入工件与工具之间的。

2．超声波加工的特点

超声波加工的特点如下。

（1）主要用于各种不导电的硬脆材料，如玻璃、陶瓷、石英及宝石等。对于导电的硬质合金、淬火钢等也能加工，但生产效率要低些。

（2）超声波加工对工件材料的宏观作用力小，热影响小，特别适于加工某些不能承受较大机械力的薄壁、窄缝和薄片零件等。

（3）由于工具不需要旋转，因此易于加工出各种复杂形状的型孔、型腔和成形表面等。

（4）超声波加工的生产效率低，加工的尺寸精度达 ±0.01 mm，表面粗糙度 Ra 值为 0.63～0.1 μm。

3．超声波加工的应用

目前，超声波加工主要用于硬脆材料的孔加工，套料、切割、雕刻以及研磨金刚石拉丝模等。另外，在加工难切硬质金属材料及贵重脆性材料时，利用工具进行高频振动，还可以与其他加工方法（如切削加工和电加工）配合，进行复合加工。

10.1.6　电解加工

电解加工原理

电解加工是利用金属在电解液中产生阳极溶解的电化学反应，将工件加工成形的一种方法，也称电化学加工。

1．电解加工过程

电解加工时，在工件（阳极）和工具电极（阴极）之间接入低电压、大电流的直流电源（6～24V、500～2000A），在两电极间的狭小间隙（0.1～0.8 mm）内有高速电解液通过，这时工件就会不断溶解。

要点提示

　　开始时，两极之间的间隙大小不等，间隙小处电流密度大，金属（阳极）去除速度快；而间隙大处电流密度小，金属（阳极）去除速度慢。随着工件表面金属材料的不断溶解，工具阴极不断地向工件进给，溶解的电解产物不断被电解液冲走，工件表面也就逐渐被加工成接近于工具电极的形面。如此继续，直至将工具的形面复印到工件，而得到所需形面。

2．电解加工的特点

电解加工的特点如下。

（1）能以简单的进给运动一次加工出形状复杂的型面和型腔，生产效率比电火花加工高5～10 倍，可加工高硬度、高强度和高韧性等难切削的金属材料（如淬火钢、高温合金、钛合金等）。

（2）加工中无切削力，适合于薄壁零件的加工。

（3）工具电极在理论上不会损耗，可长期使用。

（4）加工后零件表面无残余应力、毛刺，表面粗糙度达 $Ra=0.2\sim0.8\ \mu m$。

电解加工存在的问题是加工尺寸精度不太高（难以达到 $\pm0.03\ mm$ 以上的精度），电解液对设备有腐蚀作用，电解产物难以处理、回收，故应采取防护措施。

10.1.7　水射流切割

水射流切割又称液体喷射加工。该方法利用高压、高速水流对工件的冲击作用来去除材料，有时简称水切割，或俗称水刀。

如图 10-14 所示，采用水或带有添加剂的水，以 500～900 m/s 的高速冲击工件进行加工或切割，加工深度取决于液压喷射的速度、压力以及压射距离。水射流切割的喷嘴越小，加工精度越高，但材料去除速度降低。

水射流切割原理

水中加入添加剂可以改善切割性能并减少切割宽度，有时为了提高切割速度和厚度，会在水中混入磨料细粉。

 要点提示　水流切割时，作为工具的射流束是不会变钝的，喷嘴的寿命也比较长。水流切割已采用了程序控制和数字控制，操作非常方便。

水射流切割可以加工很薄、很软的金属和非金属材料，如铜、铝、铅、塑料、石材、木材及橡胶纸等。水刀切割石材地面的艺术拼花图案如图 10-15 所示。

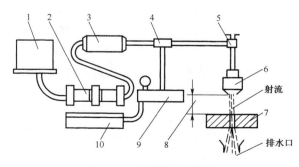
图 10-14　水射流切割原理图

1—带有过滤器的水箱；2—水泵；3—储液蓄能器；4—控制器；5—阀；
6—喷嘴；7—工件；8—压射距离；9—液压机构；10—增压器

图 10-15　水刀切割石材地面艺术拼花图案

10.2 先进受迫成形工艺

机械制造工艺实质上就是材料成形工艺，从材料成形学观点上可分为受迫成形、去除成形和添加成形 3 种。铸造、锻压和近年出现的粉末锻压、高分子材料注射成形等是利用材料的可成形性，在特定边界和外力约束条件下的成形方法，称为受迫成形。

10.2.1 先进铸造工艺

认识先进铸造方法

铸造是一种利用液态金属成形的加工工艺，至今仍是制作复杂形状零件毛坯的主要方法。先进的铸造工艺是以熔体洁净、铸件组织细密、表面光洁、尺寸精度高为主要特征，不断向高效率、高智能化、高柔性、清洁和集约化的方向发展。

1. 精密铸造技术

随着精密成形技术的发展，铸造毛坯的成形精度也越来越高，从近精确成形发展为精确成形。图 10-16 所示为通过精密铸造得到的工件。

到目前为止，获得精确铸件的工艺技术有以下几种。

（1）特种铸造技术。特种铸造技术包括压力铸造、低压铸造、金属形铸造、真空吸铸、挤压铸造及半固态铸造

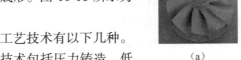

(a)　　　　　　(b)

图 10-16　精密铸造件

等，以刚型取代砂型，非重力浇注取代重力浇注，使铸件尺寸精确、表面光洁、内部致密，适用于有色金属中小件铸造。

（2）自硬砂精确砂型铸造。自硬砂精确砂型铸造主要有改性水玻璃砂和合成树脂砂，适用于生产大中型近精确铸件。近年来采用冷芯盒树脂砂发展起来的"精确砂芯组芯造形"技术，可以生产壁厚仅有 2.5 mm 的缸体、缸盖，排气歧管等复杂的铸件。

（3）高紧实度半刚性砂型铸造。高紧实度半刚性砂型铸造主要有高压、射压、气压和静压等造型方法。铸型虽然不烘干，但由于紧实度大大提高了，所以铸件表面质量（精度、表面粗糙度）也可提高 2~3 级，适用于大批量铸件的生产。

（4）采用"强迫铸型"生产铸件。所谓强迫铸型是通过一定措施，避免起模及刷涂料时引起的铸型精度及表面质量下降，使其完全等同于模样的水平。主要方法有实形铸造、转移法铸造等。

2. 清洁铸造技术

日趋严格的环境与资源的约束，使以清洁生产为特征的绿色制造技术越来越重要，它将成为 21 世纪制造业的重要特征。

清洁铸造技术的主要内容有以下几条。

（1）采用洁净的能源，如以铸造焦代替冶金焦，以电熔化代替冲天炉熔化。

（2）采用无砂、少砂铸造（如压铸、金属形、金属形覆砂等）。

（3）采用高溃散性型砂工艺（如树脂砂、酯感化水玻璃砂）。

（4）开发并推广多种废弃物（旧砂、废渣等）的再生和综合利用技术。

（5）研究采用洁净无毒的工艺材料（如铝合金无毒精炼剂、无毒无味黏结剂及煤粉代替物等）。

（6）研制、开发低噪声的铸造设备及在恶劣条件下工作的铸造机器人。

3. 铸造过程自动检测与控制

微电子、计算机、自动化技术与制造工艺及设备的结合也带动了铸造工艺及装备的技术进步，产生了一些具有划时代的新技术，主要有以下几条。

（1）应用集成电路（取代分立元件）、可编程控制器（取代继电器）、微机等新型控制装置实现铸造设备及生产线的自动控制。

（2）与新型传感、理化检验、无损检测等技术相结合，实时测量监控铸造过程的温度、压力、形状、尺寸、应力、位移、速度、成分及组织等参数，实现在线检测技术的电子化、数显化、计算机化及工艺参数的闭环控制，进而实现自适应控制。

（3）铸造柔性单元及现代集成制造系统（Contemporary Integrated Manufacturing Systems，CMS），目前已开发出压铸柔性加工单元（Flexible Manufacturing Cell，FMC），它可在规定的范围内预先确定其工艺方案，实现生产多种零件的控制过程，其核心技术是快速更换模具或模板。

4. 金属基复合材料的铸造技术

以钢铁为代表的金属材料目前仍是机械工程材料的主体，但是大量的新形结构材料已开始登上机械制造的舞台，并得到越来越广泛的应用，这些新材料主要有超硬材料、超塑材料、高分子材料、复合材料、工程陶瓷、非晶微晶合金及功能材料等。

在这些材料中，与铸造技术关系密切、有可能用铸造方法形成产业化生产的，主要是陶瓷颗粒增强型金属基复合材料（Metal Matrix Composite，MMCS）。在金属基体中加入陶瓷颗粒增强相，可以显著提高材料的强度、弹性模量、硬度、耐磨性和高温性能等。

目前颗粒增强金属基复合材料还处于研究开发阶段，将来可在航天、航空及汽车工业得到应用。

10.2.2 精密的金属塑性成形工艺

金属塑性成形是通过材料的塑性变形来实现制品所要求的形状、尺寸和性能的机械加工方法，包括锻造、冲压、轧制及挤压等加工工艺。但是随着市场的竞争，一些大量生产的机械产品要求毛坯制造的成形件尺寸越来越精确，这种要求推动了金属塑性成形新技术和新工艺的出现。

1. 精密模锻工艺

精密模锻是在模锻设备上锻造出锻件形状复杂、精度高的模锻工艺。

如图 10-17 所示，先将原始坯料经普通模锻成中间坯料，再对中间坯料进行严格的清理，除去氧化皮和缺陷，最后采用无氧化或少氧化加热后精锻。如锥齿轮的齿形部分可直接锻出，而不必再经过切削加工。

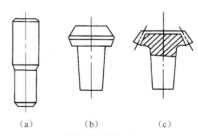

（a）　　（b）　　（c）

图 10-17 锥齿轮精密模锻简化的工艺过程

 要点提示 冷温模锻是指金属材料在室温或再结晶温度以下的塑性成形工艺，又称冷挤压成形。它是一种净成形或近净成形的加工工艺，主要用于大量复杂的中、小零件的成形加工。

2. 精密冲裁工艺

普通的冲裁工艺都是将加工材料从模具刃口处产生裂纹而剪切分离的，冲裁精度一般在

IT11 级以下。精密冲裁属于无屑加工技术，通过模具改进来提高制件精度，能在一次冲压行程中获得比普通冲裁零件尺寸精度高（可达 IT6～IT9 级）、冲裁面光洁翘曲小且互换性好的优质精冲零件，并以较低的成本达到产品质量的改善。

精密冲裁一般通过光洁冲裁（不经整修直接获得整个断面全部或基本全部光洁的冲裁工序，一般为小间隙圆角刃口冲裁和负间隙冲裁）、带齿圈压板冲裁等工艺手段来实现。

（1）小间隙圆角刃口冲裁。与普通冲裁相比，其差别仅在于加强了冲裁区的压力，起到了抑制裂纹的作用。它采用了小圆角刃口和很小的冲模间隙。

如图 10-18 所示，落料时，凹模刃口带小圆角，凸模为通常的结构形式；冲孔时，凸模刃口带小圆角，凹模为通常的结构形式。凸、凹模之间间隙较小，一般为 0.01～0.02 mm。

（2）负间隙冲裁。负间隙的特点是凸模尺寸大于凹模形腔尺寸，产生负的冲裁间隙，如图 10-19 所示。由于凸模尺寸大于凹模，冲裁时，冲裁件形成一个倒锥形毛坯，当凸模将倒锥形毛坯压入凹模，就相当于一个整修过程，所以负间隙冲裁实质上是冲裁与整修两者的复合工序。

该工艺适合于铜、铝、低碳钢等低强度、高伸长率、流动性好的软质材料，冲裁尺寸精度可达 IT9～IT11 级。

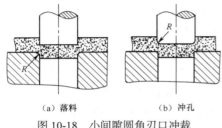

（a）落料　　　（b）冲孔

图 10-18　小间隙圆角刃口冲裁

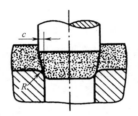

图 10-19　负间隙冲裁

（3）带齿圈压板冲裁。带齿圈压板冲裁是在模具上多了一个齿圈压板与顶出器，凸、凹模之间间隙小，凹模刃口带有圆角，如图 10-20 所示。

冲裁过程中，带齿圈的压板起强烈的压边作用，使之造成三向压应状态；凹模（或凸模）刃尖处制造出 0.02～0.2 mm 的小圆角，抑制剪裂纹的发生，限制断裂面的形成，有利工件断面的挤光作用；采用较小的间隙，甚至为零间隙，使变形区的拉应力尽量小，压应力增大；施加较大的反顶力，减小材料的弯曲，同时起到增加压应力的作用。

（4）往复冲裁。往复冲裁（上下冲裁）是指在向某一方向冲裁的深度达到一定值以后，再向其相反方向冲裁，从而获得精密零件的冲裁方法。其冲裁过程如图 10-21 所示。

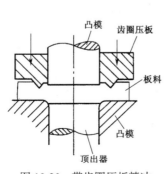

图 10-20　带齿圈压板精冲

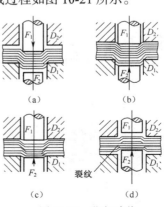

（a）　　　　　（b）

（c）　　　　　（d）

图 10-21　往复冲裁

3. 辊轧工艺

辊轧工艺是用轧辊对坯料进行连续变形的压力加工方法。辊轧工艺方法很多，这里仅简单介绍辊锻轧制和碾环轧制。

（1）辊锻轧制。如图 10-22 所示，辊锻轧制是使坯料通过装有圆弧形模块的一对旋转轧辊时，受压变形的一种生产工艺方法，这是将轧制工艺应用于锻造生产的一种新工艺。

（2）碾环轧制。如图 10-23 所示，碾环轧制是用电机带动驱动辊，利用摩擦力使坯料在驱动辊与芯辊之间受压变形。通过对驱动辊和芯辊之间的距离进行调整，可使坯料厚度逐渐变薄，直径增大。导向辊用以保证坯料的正确运送，信号辊用来控制坯料直径，当坯料直径达到设计值时会与信号辊接触，驱动辊便自动停止工作。

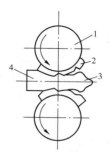

图 10-22　辊锻轧制

1—轧辊；2—模块；

3—零件；4—坯料

4. 超塑性成形工艺

超塑性是指材料在一定的内部组织条件和外部环境条件下，呈现出异常低的流变抗力和异常高的伸长率的现象。

超塑性成形工艺包括超塑性等温模锻、挤压、气压成形、真空成形和模压成形等。对于薄板的超塑性成形加工，气压成形应用最多。如图 10-24 所示，薄板加热到超塑性温度后，在压缩气体的气压作用下，坯料产生超塑性变形，逐步向模具型面靠近，直至同模具完全吻合。

> **要点提示**　用超塑性成形可以生产一些其他工艺方法无法成形的零件。然而，超塑性成形需要较高恒定的温度条件、较低的成形应变速率，生产效率较低，模具需耐高温，这些因素导致超塑性成形工艺不能得到广泛的推广和应用。

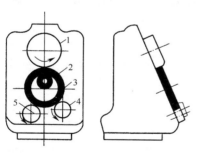

图 10-23　碾环轧制

1—驱动辊；2—芯辊；3—坯料；

4—导向辊；5—信号辊

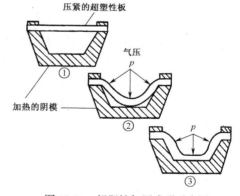

图 10-24　超塑性气压成形示意图

10.2.3　高分子材料注射成形工艺

高分子材料与钢材、水泥、木材并列为现代工业四大基本工程材料。高分子材料成形加工技术主要有注射成形、挤出成形、吹塑成形、压延成形及压制成形等。

高分子材料注射成型原理

注射成形原理如图 10-25 所示，将粉粒状塑料从料斗送入料筒，由柱塞或螺杆推进，将塑粒送入加热区转变为熔融状，继而通过分流梭和喷嘴，将熔融塑粒注入模腔中，冷却后打开模具即可获得所需形状的塑料制品。

1. 气体辅助成形

气体辅助成形技术作为新的注射成形工艺，是自注射技术问世以来，注射成形工业最重要的发展之一，被业界誉为塑料注射工艺的第二次革命。

气体辅助成形是在熔融塑料充填（不完全充填）完成后，利用型腔内熔融体冷却前的时间段，将具有一定压力的惰性气体迅速地注入成形体内部，此时气体可在成品壁较厚的部分形成空腔，这样可使成品壁厚变得均匀，防止产生表面缩痕或收缩翘曲，提高表面质量。图 10-26 所示为日本旭化成公司开发的一种气体辅助成形法的原理图。

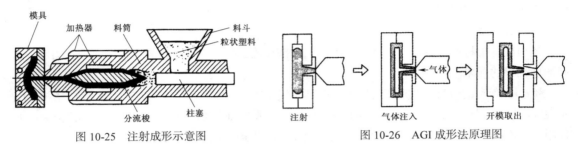

图 10-25　注射成形示意图　　　　图 10-26　AGI 成形法原理图

 要点提示　　　气体辅助注射成形技术有许多优点，如提高产品强度、刚度、精度，可消除缩痕，从而提高制品表面质量，简化浇注系统和模具设计，减小产品成形应力和翘曲，节省塑料材料，解决大尺寸和壁厚差别较大产品的变形问题，降低注射压力和成形压力等。

2. 注射压缩成形法

注射压缩成形能增加注塑零件的流注长度与壁厚的比例，采用更小的锁模力和注射压力，模具费用低，制品内应力减少，在国外得到了迅速发展。

（1）特点。注射压缩成形的显著特点如下。

① 其模具型腔空间可以按照不同要求自动调整。例如，它可以在材料未注入型腔前，使模具导向部分有所封闭，而型腔空间则扩大到零件完工壁厚的 2 倍。

② 可在材料注射期间或在注射完毕之后，相应控制型腔空间的大小，使之与注射过程相配合，让聚合物保持适当的受压状态，并达到补偿材料收缩的效果。

（2）分类。注射压缩成形法有整体压缩法和部分压缩法之分。

① 整体压缩法成形首先在保持模具一定开度的状态下合模，将高分子熔融体充填进去，而后利用液压缸压缩使模具的动模板移动至完全合模状态，此时熔融体受压后充满模具而成形。图 10-27 所示为日本出光石化公司推出的一种整体压缩法示意图。

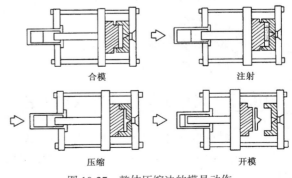

图 10-27　整体压缩法的模具动作

② 部分压缩法是在完全合模的情况下充填（不完全充填）熔融体，压缩不是靠整个动模板移动。

10.3　3D 打印技术

3D 打印是最近几年开始流行的一种快速成形技术，以数字模型文件为基础，通过逐层打印的方式来构造物体。

10.3.1　3D 打印原理

3D 打印技术既可用于模具制造、工业设计等领域制造模型，也可用于产品的直接制造。

1．3D 打印的概念

3D 打印（3D Printing），即快速成形技术的一种，也称为增材制造技术，是一种以数字模型文件为基础，运用粉末状金属或塑料等可粘合材料，通过逐层打印的方式来构造物体的技术，被称为"具有工业革命意义的制造技术"。

 要点提示　　快速成形技术诞生于 20 世纪 80 年代后期，是基于材料堆积法的一种高新制造技术。3D 打印技术早在 20 世纪 90 年代中期就已出现，但由于价格昂贵，技术不成熟，并没有得到推广普及。经过 20 多年的发展，该技术已更加娴熟，且成本降低。

2．3D 打印与普通制造的根本区别

3D 打印能节省材料，制造出更加复杂的结构。由于采用数据驱动原理，故其具有以下优势。

（1）生产资料变得不再重要。只需要制作出模型数据包，即可通过租赁 3D 打印机制作出最终产品。

（2）设计创意被放在了突出位置。3D 打印技术可以摆脱工业时代产品必须量产才可获得收益的限制，这样个性化需求与创意化营销就不会被扼制。生产团队只需将重点放在设计创意上，而不再需要注重生产的过程。

3．3D 打印原理

3D 打印是一种直接数字化制造技术，利用光固化和纸层叠等技术的快速成形装置。

简单概括 3D 打印的基本原理就是分层制造和逐层叠加。

3D 打印层层印刷的原理与喷墨打印机类似，打印机内装有液体或粉末等"打印材料"，与计算机连接后，通过计算机控制采用分层加工，叠加成形的方式来"造型"，将设计产品分为若干薄层，每次用原材料生成一个薄层，一层一层叠加起来，最终将计算机上的蓝图变为实物。

每一层的打印过程分为两步，首先在需要成形的区域洒一层特殊胶水，胶水液滴本身很小，且不易扩散，然后是喷洒一层均匀的粉末。在一层胶水一层粉末的交替下，实体模型将会被"打印"成形。加工过程仅需塑料、树脂、金属等物料，材料耗费仅相当于传统制造的十分之一，无需生产线，可以制造常规方法无法生产的结构和形状复杂的零件。

4．3D 打印的过程

三维打印的设计过程是：先通过计算机建模软件建模，再将建成的三维模型"分区"成逐层的截面，即切片，从而指导打印机逐层打印。

（1）三维建模。通过 goSCAN 等专业 3D 扫描仪或 Kinect 等 DIY 扫描设备获取对象的三维数据，然后以数字化方式生成三维模型。也可以使用各种三维建模软件从零开始建立三维数字化模型，或是直接使用其他人已做好的 3D 模型。

（2）分层切割。由于图形描述方式的差异，3D 打印机并不能直接操作 3D 模型。当 3D 模型输入到计算机后，需要通过打印机配备的专业软件作进一步处理，即将模型切分成一层层的薄片，每个薄片的厚度由喷涂材料的属性和打印机的规格决定。

（3）打印喷涂。由打印机将打印耗材逐层喷涂或熔结到二维空间中。根据工作原理的不同，有多种实现方式。比较流行的做法是先喷一层胶水，然后在上面撒一层粉末，如此反复；或是通过高能激光融化合金材料，一层一层地熔结成模型。整个过程根据模型大小、复杂程度、打印材质和工艺耗时几分钟到数天不等。

（4）后期处理。模型打印完成后一般都会有毛刺或是粗糙的截面。这时需要对模型进行后期加工，如固化处理、剥离、修整、上色等，才能最终完成所需要的模型的制作。

5．3D 打印技术的特点

3D 打印技术综合了数字建模技术、机电控制技术、信息技术、材料科学与化学等诸多方面的前沿技术知识，具有很高的科技含量。

（1）3D 打印技术最突出的优点是无需机械加工或任何模具，就能直接从计算机图形数据中生成任何形状的零件，从而极大地缩短产品的研制周期，提高生产效率和降低生产成本。

（2）3D 打印技术不同于传统的"去除型"制造，属于是"增材"制造。通过对产品的逐层扫描，无需毛坯和模具就能直接根据计算机图形数据制造出内部结构复杂的产品，能够大大地简化产品的制造过程，缩短产品的制造周期，并能有效的提高生产效率，降低生产成本。

目前，3D 打印技术已在工业造型、机械制造、航空航天、军事、建筑、影视、家电、轻工、医学、考古、文化艺术、雕刻及首饰等领域都得到了广泛应用。

图 10-28～图 10-31 所示为使用 3D 打印技术生产的典型产品。

图 10-28　人像　　　　　图 10-29　高跟鞋　　　　　图 10-30　艺术品　　　　　图 10-31　医学器官

10.3.2　3D 打印材料

3D 打印可以使用多种材料，如陶瓷、钢化玻璃、石膏、无机粉料、ABS 塑料、PLA（聚乳酸）、玻璃填充聚胺、光固化材料和聚碳酸脂等，目前主要以 ABS 热塑料和树脂为主。材质在机器内"熔化"，通过不同比例的材料混合，可以产生出将近 120 种软硬不同的新材料。

1．工程塑料

工程塑料指被用做工业零件或外壳材料的工业用塑料，其强度、耐冲击性、耐热性、硬度及抗老化性等指标均较优异。

（1）PC 材料。它是真正的热塑性材料，具备工程塑料的所有特性：高强度，耐高温，抗冲击，抗弯曲，可以作为最终零部件使用，应用于交通工具及家电行业。

（2）PC-ISO 材料。它是一种通过医学卫生认证的热塑性材料，广泛应用于药品及医疗器械行业，可以用于手术模拟、颅骨修复、牙科等专业领域。

（3）PC-ABS 材料。它是一种应用最广泛的热塑性工程塑料，应用于汽车、家电及通信行业。

2. 光敏树脂

由聚合物单体与预聚体组成，其中加有光（紫外光）引发剂（或称为光敏剂）。在一定波长的紫外光（250～300nm）照射下立刻引起聚合反应完成固化。通常为液态，一般用于制作高强度、耐高温、防水等的材料。

（1）Somos 19120 材料。它为粉红色材质，属于铸造专用材料。其成形后直接代替精密铸造的蜡膜原型，大大缩短周期，具有低留灰烬和高精度等特点。

（2）Somos 11122 材料。它为半透明材质，类似 ABS 材料，经抛光后能做到近似透明的艺术效果。广泛用于医学研究、工艺品制作和工业设计等行业。

（3）Somos Next 材料。它为白色材质，材料韧性较好，精度和表面质量更佳，制作的部件拥有最先进的刚性和韧性结合。

10.3.3 3D 打印技术

3D 打印的技术主要包括立体光刻造型技术（SLA）、熔融沉积成形（FDM）、选择性激光烧结（SLS）、数字光处理（PLP）等工艺，下面介绍 3 种主流技术。

1. 立体光刻造型技术（SLA）

SLA 是基于液态光敏树脂的光聚合原理工作的。这种液态材料在一定波长和强度的紫外光照射下能迅速发生光聚合反应，分子量急剧增大，材料也就从液态转变成固态。在液槽中盛满液态光固化树脂，激光束在偏转镜作用下在液态树脂表面扫描，聚焦后的光斑在液面上按计算机的指令逐点扫描固化。

当一层扫描完成后，未被照射的地方仍是液态树脂，升降台带动平台下降一层高度，并在已成形的层面上再涂满一层树脂，接着进行下一层的扫描，新固化的一层牢固地粘在前一层上，如此重复直到整个零件制造完毕，得到一个三维实体模型。

SLA 的优点是精度高，可以打印出准确而平滑的表面。其精度可以达到每层厚度 0.05～0.15mm。缺点是可以使用的材料有限，并且不能多色成形。

2. 熔融沉积成形技术（FDM）

熔融沉积成形技术通过将丝状材料如热塑性塑料、蜡或金属的熔丝从加热的喷嘴挤出，按照零件每一层的预定轨迹，以固定的速率进行熔体沉积。每完成一层，工作台下降一个层厚进行迭加沉积新的一层，如此反复，最终实现零件的沉积成形。FDM 工艺的关键是保持半流动成形材料的温度刚好在熔点之上（比熔点高 1℃左右）。其每一层片的厚度由挤出丝的直径决定，通常是 0.25～0.50mm。

FDM 的优点是材料利用率高，材料成本低，可选材料种类多且工艺简洁，成形实物强度高且可以彩色成形。缺点是精度低，表面质量差。适合于产品的概念建模及形状和功能测试，可制作中等复杂程度的中小原型，不适合制造大型零件。

3．选择性激光烧结（SLS）

选择性激光烧结采用红外激光器作能源，使用的造型材料多为粉末材料。加工时，首先将粉末预热到稍低于其熔点的温度，然后将粉末铺平；激光束在计算机控制下根据分层截面信息进行有选择地烧结，一层完成后再进行下一层烧结，全部烧结完后去掉多余的粉末，最后得到成品零件。目前常用的工艺材料为蜡粉及塑料粉。

选择性激光烧结具有制造工艺简单，柔性度高、材料选择范围广、材料价格低，成本低及材料利用率高等特点。

10.3.4 3D 打印机

3D 打印机又称三维打印机（3DP），是一种累积制造技术，即快速成形技术的一种机器。把数据和原料放进 3D 打印机中，机器会按照程序把产品一层层打印出来。

目前国内还没有一个明确的 3D 打印机分类标准，但是我们可以根据设备的市场定位将它简单的分成 3 类：个人级、专业级、工业级。

1．个人级

目前大部分个人级 3D 打印机（见图 10-32）都是基于国外开源计术延伸的，技术成本得到了很大的压缩，价格较低。这类设备大多采用熔丝堆积技术，设备打印材料主要以 ABS 塑料或者 PLA 塑料为主。主要满足个人用户生活中的使用要求，因此各项技术指标都并不突出，优点在于体积小巧，性价比高。

图 10-32　个人级 3D 打印机

2．专业级

专业级的 3D 打印机（见图 10-33）可供选择的成形技术和耗材（塑料、尼龙、光敏树脂、高分子及金属粉末等）比个人 3D 打印机要丰富很多。设备结构和技术原理相比起来更先进，自动化更高，应用软件的功能以及设备的稳定性都更优良，但是价格更高。

3．工业级

工业级打印机（见图 10-34）除了要满足材料上面的特殊性，制造大尺寸的产品等要求外，更关键是制造的产品需要符合一系列特殊应用标准，因为这类设备制造出来的产品通常直接应用。例如，飞机制造中用到的钛合金材料，就需要对物件的刚性、任性、强度等参数有一系列的要求。由于很多设备是根据需求定制的，因此价格很高。

图 10-33　专业级 3D 打印机

图 10-34　工业级 3D 打印机

10.4　计算机辅助设计与先进制造技术

现代制造工业中，精密和超精密加工技术和制造自动化两大领域之间有着密切的关系，前者追求加工上的精度和表面质量极限，后者包括了产品设计、制造和管理的自动化。

10.4.1　精密和超精密加工

精密加工要求加工工件的尺寸误差小于 0.005 mm，形位误差小于 0.005 mm；而超精密加工则是指被加工零件的尺寸精度高于 0.1 μm，表面粗糙度 Ra 小于 0.025 μm 以及所用机床定位精度的分辨率和重复性高于 0.01 μm 的加工技术，也称之为亚微米级加工技术，且正在向纳米级加工技术发展。

认识超精密加工

常用的精密和超精密加工方法如表 10-1 所示。

表 10-1　　　　　　　　常用精密加工和超精密加工方法

分　类	加工方法	加工刀具		精度 /μm	表面粗糙度 Ra/μm	被加工材料	应　用
切削	精密、超精密车削	天然单晶金刚石刀具、人造聚晶金刚石刀具、立方氮化硼刀具、陶瓷刀具、硬质合金刀具		0.1～1	0.008～0.005	金刚石刀具、有色金属及其合金等软材料，其他材料刀具，各种材料	球、磁盘、反射镜
	精密、超精密铣削						多面棱体
	精密、超精密镗削						活塞销孔
磨削	精密、超精密砂轮磨削	氧化铝、碳化硅、立方氮化硼、金刚石等磨料	砂轮	0.5～5	0.008～0.05	黑色金属、硬脆材料、非金属材料	外圆、孔、平面
	精密、超精密砂带磨		砂带				平面、外圆磁盘、磁头
研磨	精密、超精密研磨	铸铁、硬木、塑料等研具，氧化铝、碳化硅、金刚石等磨料		0.1～1	0.008～0.025	黑色金属、硬脆材料、非金属材料	外圆、孔、平面
研磨	油石研磨	氧化铝油石、玛瑙油石、电铸金刚石油石		0.1～1	0.008～0.025	黑色金属、硬脆材料、非金属材料	平面
	磁性研磨	磁性磨料				黑色金属	外圆去毛刺
	滚动研磨	固结磨料、游离磨料、化学或电解作用液体		1～10	0.01	黑色金属等	型腔
抛光	精密、超精密抛光	抛光器氧化铝、氧化铬等磨料		0.1～1	0.008～0.025	黑色金属、铝合金	外圆、孔、平面
研磨	油石研磨	氧化铝油石、玛瑙油石、电铸金刚石油石		0.1～1	0.008～0.025	黑色金属、硬脆材料、非金属材料	平面
	磁性研磨	磁性磨料		1～10	0.01	黑色金属	外圆去毛刺
	滚动研磨	固结磨料、游离磨料、化学或电解作用液体				黑色金属等	型腔
抛光	精密、超精密抛光	抛光器氧化铝、氧化铬等磨料		0.1～1	0.008～0.025	黑色金属、铝合金	外圆、孔、平面

10.4.2　计算机辅助设计（CAD）技术

计算机辅助设计指利用计算机及其图形设备帮助设计人员进行设计工作，简称 CAD。 在工程和产品设计中，计算机可以帮助设计人员担负计算、信息存储和制图等工作。

1．CAD 技术的优势

与传统设计相比，CAD 技术具有以下优势。

（1）在设计中通常要用计算机对不同方案进行大量的计算、分析和比较，以决定最优方案。

（2）各种设计信息，不论是数字的、文字的或图形的，都能存放在计算机的存储器里，并能快速地检索。

（3）设计人员通常用草图开始设计，将草图变为工作图的繁重工作可以交给计算机完成。

（4）由计算机自动产生的设计结果可以快速作出图形显示出来，使设计人员及时对设计作出判断和修改。

（5）利用计算机可以进行与图形的编辑、放大、缩小、平移和旋转等有关的图形数据加工工作。CAD 能够减轻设计人员的劳动，缩短设计周期和提高设计质量。

2．实施条件

CAD 技术通常以具有图形功能的交互计算机系统为基础，主要设备有计算机主机、图形显示终端、图形输入板、绘图仪、扫描仪、打印机、磁带机以及各类软件。

（1）工作站。工作站一般指具有超级小型机功能和三维图形处理能力的一种单用户交互式计算机系统。它具有较强的计算能力，用规范的图形软件，有高分辨率的显示终端，可以联在资源共享的局域网上工作，已形成最流行的 CAD 系统。

（2）个人计算机。个人计算机（PC）系统价格低廉，操作方便，使用灵活。20 世纪 80 年代以后，PC 机性能不断翻新，硬件和软件发展迅猛，加之图形卡、高分辨率图形显示器的应用以及 PC 机网络技术的发展，由 PC 机构成的 CAD 系统已大量涌现，而且呈上升趋势。

3．主要技术

CAD 基本技术主要包括交互技术、图形变换技术、曲面造型和实体造型技术等。

（1）交互技术。在计算机辅助设计中，交互技术是必不可少的。交互式 CAD 系统指用户在使用计算机系统进行设计时，人和机器可以及时地交换信息。采用交互式系统，人们可以边构思、边打样、边修改，随时可从图形终端屏幕上看到每一步操作的显示结果，非常直观。

（2）图形变换。图形变换的主要功能是把用户坐标系和图形输出设备的坐标系联系起来；对图形作平移、旋转、缩放及透视变换；通过矩阵运算来实现图形变换。

（3）造型技术。CAD 技术旨在实现计算机自身设计和研制过程的自动化或半自动化，其最终都以逼真的造型来实现，CAD 造型技术又包括实体造型和曲面造型两个方面。

（4）功能。现代 CAD 系统的功能包括以下内容。

① 设计组件重用。

② 简易的设计修改和版本控制功能。

③ 设计的标准组件的自动产生。

④ 设计是否满足要求和实际规则的检验。

⑤ 无需建立物理原型的设计模拟。

⑥ 装配件（一堆零件或者其他装配件）的自动设计。

⑦ 工程文档的输出，例如制造图纸，材料明细表。

⑧ 设计到生产设备的直接输出。

⑨ 到快速原型或快速制造工业原型的机器的直接输出。

10.4.3 计算机辅助工艺过程设计

计算机辅助工艺过程设计（Computer Aided Process Planning，CAPP）的作用是利用计算机来进行零件加工工艺过程的制订，把毛坯加工成工程图纸上所要求的零件。

1. CAPP 的概念

CAPP 通过向计算机输入被加工零件的几何信息（形状、尺寸等）和工艺信息（材料、热处理、批量等），由计算机自动输出零件的工艺路线和工序内容等工艺文件的过程。当前，机械产品市场是多品种小批量生产起主导作用，传统的工艺设计方法已远不能适应机械制造行业发展的需要。

2. CAPP 的意义

目前，CAD/CAM 系统向集成化、智能化方向发展，用 CAPP 代替传统的工艺设计方法具有重要的意义，主要表现在以下方面。

（1）可以将工艺设计人员从繁琐和重复性的劳动中解放出来，转而从事新产品及新工艺开发等创造性的工作。

（2）可以大大缩短工艺设计周期，提高产品在市场上的竞争力。

（3）有助于对工艺设计人员的宝贵经验进行总结和继承。

（4）为实现机械制造的集成化和智能优创造条件。

3. CAPP 的基本技术

（1）零件信息的描述与获取。CAPP 与 CAD、CAM 一样，其单元技术都是按照自己的特点而各自发展的。零件信息（几何拓扑及工艺信息）的输入是首当其冲的，即使在集成化、智能化的 CAD/CAPP/CAM 系统，零件信息的生成与获取也是首先需要解决的一项关键问题。

（2）工艺设计决策机制。其核心为特征型面加工方法的选择，零件加工工序及工步的安排及组合，故其主要决策内容如下。

① 工艺流程的决策。

② 工序决策。

③ 工步决策。

④ 工艺参数决策。为保证工艺设计达到全局最优化，系统把这些内容集成在一起，进行综合分析，动态优化，交叉设计。

（3）工艺知识的获取及表示。工艺设计是随设计人员、资源条件、技术水平、工艺习惯而变。要使工艺设计在企业内得到广泛有效的应用，总结出适应本企业的零件加工的典型工艺及工艺决策的方法，按所开发 CAPP 系统的要求，有不同的形式表示这些经验及决策逻辑。

10.4.4 虚拟制造

虚拟制造（Virtual Manufacturing，VM）是对真实产品制造的动态模拟，是一种在计算机上进行而不消耗物理资源的模拟制造软件技术。

1. 虚拟制造的核心技术

虚拟制造是一种新的制造技术，它以信息技术、仿真技术和虚拟现实技术为支持。

（1）建模技术。虚拟制造系统是现实制造系统在虚拟环境下的反映，是现实制造系统的模型化、形式化和计算机化的抽象描述和表示。

① 生产模型：可归纳为静态描述和动态描述两个方面。静态描述是指系统生产能力和生产特性的描述。动态描述是指在已知系统状态和需求特性的基础上预测产品生产的全过程。

② 产品模型：产品模型是制造过程中，各类实体对象模型的集合。目前产品模型描述的信息有产品结构明细表、产品形状特征等静态信息。

③ 工艺模型：将工艺参数与影响制造功能的产品设计属性联系起来，以反应生产模型与产品模型之间的交互作用。工艺模型必须具备以下功能：计算机工艺仿真、制造数据表、制造规划、统计模型、物理和数学模型。

（2）仿真技术。仿真就是应用计算机对复杂的现实系统经过抽象和简化形成系统模型，然后在分析的基础上运行此模型，从而得到系统一系列的统计性能。仿真可以利用计算机的快速运算能力，用很短时间模拟实际生产中需要很长时间的生产周期，因此可以缩短决策时间，避免资金、人力和时间的浪费。计算机还可以重复仿真，优化实施方案。

仿真的基本步骤为：研究系统→收集数据→建立系统模型→确定仿真算法→建立仿真模型→运行仿真模型→输出结果并分析。

> **要点提示**
>
> 产品制造过程仿真，可归纳为制造系统仿真和加工过程仿真。虚拟制造系统中的产品开发涉及产品建模仿真、设计过程规划仿真、设计思维过程和设计交互行为仿真等，以便对设计结果进行评价，实现设计过程早期反馈，减少或避免产品设计错误。加工过程仿真包括切削过程仿真、装配过程仿真、检验过程仿真以及焊接、压力加工、铸造仿真等。

（3）虚拟现实技术。虚拟现实技术是在为改善人与计算机的交互方式，提高计算机可操作性中产生的，它是综合利用计算机图形系统、各种显示和控制等接口设备，在计算机上生成可交互的三维环境（称为虚拟环境）中提供沉浸感觉的技术。

虚拟现实系统包括操作者、机器和人机接口3个基本要素，不仅提高了人与计算机之间的和谐程度，也成为一种有力的仿真工具。利用虚拟现实系统可以对真实世界进行动态模拟，通过用户的交互输入，并及时按输出修改虚拟环境，使人产生身临其境的沉浸感觉。

2. 虚拟制造在制造业中的应用

虚拟制造技术首先在飞机、汽车等领域获得成功的应用，目前主要应用在以下几个方面。

（1）虚拟企业。虚拟企业的建立，其中有一条最重要的原因是各企业本身无法单独满足市场需求，需迎接市场挑战。虚拟企业有以下特征。

① 企业地域分散化。虚拟企业从用户订货、产品设计、零部件制造以及总成装配、销售、经营管理都可以分别由处在不同地域的企业，按契约互惠互利联作，进行异地设计、异地制造、异地经营管理。

② 企业组织临时化。虚拟企业是市场多变的产物，为了适应市场环境的变化，企业组织结构也要及时反映市场动态，虚拟企业注重短期利益。当产品方向更换、联盟伙伴之间利益改变或企业追求目标变更时，企业要调整组织结构，或者立即解散，重新再组织新的虚拟企业。

③ 企业功能不完整化。一个完整的企业应具有从企业管理、设计、制造一直到市场销售、售后服务等完整的全部功能。但在虚拟企业不需要机构功能完整，它以各种方式借用外部力量来进行组合和集成。因为虚拟企业是动态联盟形式，所以可以突破企业的有形界限，利用外部资源加速实现企业的市场目标。传统的外协加工是一种原始的虚拟企业行为。

④ 企业信息共享化。构成虚拟企业的基本条件之一，就是组成企业伙伴之间的计算机互联网。根据具体情况，可以是国际互联网、局域网或企业内部网，利用它们及时地沟通信息，包括产品设计、制造、销售、管理等信息，这些信息是以数据形式表示，能够分布到不同的计算机环境中，以实现信息资源共享，保证虚拟企业各部门的步调高度协调，在市场波动条件下，确保企业的最大整体利益。

（2）虚拟产品设计。例如，飞机、汽车的外形设计中会遇到这样的问题，其形状是否符合空气动力学原理，运动过程中的阻力大小如何确定，其内部结构布局的是否合理等。在复杂管道系统设计中，采用虚拟技术，设计者可以"进入其中"进行管道布置，并可检查能否发生干涉。

（3）虚拟产品制造。应用计算机仿真技术，对零件的加工方法、工序顺序、工装的选用、工艺参数的选用，加工工艺性、装配工艺性、配合件之间的配合性、连接件之间的连接性、运动构件的运动性等均可建模仿真，通过建模仿真可以提前发现加工缺陷，提前发现装配时出现的问题，从而能够优化制造过程，提高加工效率。

（4）虚拟生产过程。产品生产过程的合理制订、人力资源、制造资源、物料库存、生产调度、生产系统的规划设计等，均可通过计算机仿真进行优化，同时还可对生产系统进行可靠性分析，对生产过程的资金进行分析预测，对产品市场进行分析预测等，从而对人力资源、制造资源的合理配置，对缩短产品的生产周期，降低成本意义重大。

小结

本章主要介绍了现代机械制造中的一些新工艺、新方法，认识和了解了电火花加工、激光加工、电子离子加工等特种加工方法的工艺特点和应用，对一些典型的受迫成形工艺也分别作了介绍，最后学习了关于精密加工和超精密加工的相关知识，了解了机械制造自动化的基本概念。

通过本章的学习，我们对现代机械加工工艺有了一个基本的认识和了解。当然，本章介绍的内容都是现代机械加工最基本的基础知识，这是一个很广阔的领域，等待同学们去研究和开发，为提高我国现代制造技术水平作出贡献。

习题

（1）什么是特种加工？
（2）电火花加工的原理是什么？
（3）电火花加工的条件是什么？
（4）激光的功率密度是多少？
（5）电子束加工和离子束加工的区别是什么？
（6）什么是电解加工？
（7）什么是受迫成形？
（8）精密和超精密加工技术和机械制造自动化之间有何联系？

参 考 文 献

[1] 王金凤. 机械制造工程概论 [M]. 第 3 版. 北京：航空工业出版社，2005.

[2] 王明海. 机械制造技术 [M]. 第 2 版. 北京：中国农业出版社，2010.

[3] 王丽英. 机械制造技术 [M]. 第 2 版. 北京：中国计量出版社，2009.

[4] 华茂发. 机械制造技术 [M]. 第 2 版. 北京：机械工业出版社，2014.

[5] 韩洪涛. 机械制造技术 [M]. 北京：化工工业出版社，2009.

[6] 冯之敬. 机械制造工程原理 [M]. 北京：清华大学出版社，2007.

[7] 李硕. 机械制造工艺基础 [M]. 第 2 版. 北京：国防工业出版社，2008.

[8] 谷春瑞. 机械制造工程实践 [M]. 修订版. 天津：天津大学出版社，2009.

[9] 曾志新，刘旺玉. 机械制造技术基础 [M]. 北京：高等教育出版社，2011.

[10] 陈仪先. 机械制造基础（上、下册）[M]. 北京：中国水利水电出版社，2005.

[11] 陈立德. 机械制造技术 [M]. 第 4 版. 上海：上海交通大学出版社，2012.

[12] 周增文. 机械加工工艺基础 [M]. 长沙：中南大学出版社，2003.

[13] 周郴知. 机械制造概论 [M]. 北京：北京理工大学出版社，2004.

[14] 张伯鹏. 机械制造及其自动化 [M]. 北京：人民交通出版社，2003.

[15] 黄如林，汪群. 金属加工工艺及工装设计 [M]. 北京：化学工业出版社，2006.

[16] 王明明. 机械安全技术 [M]. 第 2 版. 北京：化学工业出版社，2009.

[17] 马仁卿. 实用车工技术手册 [M]. 第 2 版. 北京：中国石化出版社，2004.

[18] 陈文. 磨工操作技术要领图解 [M]. 济南：山东科学技术出版社，2005.

[19] 孙召瑞. 铣工操作技术要领图解 [M]. 济南：山东科学技术出版社，2005.

[20] 陈锡渠，彭晓南. 金属切削原理与刀具 [M]. 北京：中国林业出版社，北京大学出版社，2006.

[21] 陈佩芳. 金属工艺实习 [M]. 第 2 版. 北京：中国农业出版社，2004.